江苏省“十四五”时期重点出版物出版专项规划项目
国家自然科学基金面上项目（52174217、51874298）资助
国家自然科学基金青年科学基金项目（51404260）资助

岩浆热演化煤微纳结构与瓦斯成藏特性

蒋静宇　吴盾　程远平／著

中国矿业大学出版社
·徐州·

内容提要

本书介绍了两淮矿区的区域地质背景、煤岩的基础性质、区域岩浆的分布与变质作用特征，并基于现代化分析技术手段研究了两淮矿区岩浆接触变质煤的大分子化学结构与孔裂隙微纳结构，探讨了其吸附-解吸特性，在此基础上，总结了岩浆侵入对煤微纳结构演化的影响。最后结合煤与瓦斯突出理论，阐述了岩浆热演化对煤与瓦斯突出的控制机制。

本书可作为从事煤矿开采、瓦斯防治、煤田勘探等工作的科研人员的阅读资料，也可作为普通高等学校相关专业师生的参考用书。

图书在版编目(CIP)数据

岩浆热演化煤微纳结构与瓦斯成藏特性 / 蒋静宇，吴盾，程远平著. — 徐州 : 中国矿业大学出版社，2025. 2. — ISBN 978-7-5646-6342-1

Ⅰ. P618.11

中国国家版本馆 CIP 数据核字第 20244SA672 号

书　　名　岩浆热演化煤微纳结构与瓦斯成藏特性
著　　者　蒋静宇　吴　盾　程远平
责任编辑　黄本斌　田午子
出版发行　中国矿业大学出版社有限责任公司
　　　　　　（江苏省徐州市解放南路　邮编 221008）
营销热线　(0516)83885370　83884103
出版服务　(0516)83995789　83884920
网　　址　http://www.cumtp.com　**E-mail**:cumtpvip@cumtp.com
印　　刷　苏州市古得堡数码印刷有限公司
开　　本　787 mm×1092 mm　1/16　**印张** 11.75　**字数** 293 千字
版次印次　2025 年 2 月第 1 版　2025 年 2 月第 1 次印刷
定　　价　52.00 元

前　言

沉积盆地是煤炭、石油和天然气等宝贵的经济化石燃料的储藏地。这些矿藏的质量取决于盆地的热演化历史。埋藏深度、地热梯度、岩浆岩活动和热液活动等因素都是潜在的热影响因素。沉积盆地的形成通常是构造活动的结果，并经常伴随着岩浆岩活动。接触变质作用和沉积盆地的热演化历史可以通过多种方式进行研究。当盆地内存在岩浆岩活动时，通常采用热模型来评估其作用。定量评估有机物热成熟度的最常用方法是油浸条件下测定镜质体反射率。镜质体反射率随着煤阶的增加而增大。除此以外，一些来自煤大分子结构与孔裂隙结构的衍生指标也可用于刻画煤变质程度。但使用传统的手段和实验技术方法解决这些衍生指标精准度表征面临较大的难题与挑战。

岩浆接触变质煤的观察描述及研究始于煤层在开采过程中遇到侵入体所表现出的灾害性——煤与瓦斯突出频繁发生。在目前煤矿采深条件下，侵入体对煤层造成了严重的结构破坏。

作为一部学术专著，本书是在第一作者和第二作者的博士学位论文基础上进一步研究加工而完成的。本书主要内容包括以下 10 章：第 1 章，绪论。第 2 章，两淮矿区地质概况，主要描述了两淮矿区的区域地质与矿井地质构造基本特征。第 3 章，两淮矿区岩浆接触变质煤地球化学特征，主要介绍了淮北矿区和淮南矿区煤样品的煤岩学特征。第 4 章，两淮矿区岩浆岩分布、岩性与年代，主要运用锆石 U-Pb 定岩方法厘定了淮北矿区和淮南矿区岩浆岩分布、岩性与年代。第 5 章，两淮矿区岩浆侵入模式，主要描述了两淮矿区岩浆活动、入侵特征和入侵规律。第 6 章，岩浆接触变质煤元素特征研究，采用系列光谱测量技术厘清了岩浆接触变质煤的大分子结构演化特征的热力控制作用。第 7 章，岩浆接触变质煤的微纳孔隙结构定量表征，采用先进光电辐射技术，在岩浆接触变质煤化学结构演化基础上进一步分析了其微纳孔隙结构特征演化的热动力学效应。第 8 章，岩浆接触变质煤的吸附-解吸特性，主要是进一步研究了接触热变质煤的吸附-解吸特性。第 9 章，岩浆接触变质煤的结构演化机理，主要是在研究接触变质煤结构演化和储层物性特征的基础上探讨了热变质煤结构演化与储层物性的作用机理。第 10 章，岩浆热演化对煤与瓦斯突出的控制机制，主要是在前述接触热变质煤结构演化和储层物性特征及作用机理的基础上，提出了岩浆热演化对煤的原位改性和自然分区作用机制，进一步研究了热变质煤发育机理与瓦斯突出的关系，同时提出了岩浆侵入矿井分区治理技术并应用于工程实践，为煤矿安全生产提供了理论依据。

在书稿内容研究过程中，得到了中国科学技术大学刘桂建教授、中国矿业大学(北京)代世峰教授、安徽省煤田地质局勘查研究院张文永教授级高工等的指导和帮助。他们从不同角度对本项研究提出了许多宝贵的意见和建议，对研究工作的顺利完成起到了重要作用。

在矿区调研和煤矿井下采样过程中，得到了淮北矿业集团、淮南矿业集团和皖北煤电集团等相关单位和个人的大力帮助。在样品制备和测试过程中得到了中国矿业大学分析测试中心、中国科学技术大学理化科学实验中心等单位和个人的鼎力支持。

在书稿撰写过程中，得到了中国矿业大学王成浩副教授，博士研究生吴坚、何燎、董晓斌，硕士研究生张放、刘佳伟、付海龙、朱德星、高梦磊、高春源、王雨珊、赖诗凯、吕乐和安徽建筑大学硕士研究生赵守乐、韦江浩的帮助。

本书入选江苏省“十四五”时期重点出版物出版专项规划项目，其出版得到了国家自然科学基金面上项目(52174217、51874298)、国家自然科学基金青年科学基金项目(51404260)等的资助。此外，中国矿业大学出版社领导和编辑对于本书的出版给予了很大支持和帮助。

借本书出版之际，著者对以上单位以及各位专家和同志的支持和帮助表示衷心感谢！

由于著者水平有限，书中难免存在疏漏之处，敬请读者批评指正。

著　者

2024 年 1 月

目　录

第1章 绪 论

1.1 研究背景及意义

2022 年，全国原煤产量 45.6 亿 t，相较上一年增长了 10.5%[1]，自 2016 年以来，原煤产量呈高速回升态势。种种数据表明，煤炭资源是我国目前最重要、用量最大的能源，并且在可预见的未来，煤炭资源仍将在我国能源体系中占据不可取代的位置。

据有关预测，2030 年我国煤炭年需求量将达到 38 亿 t，煤炭仍然是我国的主要能源。未来 30 年，年消耗电煤占煤炭总产量的 50%～70%。我国煤炭资源总量 5.57 万亿 t，埋深在 1 000 m 以下的为 2.95 万亿 t，占煤炭资源总量的 53%左右；我国煤矿地质条件极其复杂，约 95%的煤矿为井工开采，70%以上国有煤矿是高瓦斯矿井[2]。

随着开采深度的增加，各种灾害事故愈发严重，已严重制约煤炭的安全开采。煤与瓦斯突出是一种煤矿井下的突发性灾害，在全球范围内备受关注。突出发生时，煤层中存储的变形能和瓦斯膨胀能的失稳释放，短时间内向生产空间抛出大量煤（岩）以及瓦斯。突出过程中抛出的煤（岩）少则几吨，多则上万吨，在巷道中可堆积数百米。大量的煤（岩）抛出会产生巨大的动力效应，破坏井巷设施、摧毁通风系统，造成煤流埋人等事故。此外，突出过程中还会涌出大量瓦斯，引发人员窒息、瓦斯逆流以及瓦斯爆炸等次生灾害。

据不完全统计[3]，2001—2020 年，我国共发生煤与瓦斯突出事故 484 起，死亡 3 195 人。其中突出起数 2003 年最高，为 68 起，突出死亡人数 2002 年最多，为 347 人，2020 年均降到最低，分别为 2 起和 15 人。总体而言，近 20 年间，突出事故起数、死亡人数整体呈现逐年下降的趋势，但突出死亡人数占煤矿事故总死亡人数的比例却呈现波动式上涨，从 2001 年的 3.44%逐渐增加至 2020 年的 6.58%，并于 2019 年达到峰值 12.34%。2011—2020 年间，突出问题较严重的省份有贵州（27 起）、湖南（15 起）、云南（11 起）、河南（10 起）等。突出死亡人数在煤矿事故总死亡人数中的占比与突出死亡人数呈现相反的变化规律，这表明，尽管煤矿安全形势逐年好转、突出事故也得到有效控制，但突出事故死亡率在煤矿事故中仍然处于相对较高水平且愈加凸显。

随着国民经济的快速可持续发展，中国对煤炭的需求量依然较大。由于浅部煤炭资源已近枯竭，许多煤矿已进入深部开采（埋深 800～1 500 m）。随着开采深度的增加，有的矿区原始瓦斯压力达 13.6 MPa、原始瓦斯含量达 60 m^3/t，煤与瓦斯突出和瓦斯爆炸等灾害越演越烈，严重威胁着我国煤矿工人的生命安全，制约着煤炭工业的安全、高效和可持续发展。

法国 Cevennes 盆地、波兰 Lower Silesia 盆地、澳大利亚 Sydney 盆地和 Bowen 盆地、中国甘肃民和盆地发生的煤与 CO_2 突出事故被报道和岩浆活动有关[4-6]。王以峰等[7]研究发现，徐州矿务集团张集煤矿 7 次煤与瓦斯突出地点均位于岩浆侵入体覆盖区以下，岩浆岩热演化和圈闭作用增加了下伏 9 煤层的瓦斯含量。而在河南省安林煤矿岩浆侵入区煤层出现瓦斯涌出量变小的情况[8]。1993 年和 1996 年，淮北矿区石台煤矿 3 煤层发生了 2 次煤与瓦斯突出，突出点距岩浆岩(岩床)边界分别为 30 m 和 50 m。2006 年和 2008 年，淮北矿区卧龙湖煤矿 10 煤层发生了 2 次煤与瓦斯突出，突出点距岩床边界分别为 8 m 和 38 m；1984—2009 年间，淮北矿区海孜煤矿有 11 次煤与瓦斯突出均发生在巨厚岩床(平均厚度 120 m)下，2009 年发生的“4・25”煤与瓦斯突出事故，造成 1 人死亡[9]。煤与瓦斯突出已成为制约淮北矿区煤矿安全开采的首要因素。掌握淮北矿区岩浆侵入区附近煤层瓦斯赋存规律，有效地防治岩浆侵入区附近煤与瓦斯突出，降低煤层的瓦斯压力与含量，实现矿井的安全高效开采，保障矿区和谐与可持续发展成为首要目标。

通过查阅安徽省区域地质志及相关地史资料，未见有关淮南煤田受岩浆侵入的相关报道，故而认为淮南煤田未受岩浆侵入。但是，近些年来，随着淮南煤田深部煤层开采规模的加剧，陆续在潘三煤矿、朱集煤矿、潘一煤矿、丁集煤矿等生产矿井井下揭露岩浆岩岩体，并在接触带附近发现高变质煤或天然焦。淮南潘谢矿区三维物探资料表明，区内上石盒子组、下石盒子组和山西组存在不同程度的岩浆侵入现象，叠加在深成变质作用基础上的接触变质作用，必将使矿区出现局部的煤质分带。此外，岩浆侵入必将使得煤层内部生成大量热变质气孔，这为区内煤层气的储集、运移产生积极的促进作用。因此，认识和掌握岩浆接触变质作用下煤体物理化学结构演化特征，为今后煤层气储量核实、勘探和开发等工业化利用起到了奠基石的作用[10]。

淮南煤田下石盒子组和山西组煤层的地质条件极为特殊，包括次生构造发育、高地温、高瓦斯和高地压。淮南晚古生代含煤盆地经历了印支、燕山和喜马拉雅等多期构造运动，使得盆地内部形成了复杂的地质构造环境。在山西组 1、3 煤层和下石盒子组 4 煤层地质勘查过程中，各生产矿井均遇到了高地温、高地压、高瓦斯的“三高”现象[11-13]。尤其潘三煤矿“三高”问题表现日益突出。该矿井地温梯度最低值为 3 ℃/hm，最高值为 3.6 ℃/hm，属地温异常区；井下 −650 m 水平属一级热害区(31～37 ℃，不含 37 ℃)，局部甚至属二级热害区(≥37 ℃)，这对井下人员施工作业不利。该矿井深部三维地震勘查地质报告表明，在山西组和下石盒子组含煤地层中不同程度地发育岩浆岩岩体。众所周知，岩浆侵入含煤地层时会产生大量的热量，加之淮南煤田深部煤层上覆盖层较厚，岩浆产生的热能被储存在含煤地层中，随着时间的推移，最终导致深部煤层及其围岩温度升高。与此同时，深井高地温增强了煤体自身的氧化放热性能，强化了煤体自燃的蓄热条件和供氧条件，增大了煤体的自燃危险性，易造成煤层自燃灾害。另外，曹代勇等[14]和黄文辉等[15]研究表明，深井高地温将会引起煤层内吸附瓦斯逸出，致使空气中瓦斯浓度增加，这成为井下开采的隐患，严重威胁到井下施工人员的生命安全。

深部煤层(山西组 1、3 煤层和下石盒子组 4 煤层)的煤质、煤化学结构和煤孔隙结构特征有深入研究的必要性。我国老一辈煤田地质学者，诸如韩德馨等[16]、杨起等[17]和尚冠雄[18]，在聚煤理论和煤变质理论等领域取得了辉煌的研究成果。这些宝贵的研究果实被源源不断的煤田地质学者学习和借鉴。淮南煤田深部开采条件下岩浆接触变质作用引起的煤变质特征主要包括三个方面：① 煤化学性质的变化，诸如煤挥发分、灰分、水分、发热量和元素(C、H、O、N 和 S)含量的变化；② 煤物理性质的变化，诸如煤密度、硬度、黏结性和胶质层厚度的变化[19-22]；③ 煤微观结构的变化，诸如煤晶核内部结构和煤表面裂隙、孔隙结构的变化[23]。因此，系统地开展淮南煤田深部煤层煤变质特征的基础理论研究具有现实意义和理论价值。

淮北矿区受燕山期岩浆活动影响严重，卧龙湖煤矿和海孜煤矿岩浆侵入区边界附近发生过多起煤与瓦斯突出事故。为有效防治岩浆侵入区边界附近煤与瓦斯突出，需要开展以与岩浆岩不同距离的煤样为核心的系统研究。首先，要搞清淮北煤田区域地质构造特征和区域岩浆时空演化过程，进而分析矿井岩浆岩时空演化过程，即岩浆是在什么时期通过何种侵入方式及运移通道侵入煤层中。其次，进行岩浆侵入区边界附近连续煤样的多元物性参数测定与分析，重点考察煤样的地球化学、孔隙特征及煤的吸附瓦斯能力变化规律，查明岩浆岩侵入区附近煤层瓦斯赋存规律。再次，根据煤样的镜质体反射率变化规律，找出岩浆岩影响下煤层自然分区结果，并对不同分区的煤层进行突出危险性评价和区域划分，为瓦斯防突分区治理技术选择提供理论依据。最后，岩浆岩热演化区煤层具有瓦斯吸附能力强、原始瓦斯压力及含量高的特点(煤层残存瓦斯含量较高)，如果按照常规的区域预测指标很难达标。为保证岩浆侵入矿井突出煤层的安全高效开采，根据《防治煤与瓦斯突出细则》(以下简称《防突细则》)的规定[24]，应当针对各煤层的特点和条件试验确定工作面预测的敏感指标和临界值，并作为判定工作面突出危险性的主要依据。试验应当由具有煤与瓦斯突出鉴定资质的机构进行，在试验前和应用前应当由煤矿企业技术负责人批准。因此，进行岩浆侵入矿井工作面敏感指标和临界值的研究是至关重要的。这对淮北矿区岩浆侵入区矿井煤与瓦斯突出防治具有重要的借鉴意义。

本书将以淮北矿区卧龙湖煤矿和海孜煤矿、淮南矿区潘三煤矿和朱集煤矿为背景，研究岩浆侵入对煤的多元物性参数及瓦斯赋存规律的影响，分析顶板岩床式岩浆岩对瓦斯的圈闭作用及岩浆侵入和煤与瓦斯突出的关系，通过开展岩浆侵入矿井突出煤层预测敏感指标体系的研究，试图找到防治煤与瓦斯突出的对策。

1.2 国内外研究现状

1.2.1 岩浆侵入煤层研究现状

1.2.1.1 *岩浆侵入活动研究现状*

岩浆是在地壳深处或上地幔产生的高温炽热、黏稠、含有挥发分的硅酸盐熔融体。岩浆的发生、运移、聚集、变化及冷凝成岩的全部过程，称为岩浆作用。炽热岩浆在地下或喷出地表后冷却凝结而成的岩石称为岩浆岩或火成岩，约占地壳总体积的 65%[25]。岩浆岩主要由硅酸盐矿物组成，此外还常含有微量磁铁矿等副矿物。组成岩浆岩的矿物主要为长石、石英、黑云母、角闪石、辉石和橄榄石[26]。按照岩浆岩的产状，岩浆喷出地表后冷凝而形成的岩浆岩为喷出岩。液态岩浆在造山作用下贯入同期形成的构造空腔内，在地下结晶和冷凝而形成的岩浆岩，称为侵入岩。侵入岩产状主要包括岩墙和岩床等。岩浆侵入作用及岩浆岩主要产状见图 1-1。

根据岩石中 SiO_2 的含量将岩浆岩分为 4 类：酸性岩浆岩、中性岩浆岩、基性岩浆岩和超

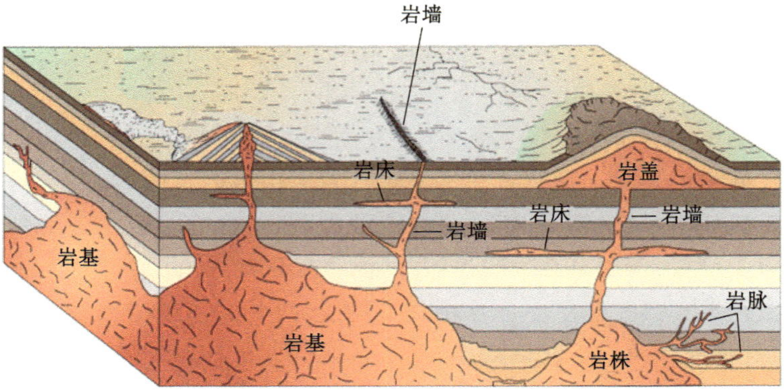

图 1-1　岩浆侵入作用及岩浆岩主要产状

基性岩浆岩。4 类岩浆岩对应的 SiO_2 含量和颜色如下：

酸性岩浆岩：SiO_2 含量大于 65%，颜色浅。

中性岩浆岩：SiO_2 含量为 52%～65%，颜色较深。

基性岩浆岩：SiO_2 含量为 40%～52%，颜色深。

超基性岩浆岩：SiO_2 含量小于 40%，颜色深。

国外学者对岩浆的侵入形状进行过归纳和分类，主要包括：岩墙、锥形、杯形、飞碟形、岩床、岩盆、岩盘、岩盖、环形岩墙或岩床[27]，经典侵入形状分类见图 1-2。

岩浆侵入煤层是比较常见的，发生在世界范围内的许多地方。井田岩浆侵入煤层常见的主要包括岩墙和岩床，国内外学者主要以与岩床或岩墙不同距离的煤样为研究对象。国内外众多的学者已经研究了岩浆侵入对煤质和变质程度的影响[28-34]。岩浆侵入为煤层提供了一个高温的环境，促进了煤层的接触变质和热演化作用，加快了煤层的生烃和二次成气作用，对煤体的变质程度、孔隙结构特征和有机显微组分等都有较大改变。

1.2.1.2　岩浆岩对煤的岩相学和地球化学影响研究概况

Barker 等[35-36]认为煤化程度即煤的成熟度主要依赖温度和煤体经历的持续加热时间两个重要因素，但是由于岩浆活动是上万年以前发生的，因此这两个物理量都难以测定。煤的镜质体反射率(R_o)可以代表煤的变质和成熟程度，被看作是地层温度测量计，是国际上最流行的研究岩浆侵入对煤层成熟度影响的指标。按照国际标准 *Classification of Coals*(ISO 11760:2018)，根据 R_o值将煤划分为 3 类：第一类为褐煤和亚烟煤，$R_o<0.5\%$；第二类为烟煤，$0.5\%\leqslant R_o<2.0\%$；第三类为无烟煤，$2.0\%\leqslant R_o<6.0\%$。Rimmer 等[37]研究了美国伊利诺伊州盆地岩浆岩接触变质作用对斯普林菲尔德煤矿宾夕法尼亚煤 5 煤层煤化学的影响。研究发现，靠近岩浆岩，连续煤样的 R_o有单调增加的趋势，R_o由 0.7%增大到 5.3%，岩浆岩的热演化范围为 1.2 倍的岩墙厚度。煤样显微组分测定结果出现壳质组消失现象，显微照片显示了和岩浆活动有关的热解气孔和镶嵌结构；岩浆岩热演化范围内煤的挥发分减少值和固定碳增加值比预期的要小。碳酸盐矿物对工业分析有很大影响，但即使清除碳酸盐，挥发分的减少值仍小于正常埋藏条件下相同 R_o的煤的挥发分减少值。此外，碳酸盐矿物对元素分析结果的变化也有很大影响，尤其是 C 和 O 元素。在清除碳酸盐后，元素变化规律不同于正常埋藏条件下的煤的元素变化规律。这些差异表明，岩浆侵入使宾

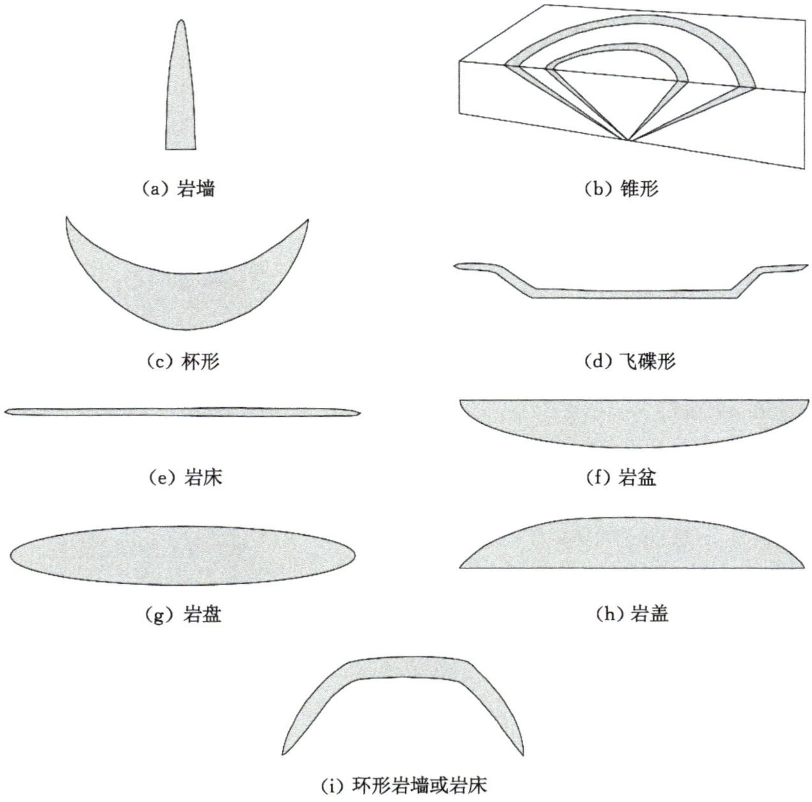

图 1-2 经典的岩浆侵入形状[10]

夕法尼亚煤层有不同的成熟途径，而不是像正常埋藏条件下的煤层的成熟过程。Mastalerz 等[38]研究了岩墙的接触变质作用对烟煤的岩相学、煤化学和煤孔隙特性的改变。研究表明，靠近较大岩墙，R_o由 0.62%(距离岩墙 5.5 m 煤样)逐步增大到 5.03%，而靠近较小岩墙，R_o由 0.63%(距离岩墙 3.3 m 煤样)增大到 3.71%。靠近岩浆岩，煤层的碳含量、灰分、R_o均逐渐增高，而挥发分、水分及氢含量则降低，硫元素的降低表明硫酸盐的热化学还原。岩浆岩接触变质作用显著改变煤的孔隙特性尤其是微孔孔容。靠近大岩墙，煤的微孔孔容在初始有少量的增加后，由 0.041 7 cm^3/t(距离岩墙 4.7 m 煤样)逐步降低到 0.012 6 cm^3/t(接触变质区煤样)；中孔和微孔孔容的显著降低，加上频繁出现方解石充填煤体裂隙现象，表明煤层瓦斯的吸附和运移的条件已恶化。Golab 等[39]研究了澳大利亚悉尼盆地西北部与冈尼达盆地交界处附近 Dartbrook 煤矿岩浆岩热演化的煤层的地球化学和矿物学等参数变化，认为岩浆岩的热演化作用会改变煤的地球化学特性，给众多煤矿带来安全问题和经济问题。沿着距离岩浆岩不同距离的煤层断面取 44 个煤样，实验结果表明，地球化学数据相对于矿物质在确定岩浆岩热演化范围上更为敏感，岩墙的热演化范围为 9.5～56.0 m，但其大小不是岩墙厚度的固定倍数。靠近岩浆岩，煤层被天然划分为三个区，依次为正常煤区、变质煤区和高变质焦煤区。在靠近热演化范围边缘变质的煤中出现硅酸铝元素富集和氧化物减少现象。代世峰等[40-47]研究了岩浆侵入对峰峰矿区晚古生代煤的岩相学、矿物学和地球化学的影响。研究表明，受岩浆侵入影响，煤种出现多样性和分带现象。峰峰矿区煤层受岩浆岩热演化影响，越靠近岩浆岩煤阶越高。峰峰矿区煤中氯、溴、汞、砷、钴、铜、镍、铅、锶、镁、钙、锰、锌等矿物的富集，表明煤层受岩浆侵入影响。

1.2.1.3　岩浆侵入对煤的区域变质作用研究现状

我国学者多从区域地质的角度研究了岩浆侵入对煤的变质作用的影响。杨起等[48-50]研究表明，古地温异常应该是我国煤层普遍煤阶较高的原因，深层次原因包括岩浆侵入，深大断裂，莫霍面隆起和与之相对应的软流圈上升，而这三个原因是相互关联的。同时通过对比中国华北和美国的煤层气地质赋存条件，发现虽然在美国圣胡安、皮申斯和拉顿3个产煤盆地之间有新生代的岩浆侵入，并使局部煤的R_o达到3.0%，属于煤层气高产区，但美国的经验为中煤阶煤是煤层气高产的煤阶煤。而中国的情况明显不同，中、新生代的岩浆活动，特别是燕山期强烈的多期次的岩浆侵入导致了一些高煤阶煤具有煤层气开发潜力。中、新生代的岩浆活动使中国煤的变质具有“多阶段变质演化与多热源叠加变质作用”的特点。另外，基于中国华北地区煤的变质特点，指出区域岩浆热变质有利于提高煤层气含量和渗透率，并对其作用机理进行了初步探讨。在中国，由于经受燕山期岩浆侵入影响之前的煤阶较低，因此在快速增温的高温作用下，煤层必然再次成气，且孔、裂隙系统发育更趋完善，区域岩浆热变质的生气时间晚而利于煤层气保存。区域岩浆热变质形成的煤阶分带，包括高煤阶煤和中煤阶煤在内都将明显提高煤的含气量和渗透率。因此，华北地区应重视在区域岩浆热变质煤中寻找煤层气勘探目标。

韩德馨等[16]、杨起等[51]依据变质作用的成因及特征的研究，将中国煤的变质作用类型分为以下6种：深成变质作用、岩浆热变质作用、接触变质作用、热液变质作用、燃烧变质作用和构造动力变质作用。深成变质作用是指煤层由于沉降而埋藏于地下深处，受正常古地热场的影响以及地温梯度的存在造成的煤变质作用。深成变质作用是在地壳热场作用下，有机质发生长期而持续的变化过程。根据岩浆岩的性质及产状特点，将岩浆变质作用分为岩浆热变质作用和接触变质作用两种类型。煤的岩浆热变质作用是岩浆作用所产生的地热异常引起的，受其影响后煤质具有一定特征。以岩浆热变质为主的地区，煤质呈带状分布，这显然与岩浆活动规模、岩性、产状及边界条件等因素有关。当岩浆侵入或贯穿含煤岩系或直接与煤层接触时，岩浆的高温作用导致接触带的附近煤层发生接触变质作用。煤层受接触变质作用的影响范围取决于侵入体的规模、岩性、产状及与煤层的空间关系。接触变质作用的特点是煤层在较短的时间内受高温的影响，一般在接触变质带附近有煤与岩浆的混溶现象，也在岩浆岩内常见有煤的捕虏体。岩浆侵入煤层中往往出现块状天然焦、柱状天然焦、焦性煤和正常煤的分带现象。在高温接触带上可形成石墨、红柱石、电气石、硅线石等热变质矿物。有的煤中会出现各向异性的微粒状球体和与这些球体凝固而成的特殊镶嵌结构。在接触处还常出现蚀变现象，煤层由于受岩浆的侵入影响及部分有机质受热呈气态逸散出去，造成煤的灰分急剧增加。受岩浆接触变质影响的煤，挥发分、水分及发热量降低，气孔结构发育。

1.2.2　岩浆岩对煤体瓦斯吸附能力影响研究现状

Gurba等[52]研究了澳大利亚新南威尔士冈尼达盆地岩浆侵入对煤的吸附/解吸能力和煤层气的潜在影响，对比分析了正常煤和热演化煤的岩相学、煤化学和瓦斯解吸量等变化规律。结果表明，岩浆岩(上下两层岩床)对煤层气的开发具有积极意义，岩床上下热演化范围内的煤层瓦斯含量高于附近正常煤样瓦斯含量。另外，岩浆侵入基本上没有改变瓦斯的气体成分，热演化区煤层气体的甲烷含量接近95%；通过扫描电镜发现热演化范围内的煤显现特有的微孔和裂隙，微孔可以提高煤的吸附能力、透气性和瓦斯解吸能力。岩床下伏煤层的瓦斯含量一般高于岩床上覆煤层的瓦斯含量，证明岩床在岩浆侵入过程和侵入后很长的地质时期内像一个密封盖，阻挡瓦斯通过岩床逸散。冈尼达盆地煤层的原始煤为低变质、高挥发分烟煤，岩浆侵入使盆地绝大部分的煤层的煤阶升高，使大面积的煤层已经变成理想的热成因气体生成窗口。

姚艳斌等[53-59]研究了中国北部岩浆侵入对红阳、邯郸、淮北煤田煤的煤阶、煤质和吸附能力的影响。把研究区岩浆侵入类型归纳为5类：岩墙切开煤层型、岩墙切入煤层型、顶板岩床侵入型、底板岩床侵入型和顶底板岩床侵入型。对比分析了不同侵入模式对煤阶和吸附特性影响。主要研究结果是：接触变质作用增加烟煤(R_o<2.1%)的吸附能力，极限吸附常数a由7.6 m^3/t增大到17.5 m^3/t；接触变质作用适度降低无烟煤(R_o为2.1%～3.4%)的吸附能力，a由27.2 m^3/t减小到19.3 m^3/t；接触变质作用显著降低无烟煤(R_o>3.4%)的吸附能力，a小于5 m^3/t。章照明[60]研究了岩浆岩侵入煤层工作面瓦斯涌出规律，结果表明，岩浆岩附近的煤样与其他地点的煤样相比，明显孔隙率大、煤层透气性较好。岩浆岩侵入区附近的煤层的瓦斯含量要大于正常地带煤层的瓦斯含量。岩浆侵入区工作面瓦斯涌出量一般比正常区工作面瓦斯涌出量要大。此外，运用灰色预测模型预测了岩浆岩附近的瓦斯涌出规律，分析了煤层与岩浆岩距离远近和瓦斯涌出量的关系。

1.2.3 岩浆侵入矿区煤与瓦斯突出研究现状

南非高韦尔德草原矿区Twistdraai煤矿，在1993—1994年间发生的5次煤与瓦斯突出均和岩浆侵入煤层有关，在煤矿井下岩床和岩墙附近出现“瓦斯包”。Saghafi等[61]对南非煤与瓦斯突出事故数据统计结果表明，可能在局部区域煤层瓦斯(包括吸附相和游离相)含量较高，在这些区域煤层易碎，在突出发生过程中被破碎。瓦斯突出的地点是在岩浆侵入体(辉绿岩)附近，这是南非一些主要煤田如高韦尔德煤田在沉积火山活动后岩浆侵入煤层的结果。为了找出岩浆侵入和煤与瓦斯突出之间的关系，首先，分析了南非煤矿有关岩浆侵入煤层及岩浆岩有可能增强煤层释放和储存瓦斯能力的潜在地点。其次，考虑到高变质煤的灰分较高、经济性差、不适合开采，认为这些煤层可能是潜在CO_2地下封存的理想区域。再按与岩墙不同距离(0.5～41.9 m)取14个煤样进行实验，结果表明，岩浆岩(岩墙)热演化范围为20 m左右。靠近岩墙，煤样的R_o由0.79%增加到4.31%。岩浆岩热演化作用增加了热演化区煤层的孔隙率和吸附性能，从而提高了变质煤的储存瓦斯的能力。靠近岩墙煤样的瓦斯扩散系数很大，而岩浆侵入体较煤层而言瓦斯扩散系数较小，可以被视为“密封舱”。总之，岩浆岩的热演化和圈闭作用，提高了热演化区煤层瓦斯流动能力和储存CO_2能力，使该区域煤层适合作为人为来源CO_2封存理想场所。岩浆岩热演化作用增加了煤储存瓦斯的能力，而岩浆岩相对于煤而言瓦斯扩散系数较小，可以解释在岩墙附近存在“瓦斯包”的现象。当采煤活动穿过岩墙时，将出现低压区，被岩浆热演化过的高扩散能力的煤将瞬间释放大量高能瓦斯，从而造成煤与瓦斯突出的发生。Beamish等[4]对煤与瓦斯突出动力现象进行统计和分析，认为地质因素和区域岩浆活动对煤与瓦斯突出的发生产生了很大的影响。

1.2.4 突出矿井突出预测敏感指标及其临界值研究现状

20 世纪 50 年代以来，国外一些主要产煤国家研究了许多煤层突出危险性预测方法，期望能准确地预测矿井工作面突出危险性。其中德国和苏联等煤与瓦斯突出危险性强的国家进行相关研究较多。德国着重于预报和预防措施；苏联既重视实验室模拟与指标测定，又有现场考察和应用；日本注重突出预测的实验室研究。

1952 年，苏联学者 Ettinger 基于实验室研究，第一次指出了瓦斯的高速解吸在煤与瓦斯突出过程中起重要作用[2]。基于瓦斯解吸初始速度的预测指标，在欧洲和世界其他地方被广泛应用。苏联在突出危险性预测研究方面有着悠久的历史，研究内容包括煤的物理力学性质、瓦斯动力现象、岩相学特征和渗透性能等方面，先后提出了瓦斯放散初始解吸速度、瓦斯放散衰减指标、钻孔瓦斯涌出量、煤的坚固性系数、钻屑量、煤的变质程度和煤的破坏类型等 70 多项预测指标，用于工作面煤与瓦斯突出危险性预测。德国的预测方法是只对潜在发生突出的地点进行预测，突出预测指标主要包括瓦斯放散初速度、地应力、V_{30} 特征值和可解吸瓦斯含量等。法国主要采用预测指标为瓦斯解吸量。波兰采用煤的强度和瓦斯压力进行突出危险性预测。日本采用钻孔自喷瓦斯量作为突出预测指标。

我国学者通过引进、吸收、创新，提出了适合中国国情的工作面突出危险性预测方法。我国的突出预测分为区域和工作面突出危险性预测两类。《防突细则》第五十七条第一款规定：区域预测一般根据煤层瓦斯参数结合瓦斯地质分析的方法进行，也可以采用其他经试验证实有效的方法。《防突细则》中提到，工作面突出危险性的预测方法主要有钻屑指标法、钻屑瓦斯解吸指标法、复合指标法、R 值指标法等。除了上面介绍的接触式预测指标方法外，还有一些新的非接触式的突出预测方法，如声发射和电磁辐射预测技术。声发射检测技术最先是由原北票矿务局从俄罗斯引进的，并把其成功应用到煤层突出危险性预测中[62]。原煤科总院重庆分院和西安分院分别研制了声发射监测系统和 MJY-1 型声发射实时监测系统，在河南平顶山矿区进行了实验应用。

王恩元等[63-64]研究了煤岩电磁辐射效应、时域规律、频谱特征、影响因素及产生机理，揭示了采掘中煤岩电磁辐射特征、变化规律、影响因素及其与煤岩动力灾害危险性的相关性，研究表明受载煤岩的变形破裂过程中地磁辐射信号有逐渐增强的趋势。

王亮等[65]通过对瓦斯治理工艺流程的模型化分析，确定了设计指标、抽采指标和消突判定指标等关键节点控制指标；针对不同地质条件煤层消突判定指标敏感性及其临界值的差异，研究获得了岩浆侵入区不同变质程度突出煤层的敏感指标及其临界值；针对高水分低煤阶煤首次提出了以原煤水分含量作为突出危险补充判定指标；创造性地提出了使用安全线预测方法表示煤层瓦斯压力与埋深的关系；对关键节点控制指标的有效性、预警阈值和达标体系进行了长期工程验证与实践。

进行煤与瓦斯突出危险性预测及突出敏感指标临界值研究，不仅能指导区域防突技术措施科学地运用，而且对工作面突出危险性可以连续预测，能保证突出煤层作业人员的安全。对煤与瓦斯突出敏感指标临界值研究，确定适合矿井突出煤层敏感指标的临界值，可以减少防突措施工程量，为防治突出方法的选择提供依据。

1.2.5 煤物理化学结构研究现状

煤的物理结构通常是指煤原生孔隙结构，即煤相面间空隙及芳香环之间的空隙，这些内部空隙是由煤的芳烃族和杂原子官能团之间交错排列产生的，使煤成为多孔性物质，所以煤的物理结构实质上是由煤的化学结构决定的。目前广泛应用的物理结构模型为两相模型(图 1-3)。

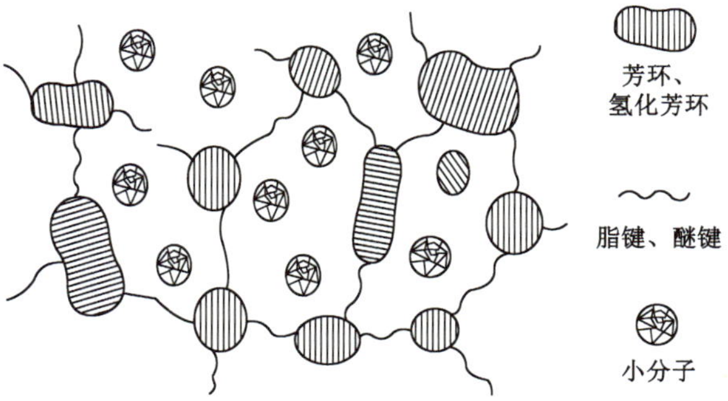

图 1-3 煤的物理结构模型

煤的化学结构通常是指在煤有机分子中不同原子形成的桥键、侧链等官能团相互联结的形式。煤主要由碳元素组成，除此之外还有氢、氧、氮、硫等元素，煤具有高碳物料的特征。煤的化学结构模型包括 Given 模型、Wiser 模型和 Shinn 模型等。此三种煤结构模型已于众多文献和书籍中记载和描述，本书在此不加以赘述。

煤由于自身组成的复杂性、多样性和不均一性，其结构不同于传统高分子聚合物的结构，即使在单一煤体中，也无明确、统一的化学结构。因此，至今煤的所有化学物亦不能完全地判别、核实和确定。煤化学结构的研究状态还仅仅处于对煤整体结构的认识上，采用定性-半定量的方法获得结构参数。

1.2.6 煤变质过程中煤孔隙结构的演化特征研究现状

不同的研究学者给予煤表面孔隙结构不同的分类依据和结果。Gan 等[66]按煤成因类型将煤孔隙类型划分为 4 种类型，即分子间孔、煤植体孔、热成因孔和裂隙孔。郝琦[23]划分的煤孔隙类型更为详细，主要包括植物组织孔、气孔、粒间孔、晶间孔、铸模孔、溶蚀孔等。戚灵灵等[67]根据煤压汞试验结果，按煤孔道类型将煤孔隙划分为 3 大类(开放型、过渡型、封闭型)9 小类。

前人对煤孔隙类型的划分很大程度上借用了油气储层(砂岩、灰岩)的名称，如粒间孔等。然而，煤储层与砂岩和灰岩储层有较大的差异，故而需区别处置。

张慧[68]研究表明，气孔形成于煤热变质过程中，是煤层气生成、运移的通道。原煤中气孔的分布形式有密集状和稀散状。生气量小、气体活动性小的部位，形成的气孔数量少，呈稀散状分布；生气量大、气体活动性强的部位，气孔呈密集状分布，组成气孔带、气孔窝、气孔群等。本书在张慧[68]对煤孔隙成因类型划分研究成果的基础上，结合岩浆接触变质作用下煤孔隙形成过程，将煤孔隙的成因类型划分为 4 大类和 9 小类(表 1-1)。

表 1-1　煤的孔隙类型划分及成因概述

类型		成因概述
原生孔	组织孔	成煤植物本身所具备的各种组织孔
	屑间孔	碎屑镜质体、碎屑惰质体和碎屑壳质体等有机质碎屑之间的孔
后生孔	气孔	煤热变质过程中由生气和聚气作用形成的孔
外生孔	角砾孔	煤受构造应力或岩浆侵入作用而形成的角砾之间的孔
	碎粒孔	煤受构造应力或岩浆侵入作用而形成的碎粒之间的孔
矿物质孔	铸模孔	煤中矿物质在有机质中因硬度差异而形成的印坑
	晶间孔	矿物晶粒之间的孔
	溶蚀孔	可溶性矿物(方解石等)在长期气、水作用下受溶蚀作用而形成的孔

在成煤作用(泥炭化作用和煤化作用)过程中,煤的孔隙也在不断演化。表 1-1 中各孔隙的演化大体表现为:

(1) 原生孔在低煤阶煤中保存较多,随着煤变质程度加深,原生孔隙形态发生变形、缩小、闭合乃至消失,原生孔的演化是不可逆的。中煤阶煤中原生孔已明显减少,无烟煤中则更少。

(2) 煤化作用对气孔的发育起到约束作用。张慧[68]研究表明,伴随着煤化作用的进程,新产物生成,流体的产出会充填煤的原生孔,尤其是液体渗出使得原有孔隙被封堵,而气体的不断聚集会使煤层产生新的孔隙。煤层内部这种新产物的产出、聚集和流通,需要一种能量平衡,导致储集介质发生变化,气孔应运而生就是这种变化的结果。但不同变质阶段的煤,其气孔发育程度不尽相同。前人研究成果表明,成熟阶段的长焰煤、气煤、肥煤、焦煤、瘦煤中,气孔发育最多,尤其是长焰煤和气煤,其次是高成熟阶段的贫煤和无烟煤;未成熟阶段的泥炭和褐煤中,气孔发育最少。此外,煤的沉积环境与煤的气孔发育也有密切的联系,如华北石炭～二叠系,太原组(海陆交互相)煤的气孔比山西组(陆相)煤的气孔发育[68]。

(3) 外生孔主要与构造活动相关,煤结构不同,其外生孔的含量、大小和形态都不同。构造变形程度低的煤中,角砾孔为主,孔隙较大,局部连通性好。随着构造作用加深,早先形成的外生孔会被矿物充填、堵塞、扭曲,同时又形成新的外生孔,角砾孔可演变为碎粒孔。

(4) 矿物质孔随矿物的变化而变化,矿物质铸模孔如果不经受煤中流水的冲刷作用,一般形成之后变化较小。晶间孔和溶蚀孔主要发育于后生矿物中,形成时间晚,形成之后若煤体不变,晶间孔变化不大,而溶蚀孔在煤层中裂隙水流通的区域变化大。

研究发现,岩浆侵入时会推挤下伏煤层,增加煤层周围区域的应力,破坏煤的孔隙结构,形成不同形式的构造煤。煤中孔容和比表面积均随煤体破坏程度增加而增大,提高了煤对瓦斯的吸附/解吸能力。淮北海孜煤矿岩浆侵入地层过程中,下伏煤层煤体受自重应力和挤压应力耦合作用,加剧了下伏煤层与下地层之间的层滑运动,在这种复杂的多重应力作用下,原本就已经破碎的煤体遭到进一步破坏,煤中有机组分的活动加剧,进而发生韧性变形,形成了粉化煤。而受岩浆侵入影响前的煤体变质程度相对较低,深成变质作用与岩浆热演化作用叠加后,煤体生烃速度加快,气体生成量加大,“叠加生烃”后煤中出现较多孔径远大于深成变质作用下气孔孔径的热解气孔。通过扫描电镜观察发现,靠近岩浆岩的煤体具有大量热解气孔，且热解气孔的直径大，分布密集；远离岩浆岩，热演化作用逐渐减弱，煤体中热解气孔亦逐渐减少。岩浆侵入后，煤体变质程度提高，煤中形成更多新的孔隙，新生孔隙有利于煤中瓦斯的吸附/解吸和扩散，对煤层气开发具有积极意义。通过试验研究发现，越靠近岩浆岩，煤中微孔累计比表面积和孔容越大，说明越靠近岩浆岩，煤中微孔发育程度越高。岩浆侵入后构造应力和热演化作用对下伏煤层的孔隙结构亦具有较大影响，使得上覆岩床越厚，煤中的微孔和小孔相对越发育。由于煤体吸附瓦斯主要由微孔完成，而瓦斯扩散主要在小孔中进行，因此岩浆岩通过影响煤中微孔和小孔的分布规律来控制煤对瓦斯的吸附/解吸能力。

1.3 目前研究的热点领域

1.3.1 岩浆接触变质作用下煤芳香环层片直径(L_a)的演化特征

多个芳环在平面上稠合成大分子芳环层，若干个芳环层的紧密定向排列构成煤晶核(图 1-4)。煤晶核指标[芳香环层片直径(L_a)和芳香环层片堆砌高度(L_c)]可由 X 射线衍射图谱解析得到。其中，L_a由于可以辅助解算拉曼光谱参数而备受关注。Tuinstra 等[69]首次发现了煤的拉曼光谱一级模两个特征峰的强度比 I_D/I_G与芳环层直径的倒数($1/L_a$)之间有着明显的相关性。Knight 等[70]试验了不同的碳材料(煤、石墨、炭黑等)，发现了 I_D/I_G与 L_a有着良好的相关性，并获得了两者之间的经验公式。有些学者认为 Knight 等得到的经验公式具有局限性，只适合激光波长为 514.5 nm 的情况，因此，Cançado 等[71]进一步修改 Knight 等所得的经验公式，采用不同的激发光波长进行拉曼光谱试验，并得出了不同激发光波长的 L_a通式。

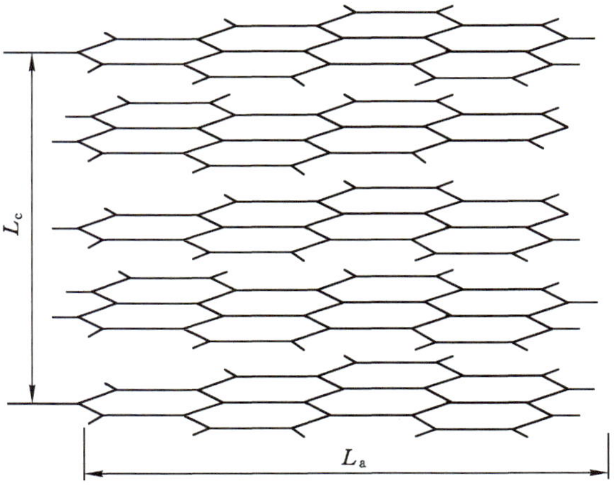

图 1-4 煤晶核结构示意图

国内外众多学者对于 L_a随煤化程度加深的变化规律，持有两种不尽相同的观点。

其一，芳香环层片直径 L_a随煤化程度加深而增大。例如，杨起等[49]对峰峰煤田、平顶山-荥巩煤田和太原西山煤田不同煤阶煤进行 X 射线衍射分析，得出 L_a随着煤阶增高而规律性演化，从褐煤—低等级无烟煤阶段，其逐渐增大，而从低等级无烟煤—高等级无烟煤阶段，其逐渐减小。Hirsch[72]认为 L_a 的增大是由于脱挥发分作用所致。而 Van Krevelen[73]指出，高变质煤中煤晶核重新变小的现象，可能与煤经受较高温度后的软化和重新固结有关。

其二，芳香环层片直径 L_a 随煤化程度加深而保持不变。Lu 等[74]测定了澳大利亚煤的微晶结构参数 L_a 随煤化程度的变化规律，得出随着煤化程度加深，L_a 在 0.6 nm 附近波动是由于煤侧链制约程度加强，并阻止了相邻晶体融合在一起。

需要注意的是，杨起等[49]所研究的峰峰煤田、平顶山-荥巩煤田和太原西山煤田煤变质特点属于区域岩浆热变质作用。Lu 等[74]所研究的不同煤阶的澳大利亚煤变质特点属于深成变质作用。本书认为，区域热变质作用和岩浆接触变质作用都含有热释放作用，即在深成变质作用基础上叠加的热效应响应下，低成熟度的煤内部芳香环缩合程度较低，但其桥键、侧链和官能团数量较多，使得其自身结构的有序化程度较低。随煤化程度加深，煤的基本结构单元线度（芳香环层片直径 L_a）持续增大，芳香环缩合程度逐渐增大，桥键、侧链和官能团逐渐减少。分子内部的排列逐渐有序化，分子之间平行定向程度增加，呈现各向异性。但是，岩浆接触变质作用所形成的煤阶分带具有特殊性，即不仅有热作用下形成的高变质煤，还存有岩浆侵入作用下力的释放。后者对于煤晶核指标 L_a 的改造可能具有重要影响。

1.3.2 岩浆接触变质作用下煤纳米级孔隙结构的演化特征

一般来说，岩浆接触变质作用下，煤的热变组分中，特别是镶嵌结构体中，气孔很发育。一般孔壁圆滑，在切片中气孔多呈圆形或近圆形，少部分形状不规则。气孔是煤在受热软化过程中排出挥发分所形成的。气孔的发育程度指示煤受高温岩体的影响程度。

总结前人的研究成果，发现岩浆的热演化和接触变质作用对煤微观孔隙结构的改造主流观点有两个。

其一，接触变质带附近煤的孔隙率减小而远离接触变质带煤孔隙率逐渐增大。蒋静宇[2]系统地研究了淮北煤田卧龙湖煤矿岩浆侵入对煤的微孔隙特征的影响。从卧龙湖煤矿 102 工作面机巷内距岩床同水平方向不同距离（0～95.1 m）处取 11 个新鲜煤样，包括岩浆侵入区（距岩床 0～5 m）5 个煤样，未侵入区 6 个煤样[图 1-5(a)]，然后采用低压 CO_2 吸附法测定煤的微孔孔容[图 1-5(b)]。研究结果表明，燕山期岩浆活动对淮北煤田煤孔隙发育程度有着明显的改造作用。卧龙湖侵入体（岩床）的接触变质作用使得距离岩床 0～5 m 的煤微孔孔容减小，可能是次生孔隙被岩浆热液中的矿物充填或封堵；而岩浆热作用使得距离岩床 5～60 m 的煤孔隙率增大。

其二，接触变质带附近煤孔隙率增大而远离接触变质带煤孔隙率减小。Yao 等[53]系统地阐述了淮北矿区孟庄煤矿岩浆侵入对煤孔隙率的影响。巨大的花岗岩脉（几米宽）侵入 3 煤层，并在侵入体附近按距离远近采集了 3 个新鲜煤样[图 1-5(c)]，然后采用液氮吸附法测定了煤的孔隙率[图 1-5(d)]。研究结果表明，经历了岩浆的热演化和接触变质作用，大量热解气孔（以微孔和小孔为主）出现于接触变质带附近。随着远离岩体，煤的微孔孔容减小。

本书关于岩浆接触变质作用下煤的次生孔隙发育程度的一个基础性的认识和观点是：当煤远离侵入体时，煤受热呈塑性变化，挥发分逸出，少量气孔发育，但保留煤的显微层理；在接近侵入体的过程中，煤发育大量原生气孔，显微层理出现歪曲；在接触变质带附近，煤

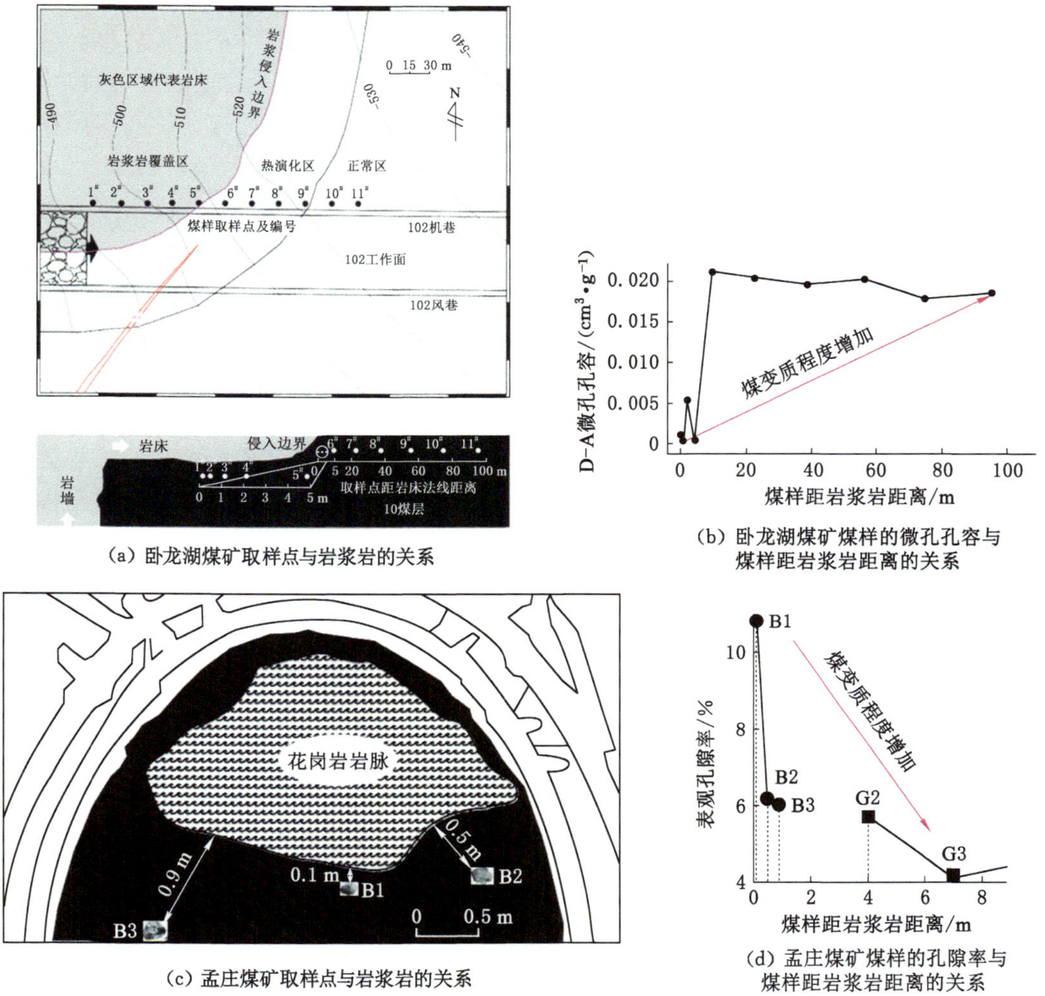

(a) 卧龙湖煤矿取样点与岩浆岩的关系

(b) 卧龙湖煤矿煤样的微孔孔容与煤样距岩浆岩距离的关系

(c) 孟庄煤矿取样点与岩浆岩的关系

(d) 孟庄煤矿煤样的孔隙率与煤样距岩浆岩距离的关系

图 1-5 岩浆侵入对卧龙湖煤矿和孟庄煤矿煤的影响

中发育球状次生气孔，此时孔隙类型主要以微孔和小孔为主，但由于岩浆侵入所带来的大量熔融矿物充填了煤表面，致使煤中的总孔隙数量减少，但孔隙结构未发生明显变化。

1.3.3 岩浆接触变质作用对瓦斯成藏和突出灾害的控制机制

岩浆活动对瓦斯赋存的影响具有复杂性。一方面，在岩浆岩接触变质和热演化作用下，煤的变质程度升高，提高了瓦斯的生成量和煤的吸附瓦斯能力。另一方面，在没有隔气盖层或圈闭条件不好的情况下，岩浆的高温作用可以强化煤层瓦斯排放，使煤层瓦斯含量降低。所以说，岩浆侵入活动既有生成和保存瓦斯的作用（圈闭作用），在某些条件下又有使瓦斯逸散的可能性。此外，由于燕山期岩浆活动的多期性和不均衡性，不同矿区的岩浆岩对瓦斯赋存影响差异较大，即使相同矿区不同井田亦存在差异。顶板岩床式岩浆岩对下伏煤层瓦斯一般具有圈闭作用，而顶板岩床式岩浆岩是否在水平方向对瓦斯具有圈闭作用还尚未见报道。

国内外学者多从煤阶分带作用研究岩浆岩对煤的成熟度的影响，比如将靠近岩浆岩的煤层分为三个区，依次为正常煤区、变质煤区和高变质焦煤区。然而，从岩浆岩接触变质和热演化机理出发，是否可以找出靠近岩浆岩的煤层自然划分的三个区：正常区、热演化区和接触变质区，并从瓦斯治理的角度对以上三个区煤层的突出危险性进行评价和排序显得尤为重要。

尽管国内外学者对岩浆侵入和煤与瓦斯突出的关系做了一些研究，然而岩浆岩对瓦斯的圈闭作用，岩浆岩对瓦斯赋存的控制作用机理，岩浆侵入和突出之间的关系目前尚不清楚，需要长期和持续地研究。淮北矿区自 1984 年以来，数十次突出事故发生在岩床边界附近。淮北矿区顶板岩床对瓦斯的圈闭作用，岩浆侵入和瓦斯突出之间的关系有待于进一步研究。

国内外学者对突出预测敏感指标及其临界值进行了大量的研究，然而对岩浆侵入区高变质无烟煤突出预测敏感指标及其临界值的研究还尚未报道。做好岩浆侵入矿井突出预测敏感指标及其临界值的研究，通过理论分析、数值计算并结合现场试验找出适合岩浆侵入矿井的敏感指标及其临界值确定的方法，可以为岩浆侵入矿区防治煤与瓦斯突出提供理论依据。

参考文献

[1] 国家统计局. 中华人民共和国 2022 年国民经济和社会发展统计公报[EB/OL]. (2023-02-28)[2023-04-16]. https://www.stats.gov.cn/sj/zxfb/202302/t20230228_1919011.html.

[2] 蒋静宇. 岩浆岩侵入对瓦斯赋存的控制作用及突出灾害防治技术：以淮北矿区为例[D]. 徐州：中国矿业大学，2012.

[3] 张超林，王恩元，王奕博，等. 近 20 年我国煤与瓦斯突出事故时空分布及防控建议[J]. 煤田地质与勘探，2021，49(4)：134-141.

[4] BEAMISH B B，CROSDALE P J. Instantaneous outbursts in underground coal mines: an overview and association with coal type[J]. International journal of coal geology，1998，35(1/2/3/4)：27-55.

[5] LAMA R D，BODZIONY J. Management of outburst in underground coal mines[J]. International journal of coal geology，1998，35(1/2/3/4)：83-115.

[6] 俞启香. 矿井瓦斯防治[M]. 徐州：中国矿业大学出版社，1992.

[7] 王以峰，王彬章，赵雪兵. 岩浆岩侵入对下部煤层瓦斯赋存的影响[J]. 煤炭科技，2007(3)：84，88.

[8] 乔康存，赵玉明. 安林煤矿岩浆岩侵入对煤层瓦斯赋存的影响[J]. 煤矿安全，2003，34(10)：4-6.

[9] 王亮，程远平，蒋静宇，等. 巨厚火成岩下采动裂隙场与瓦斯流动场耦合规律研究[J]. 煤炭学报，2010，35(8)：1287-1291.

[10] 吴盾. 淮南煤田早二叠纪岩浆接触变质煤纳米级结构研究[D]. 合肥：中国科学技术大学，2014.

[11] 敖卫华，黄文辉，姚艳斌，等. 华北东部地区深部煤炭资源特征及开发潜力[J]. 资源与

产业,2012,14(3):84-90.
[12] 李化敏,付凯.煤矿深部开采面临的主要技术问题及对策[J].采矿与安全工程学报,2006,23(4):468-471.
[13] 彭苏萍.深部煤炭资源赋存规律与开发地质评价研究现状及今后发展趋势[J].煤,2008,17(2):1-11,27.
[14] 曹代勇,李小明,占文锋,等.深部煤炭资源勘查模式及其构造控制[J].中国煤炭地质,2008,20(10):18-21.
[15] 黄文辉,杨起,唐修义,等.中国炼焦煤资源分布特点与深部资源潜力分析[J].中国煤炭地质,2010,22(5):1-6.
[16] 韩德馨,任德贻,王延斌,等.中国煤岩学[M].徐州:中国矿业大学出版社,1996.
[17] 杨起,吴冲龙,汤达祯,等.中国煤变质作用[J].地球科学,1996,21(3):311-319.
[18] 尚冠雄.华北地台晚古生代煤地质学研究[M].太原:山西科学技术出版社,1997.
[19] 黄兴龙,李翠芳,周丽丽,等.岩浆岩侵入下煤变质程度的控制因素分析[J].中国煤炭地质,2011,23(8):70-72.
[20] 庄新国,罗照华.抚顺煤田接触热变质带及其煤变质因素分析[J].地球科学,1994,19(1):82-86,133.
[21] 李小彦.也论汝箕沟矿区煤的岩浆热变质成因[J].中国煤田地质,1994,6(1):22-27.
[22] 周春光,龚玉红,张惠良.湖南中生代岩浆活动与晚二叠世煤变质特征[J].现代地质,1996,10(4):470-477.
[23] 郝琦.煤的显微孔隙形态特征及其成因探讨[J].煤炭学报,1987(4):51-56,97-101.
[24] 国家煤矿安全监察局.防治煤与瓦斯突出细则[M].北京:煤炭工业出版社,2019.
[25] 邱家骧.岩浆岩岩石学[M].北京:地质出版社,1985.
[26] 李捷.岩浆岩与变质岩简明教程[M].北京:石油工业出版社,2008.
[27] MATHIEU L,VAN WYK DE VRIES B,HOLOHAN E P,et al. Dykes,cups,saucers and sills:analogue experiments on magma intrusion into brittle rocks[J]. Earth and planetary science letters,2008,271(1/2/3/4):1-13.
[28] COOPER J R. Igneous intrusions and thermal evolution in the Raton basin,CO-NM:contact metamorphism and coal-bed methane generation[D]. Columbia:University of Missouri,2006.
[29] GURBA L W, WARD C R. Vitrinite reflectance anomalies in the high-volatile bituminous coals of the Gunnedah basin, New South Wales, Australia [J]. International journal of coal geology,1998,36(1/2):111-140.
[30] GOLAB A N,CARR P F,PALAMARA D R. Influence of localised igneous activity on cleat dawsonite formation in Late Permian coal measures,Upper Hunter Valley,Australia[J]. International journal of coal geology,2006,66(4):296-304.
[31] SARANA S,KAR R. Effect of igneous intrusive on coal microconstituents:study from an Indian Gondwana coalfield[J]. International journal of coal geology,2011,85(1):161-167.
[32] LI W,CHENG Y P,WANG L. The origin and formation of CO_2 gas pools in the coal

seam of the Yaojie coalfield in China[J]. International journal of coal geology, 2011, 85(2): 227-236.

[33] WANG D Y, LU X C, XU S J, et al. Comment on "Influence of a basic intrusion on the vitrinite reflectance and chemistry of the Springfield (No. 5) coal, Harrisburg, Illinois" by Stewart et al. (2005)[J]. International journal of coal geology, 2008, 73(2): 196-199.

[34] VALENTIM B, GUEDES A, RODRIGUES S, et al. Case study of igneous intrusion effects on coal nitrogen functionalities[J]. International journal of coal geology, 2011, 86(2/3): 291-294.

[35] BARKER C E, GOLDSTEIN R H. Fluid-inclusion technique for determining maximum temperature in calcite and its comparison to the vitrinite reflectance geothermometer[J]. Geology, 1990, 18(10): 1003-1006.

[36] BARKER C E, BONE Y, LEWAN M D. Fluid inclusion and vitrinite-reflectance geothermometry compared to heat-flow models of maximum paleotemperature next to dikes, western onshore Gippsland basin, Australia[J]. International journal of coal geology, 1998, 37(1/2): 73-111.

[37] RIMMER S M, YOKSOULIAN L E, HOWER J C. Anatomy of an intruded coal, Ⅰ: effect of contact metamorphism on whole-coal geochemistry, Springfield (No. 5) (Pennsylvanian) coal, Illinois basin[J]. International journal of coal geology, 2009, 79(3): 74-82.

[38] MASTALERZ M, DROBNIAK A, SCHIMMELMANN A. Changes in optical properties, chemistry, and micropore and mesopore characteristics of bituminous coal at the contact with dikes in the Illinois basin[J]. International journal of coal geology, 2009, 77(3/4): 310-319.

[39] GOLAB A N, CARR P F. Changes in geochemistry and mineralogy of thermally altered coal, Upper Hunter Valley, Australia[J]. International journal of coal geology, 2004, 57(3/4): 197-210.

[40] DAI S F, LI D H, REN D Y, et al. Geochemistry of the Late Permian No. 30 coal seam, Zhijin coalfield of southwest China: influence of a siliceous low-temperature hydrothermal fluid[J]. Applied geochemistry, 2004, 19(8): 1315-1330.

[41] DAI S F, REN D Y. Effects of magmatic intrusion on mineralogy and geochemistry of coals from the Fengfeng-Handan coalfield, Hebei, China[J]. Energy & fuels, 2007, 21(3): 1663-1673.

[42] DAI S F, TIAN L W, CHOU C L, et al. Mineralogical and compositional characteristics of Late Permian coals from an area of high lung cancer rate in Xuan Wei, Yunnan, China: occurrence and origin of quartz and chamosite[J]. International journal of coal geology, 2008, 76(4): 318-327.

[43] DAI S F, WANG X B, ZHOU Y P, et al. Chemical and mineralogical compositions of silicic, mafic, and alkali tonsteins in the Late Permian coals from the Songzao

coalfield,Chongqing,southwest China[J]. Chemical geology,2011,282(1/2):29-44.
[44] 代世峰,任德贻,张军营,等. 华北与黔西地区晚古生代煤层中铂族元素赋存状态及来源[J]. 地质论评,2003,49(4):439-444.
[45] 代世峰,任德贻,刘建荣,等. 河北峰峰矿区煤中微量有害元素的赋存与分布[J]. 中国矿业大学学报,2003,32(4):358-362.
[46] 代世峰,任德贻,李生盛,等. 华北地台晚古生代煤中微量元素及As的分布[J]. 中国矿业大学学报,2003,32(2):111-114.
[47] 代世峰,任德贻,李生盛. 华北若干晚古生代煤中稀土元素的赋存特征[J]. 地球学报,2003,24(3):273-278.
[48] YANG Q,REN D Y,PAN Z G. Preliminary investigation on the metamorphism of Chinese coals[J]. International journal of coal geology,1982,2(1):31-48.
[49] 杨起,潘治贵,翁成敏,等. 华北石炭二叠纪煤变质特征与地质因素探讨[M]. 北京:地质出版社,1988.
[50] 杨起,汤达祯. 华北煤变质作用对煤含气量和渗透率的影响[J]. 地球科学,2000,25(3):273-277.
[51] 杨起,韩德馨. 中国煤田地质学[M]. 北京:煤炭工业出版社,1979.
[52] GURBA L W,WEBER C R. Effects of igneous intrusions on coalbed methane potential,Gunnedah basin,Australia[J]. International journal of coal geology,2001,46(2/3/4):113-131.
[53] YAO Y B,LIU D M,HUANG W H. Influences of igneous intrusions on coal rank,coal quality and adsorption capacity in Hongyang,Handan and Huaibei coalfields,North China[J]. International journal of coal geology,2011,88(2/3):135-146.
[54] YAO Y B,LIU D M,TANG D Z,et al. Fractal characterization of adsorption-pores of coals from North China:an investigation on CH_4 adsorption capacity of coals[J]. International journal of coal geology,2008,73(1):27-42.
[55] YAO Y B,LIU D M,TANG D Z,et al. A comprehensive model for evaluating coalbed methane reservoirs in China[J]. Acta geologica sinica (English edition),2008,82(6):1253-1270.
[56] YAO Y B,LIU D M,TANG D Z,et al. Preliminary evaluation of the coalbed methane production potential and its geological controls in the Weibei coalfield,southeastern Ordos basin,China[J]. International journal of coal geology,2009,78(1):1-15.
[57] YAO Y B,LIU D M,CHE Y,et al. Petrophysical characterization of coals by low-field nuclear magnetic resonance (NMR)[J]. Fuel,2010,89(7):1371-1380.
[58] YAO Y B,LIU D M,CHE Y,et al. Non-destructive characterization of coal samples from China using microfocus X-ray computed tomography[J]. International journal of coal geology,2009,80(2):113-123.
[59] 姚艳斌,刘大锰,汤达祯,等. 沁水盆地煤储层微裂隙发育的煤岩学控制机理[J]. 中国矿业大学学报,2010,39(1):6-13.
[60] 章照明. 火成岩侵入煤层瓦斯涌出规律研究[D]. 淮南:安徽理工大学,2008.

[61] SAGHAFI A, PINETOWN K L, GROBLER P G, et al. CO_2 storage potential of South African coals and gas entrapment enhancement due to igneous intrusions[J]. International journal of coal geology, 2008, 73(1): 74-87.
[62] 何继善,吕绍林. 瓦斯突出地球物理研究[M]. 北京:煤炭工业出版社,1999.
[63] 王恩元,何学秋,李忠辉,等. 煤岩电磁辐射技术及其应用[M]. 北京:科学出版社,2009.
[64] 王恩元,何学秋,聂百胜,等. 电磁辐射法预测煤与瓦斯突出原理[J]. 中国矿业大学学报,2000,29(3):225-229.
[65] 王亮,郭海军,程远平,等. 岩浆岩环境煤层瓦斯异常赋存特征与动力灾害防控关键技术[J]. 煤炭学报,2022,47(3):1244-1259.
[66] GAN H, NANDI S P, WALKER P L, Jr. Nature of the porosity in American coals [J]. Fuel, 1972, 51(4): 272-277.
[67] 戚灵灵,王兆丰,杨宏民,等. 基于低温氮吸附法和压汞法的煤样孔隙研究[J]. 煤炭科学技术,2012,40(8):36-39,87.
[68] 张慧. 煤孔隙的成因类型及其研究[J]. 煤炭学报,2001,26(1):40-44.
[69] TUINSTRA F, KOENIG J L. Raman spectrum of graphite[J]. The journal of chemical physics, 1970, 53(3): 1126-1130.
[70] KNIGHT D S, WHITE W B. Characterization of diamond films by Raman spectroscopy[J]. Journal of materials research, 1989, 4(2): 385-393.
[71] CANÇADO L G, TAKAI K, ENOKI T, et al. General equation for the determination of the crystallite size L_a of nanographite by Raman spectroscopy[J]. Applied physics letters, 2006, 88(16): 163106.
[72] HIRSCH P B. Recent results on the structure of dislocations in tetrahedrally coordinated semiconductors[J]. Journal de physique colloques, 1979, 40(C6): 27-32.
[73] VAN KREVELEN D W. Gaphical-statistical method for the study of structure and reaction processes of coal[J]. Fuel, 1950, 29: 269-284.
[74] LU L, SAHAJWALLA V, KONG C, et al. Quantitative X-ray diffraction analysis and its application to various coals[J]. Carbon, 2001, 39(12): 1821-1833.

第 2 章　两淮矿区地质概况

2.1　矿区区域地质

2.1.1　淮北矿区的区域构造特征

淮北矿区属全隐蔽式煤田，是我国的重要产煤矿区之一。该矿区位于安徽省北部，为华北型的中朝准地台石炭～二叠纪的聚煤区的东南部，矿区含煤地层为二叠系，东西长约 130 km，南北宽约 100 km，面积约 13 000 km^2，目前拥有生产矿井 23 对。淮北矿区地理位置及构造纲要示意图如图 2-1 所示[1]。

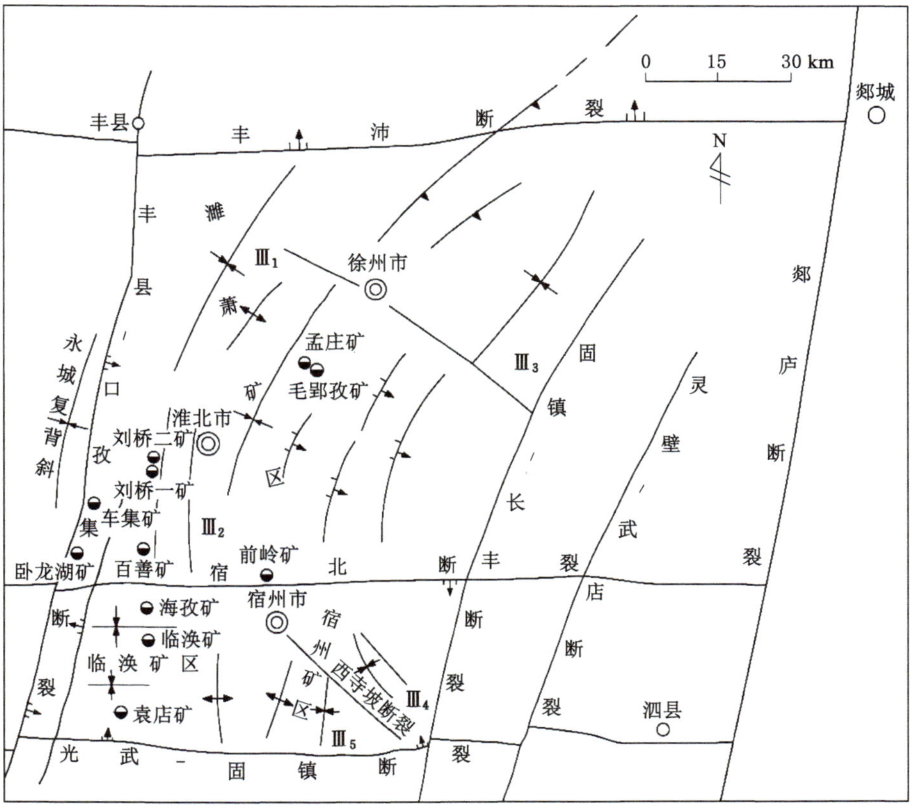

Ⅲ$_1$—萧西背斜；Ⅲ$_2$—闸河向斜；Ⅲ$_3$—贾汪向斜；Ⅲ$_4$—宿东向斜；Ⅲ$_5$—宿南向斜。

图 2-1　淮北矿区地理位置及构造纲要示意图

淮北矿区包括临涣、濉萧、宿州等矿区。濉萧矿区位于近 EW 向展布的宿北断裂以北，临涣矿区和宿州矿区位于宿北断裂以南。区域构造主要受郯庐断裂、徐淮前陆褶皱冲断带、蚌埠隆起和 NNE 向构造的控制。淮北矿区区域构造演化历史主要包括：印支期（257～205 Ma），燕山期（205～135 Ma），四川期（135～52 Ma），华北期（52～23.5 Ma），喜马拉雅期（23.5～0.78 Ma），新构造期（0.78 Ma 以来）[2]。

濉萧矿区主要受郯庐断裂、徐淮前陆褶皱冲断带控制。研究矿井之一的卧龙湖煤矿位于濉萧矿区西部南侧，井田南侧紧靠宿北断裂，地表主井口距离宿北断裂 7 km 左右；另一研究矿井海孜煤矿位于临涣矿区的北部，宿北断裂以南，地表主井口距离宿北断裂 6 km 左右。由图 2-1 可以看出，研究区卧龙湖煤矿和海孜煤矿分别位于宿北断裂以北和以南、两矿井在位置上存在以宿北断裂为近似对称轴的对称关系。其中海孜煤矿井田深部被宿北断裂切割，两个井田均受宿北断裂控制。

宿北断裂为 4 条横贯淮北矿区全境的近 EW 向断裂组成的隐伏断裂带，长 240 多千米，宽 4～6 km，主干断裂为倾向 S 的急倾斜正断层，北盘上升，南盘下降。根据区域地质资料，宿北断裂在淮北矿区东部不仅切割和控制了古近系和新近系沉积，同时还切割了轴向为 NNE 向的古生代褶皱的南端[3]。另外，沿此断裂带北侧，有燕山期岩浆活动。这说明宿北断裂是一条在燕山期和喜马拉雅期均有强烈活动的大断裂。从宿北断裂所处位置及断裂性质看，其很可能与聚煤期的宿北同沉积断裂有继承性关系，因而该断裂应系始发于晚古生代聚煤期。

2.1.2 淮南矿区的区域构造特征

淮南矿区内有一系列宽缓褶曲，主要的褶皱有尚塘-耿村集向斜、陈桥-潘集背斜、谢桥-古沟向斜等。矿区内 NNE 向区域性断层大致平行于郯庐断裂，总体构成一组向 W 倾斜的阶梯式构造，主体断裂分为 EW 向断裂、NNE 向断裂和 NW 向断裂。矿区内含煤地层赋存受印支、燕山期构造运动控制（图 2-2 和图 2-3）[4]。

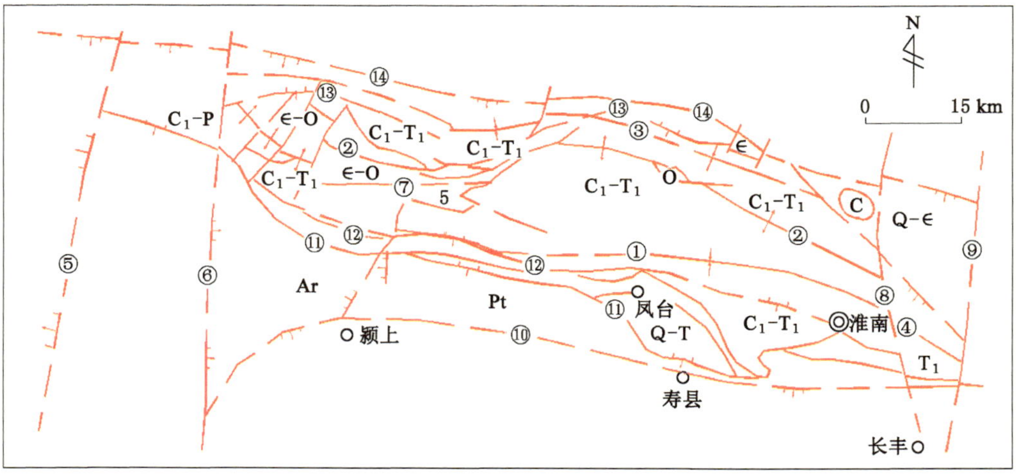

①—谢桥-古沟向斜；②—陈桥-潘集背斜；③—尚塘-耿村集向斜；④—永康背斜；⑤—阜阳断裂；
⑥—口孜集断层；⑦—陈桥断层；⑧—长丰断裂（固镇断裂带）；⑨—武店断裂（固镇断裂带）；
⑩—寿县断裂；⑪—阜（阳）舜（耕山）逆断层；⑫—阜（阳）凤（台）逆断层；⑬—杨村集-朱集逆断层；⑭—刘府断裂。

图 2-2 淮南矿区区域构造图

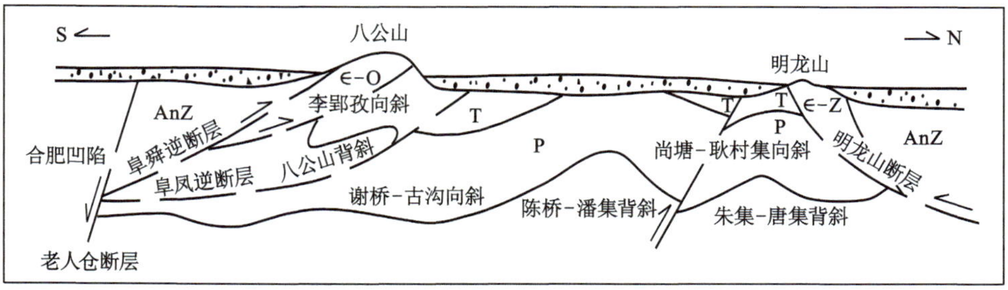

图 2-3　淮南矿区寿县—明龙山剖面图

燕山期频繁的构造运动使淮南矿区岩浆活动剧烈，但岩浆岩岩体仅零星分布在上窑、潘集背斜和丁集井田等区域。岩浆岩多以岩床、岩脉形式侵入含煤地层，对局部煤层有较大影响，使煤受热变质，甚至被岩体全部吞噬，亦有变薄者。

2.2　矿井地质构造基本特征

2.2.1　卧龙湖煤矿地质构造特征

卧龙湖煤矿隶属于安徽恒源煤电股份有限公司，位于安徽省濉溪县境内，南北长 8～9 km，东西宽 3.5～4.0 km，面积约 28 km^2[5-6]。矿井设计生产能力为 90 万 t/a，矿井服务年限为 38.5 a。卧龙湖煤矿构造纲要图如图 2-4 所示。

矿井含煤地层为二叠系山西组、下石盒子组及上石盒子组，含 10 个煤层，煤层平均总厚度为 7.35 m，其中 6、7、8、10 煤层为可采煤层。南一采区主要开采 10 煤层，北一、北二、北三采区主要开采 6、7、8 煤层。图 2-5 是卧龙湖煤矿含煤地层柱状图。

卧龙湖井田，位于徐淮前陆褶皱冲断带弧顶中部的外侧，宿北断裂的北侧上升盘。井田为 F_2 断层和 F_7 断层所夹的地垒构造，其西侧为 F_2 断层，NNE 向展布，倾向 NWW；东侧为 F_7 断层，走向与 F_2 断层走向相同，倾向 SEE。井田北端为一轴向 N70°W 的张大庄背斜，其南侧为孟庄向斜。孟庄向斜由西为 NWW 向、向东转为 NW 向、再向南转为近 SN 向，呈弧形。井田内煤层走向变化大，反映了构造应力场的叠加和强烈变形作用，控制了构造复杂区和突出危险区的分布。

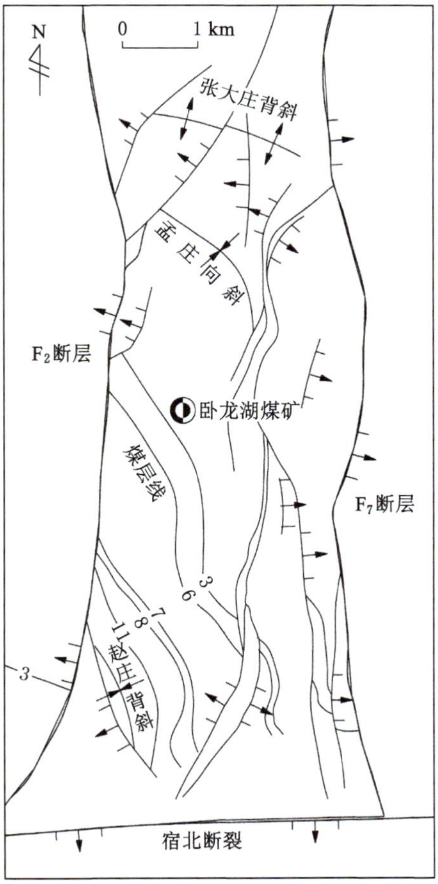

图 2-4　卧龙湖煤矿构造纲要图

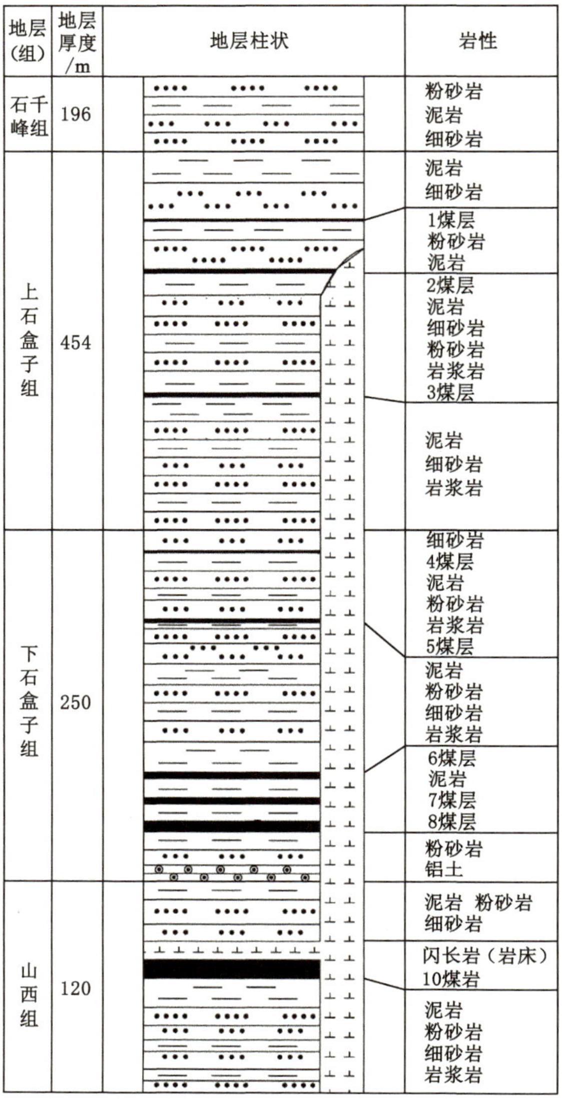

图 2-5　卧龙湖煤矿含煤地层柱状图

2.2.2　海孜煤矿地质构造特征

海孜煤矿位于安徽省淮北市濉溪县境内，隶属于淮北矿业股份有限公司[7-11]。海孜煤矿构造纲要图如图 2-6 所示。矿井东南以大马家断层为界与临涣煤矿毗邻，西以大刘家断层为界，北至 3 煤层 −800 m 水平投影线，井田平面呈一不规则三角形，井田面积 33.75 km^2。

矿井含煤地层为二叠系。矿井主采煤层为 7、8、9、10 煤层，均为煤与瓦斯突出煤层。图 2-7 是海孜煤矿含煤地层柱状图。

海孜煤矿位于淮北煤田的中部，临涣矿区的北部，在近 EW 向宿北断裂、光武-固镇断裂和 NE 向固镇-长丰断裂内，童亭背斜的西北端，受区域构造的控制。

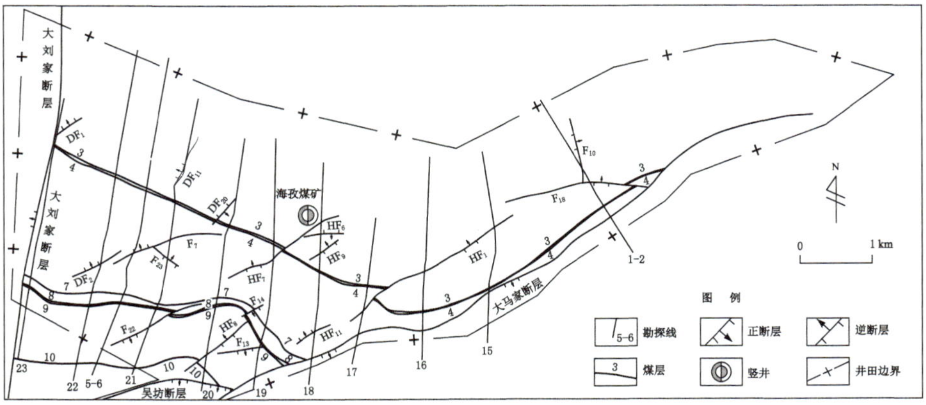

图 2-6　海孜煤矿位置及构造纲要图

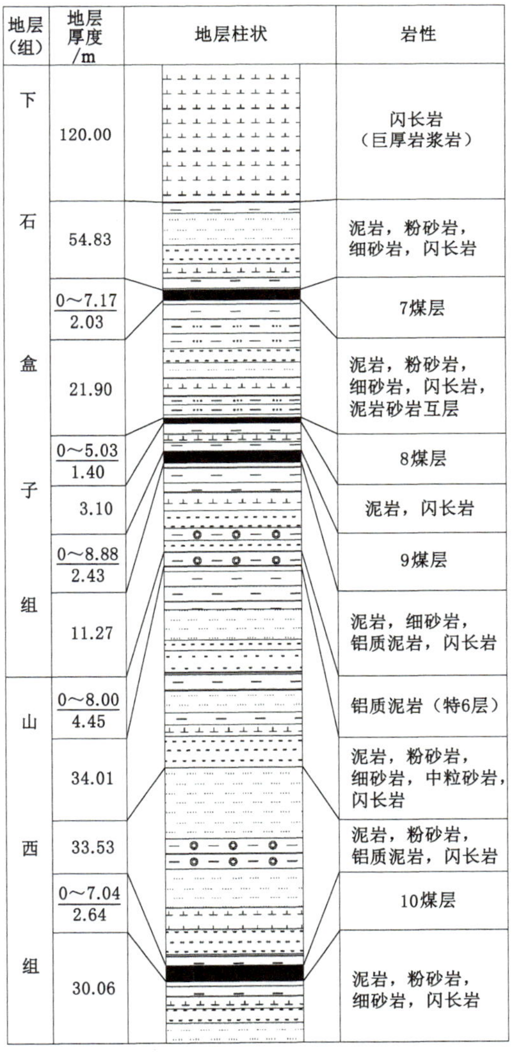

图 2-7　海孜煤矿含煤地层柱状图(Ⅱ102 采区)

矿井总体为走向近 EW、向 N 倾斜的单斜构造。它由低次序的 NNE 向及 NE 向大马家断层和切割矿井深部的宿北断裂围成。总体上井田被吴坊断层切割成两个区，即西部井（吴坊断层以南三角区）和大井（吴坊断层以北的区域，为研究区）。西部井作为矿井的一个接替采区独立成井。吴坊断层以北的区域为较简单的单斜构造，在中部有较小的起伏，地层倾角一般为 10°～30°，局部增大至 70°，从平面上看西部缓，东部陡，在剖面上具有中部陡、浅部和深部缓的特点。三角区为一不完整的向斜构造，地层倾角较为平缓，一般 5°～15°。区内断层发育，全区共查出褶曲两个，大中型断层 57 条，局部地断层滑构造也较发育。

2.2.3　朱集煤矿地质构造特征

朱集煤矿位于淮南煤田东北部，淮南复向斜的次级褶皱朱集-唐集背斜及尚塘-耿村集向斜的东段，其构造纲要图如图 2-8 所示。井田总体构造形态为一背、向斜，北部为朱集-唐集背斜，其南翼与潘集背斜北翼构成较宽缓向斜，沿轴向有所起伏。背、向斜构造在井田西段表现明显，背斜较为紧密，背、向斜轴向为 NWW 向，地层倾角较陡，背斜轴向 E 倾伏，井田中段和东段地层倾角比较平缓，形成比较宽缓的背斜构造[12]。

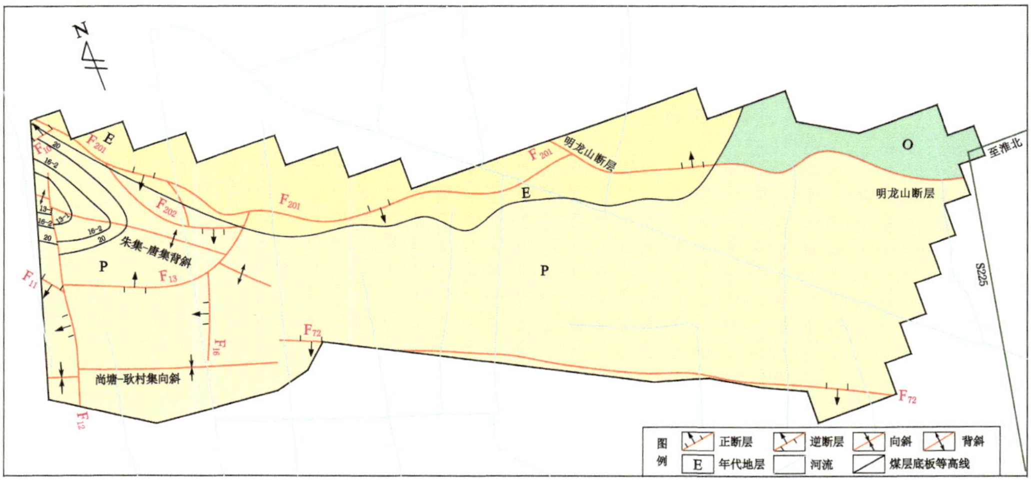

图 2-8　朱集煤矿构造纲要图

井田内朱集-唐集背斜东部转折端在 21 勘探线附近，轴向 NW，倾角一般在 5°左右，唯有 25 勘探线处可达 35°～40°，背斜北翼被 F_{201} 断层切割，21 勘探线以东由一系列小型宽缓背斜组成，总体轴向 NW，背斜轴部和两翼高差一般为 30～50 m，系朱集-唐集背斜的自然延伸。

朱集-唐集背斜的南翼与潘集背斜北翼构成一较为宽缓的尚塘-耿村集向斜，轴向 EW。21 勘探线以西形态明显，东部转折端在 20 勘探线附近，向斜南翼倾角较大，最大可达 50°左右；受南界 F_{72} 断层切割，20 勘探线以东向斜形态已不明显，仅在局部有所残存，7 勘探线以东向斜消失，转为东倾的单斜构造。

井田内已发现断层 30 条，其中正断层 17 条，逆断层 13 条。断层展布方向以 NWW 及 NW 向为主导，少数为 NE 向。

2.2.4　潘三煤矿地质构造特征

井田内发育一组向 W 倾伏的次一级褶曲，即董岗郢向斜及叶集背斜。两者轴向大致平行，近 EW 向，贯穿全井田与潘集背斜轴呈 15°～20°夹角相交，向 W 倾伏，倾伏角 3°～5°。

(1) 董岗郢向斜

董岗郢向斜为一不对称向斜，十一勘探线以东轴面倾向 N，该线以西两翼地层逐渐对称，轴面大致垂直，北翼地层走向 NWW～NW，南翼地层走向 NE～SW，地层倾角一般为 10°～20°，北翼东段受构造影响，地层倾角达 30°～50°，甚至直立。

(2) 叶集背斜

叶集背斜位于董岗郢向斜南侧，向斜的南翼过渡为背斜的北翼，两翼地层基本对称，轴面大致垂直，北翼地层走向 NE～SW，南翼地层走向 NW～NWW，两翼地层平缓，倾角一般小于 10°。

潘三煤矿三维地震勘探资料表明，井田内断层较发育，其中走向断层落差较大，对煤层的影响、破坏作用较大，控制着井田的构造形态，使局部地段走向发生变化并产生一些波状起伏，造成地层起伏，但波幅较小，地层产状总体上无明显变化，单斜构造特征明显（图 2-9）。图 2-9 表明在时间区域内地层沿走向的起伏幅度较小，呈渐进、低幅波状。

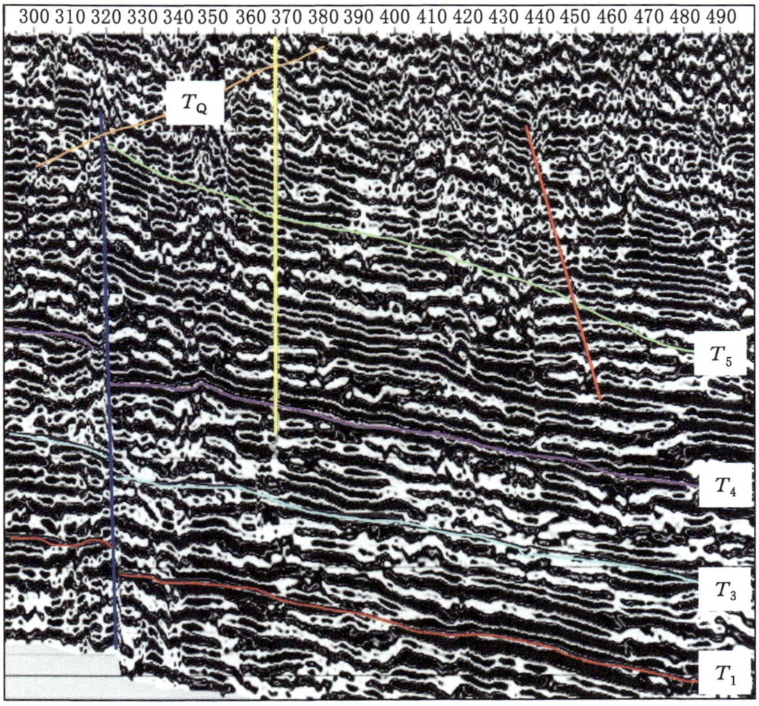

横坐标为地震波道集；T_Q波为第四系底界面的反射波；T_5波为 13-1 煤层形成的反射波；T_4波为 11-2 煤层形成的反射波；T_3波为 8 煤层形成的反射波；T_1波为 4-1 煤层形成的反射波。

图 2-9　潘三煤矿三维地震时间剖面图

参考文献

[1] 蒋静宇. 岩浆岩侵入对瓦斯赋存的控制作用及突出灾害防治技术:以淮北矿区为例[D]. 徐州:中国矿业大学,2012.

[2] 张子敏,张玉贵. 瓦斯地质规律与瓦斯预测[M]. 北京:煤炭工业出版社,2005.

[3] 韩树棻. 两淮地区成煤地质条件及成煤预测[M]. 北京:地质出版社,1990.

[4] 吴盾. 淮南煤田早二叠纪岩浆接触变质煤纳米级结构研究[D]. 合肥:中国科学技术大学,2014.

[5] 焦殿志,刘双跃. 卧龙湖煤矿煤层突出原因及其防治技术研究[J]. 山西建筑,2008,34(5):148-150.

[6] 张春华,刘泽功,徐涛,等. 石门对掘揭开急倾斜煤层突出与爆破增透消突技术[J]. 煤炭学报,2010,35(1):85-88.

[7] 吴基文,赵志根,程新明,等. 影响海孜煤矿煤层瓦斯赋存的地质因素分析[J]. 西安科技学院学报,2003,23(3):264-266.

[8] 李伟,连昌宝. 淮北煤田煤与瓦斯突出地质因素分析与防治[J]. 煤炭科学技术,2007,35(1):19-22.

[9] 兰泽全,夏万报,王志亮,等. 海孜矿瓦斯动力现象特征及分析[J]. 煤矿安全,2008,39(5):73-76.

[10] 王亮. 巨厚火成岩下远程卸压煤岩体裂隙演化与渗流特征及在瓦斯抽采中的应用[D]. 徐州:中国矿业大学,2009.

[11] 杨跃奎,程远平,王亮,等. 海孜矿中组煤层瓦斯赋存地质因素分析[J]. 煤矿安全,2011,42(4):126-128,133.

[12] 吴盾,孙若愚,刘桂建. 淮南朱集井田二叠纪煤中稀土元素地球化学特征及其地质解释[J]. 地质学报,2013,87(8):1158-1166.

第3章　两淮矿区岩浆接触变质煤地球化学特征

3.1　淮北矿区接触变质煤样的岩相学特征

3.1.1　典型接触变质煤样采集

为了研究岩浆侵入对煤的多元物性参数及吸附瓦斯能力的影响，本书分别介绍了淮北矿区典型岩浆侵入煤矿床，即卧龙湖煤矿和海孜煤矿，并在卧龙湖煤矿 10 煤层环形岩床边界附近和海孜煤矿巨厚岩床下伏煤层群内取接触变质煤样共计 23 件[1]。其中，沿着卧龙湖煤矿 102 工作面机巷，在距岩床不同距离(0～95.1 m)取 11 个煤样，包括岩浆覆盖区 5 个煤样，未覆盖区 6 个煤样，图 3-1 为卧龙湖煤矿 10 煤层取样点与岩浆岩岩床空间位置平、剖面示意图。

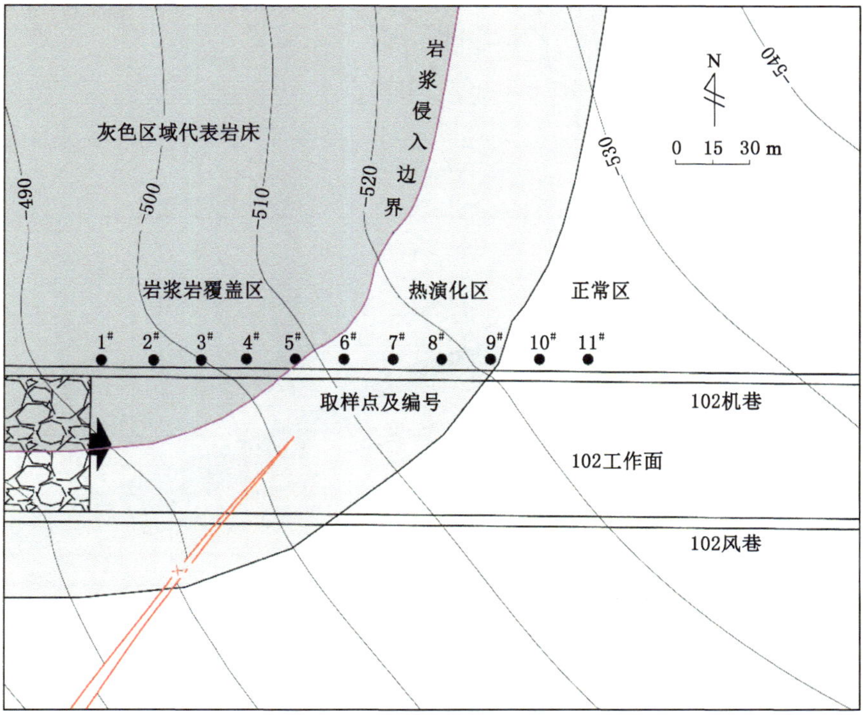

(a) 平面图

图 3-1　卧龙湖煤矿 10 煤层取样点与岩浆岩岩床空间位置平、剖面示意图

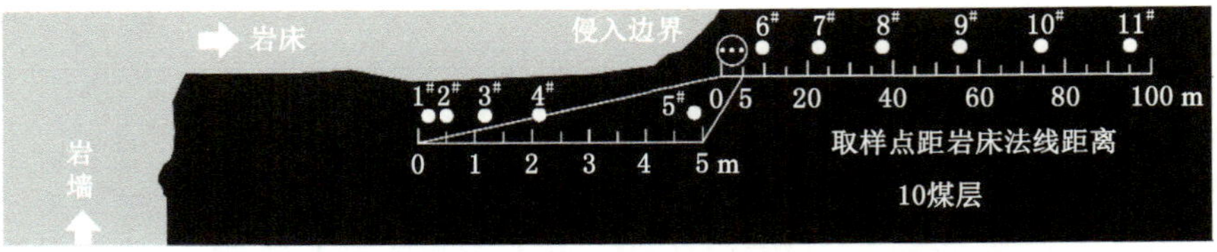

（b）剖面图

图 3-1 （续）

海孜煤矿煤样取自Ⅱ102 采区巨厚岩床下的 7、8、9、10 煤层，每个煤层各取 3 个样品，共 12 个接触变质煤样作为实验和研究对象，煤样距离巨厚岩床 60～200 m。图 3-2 为海孜煤矿取样点与岩浆岩岩床空间位置平、剖面示意图。

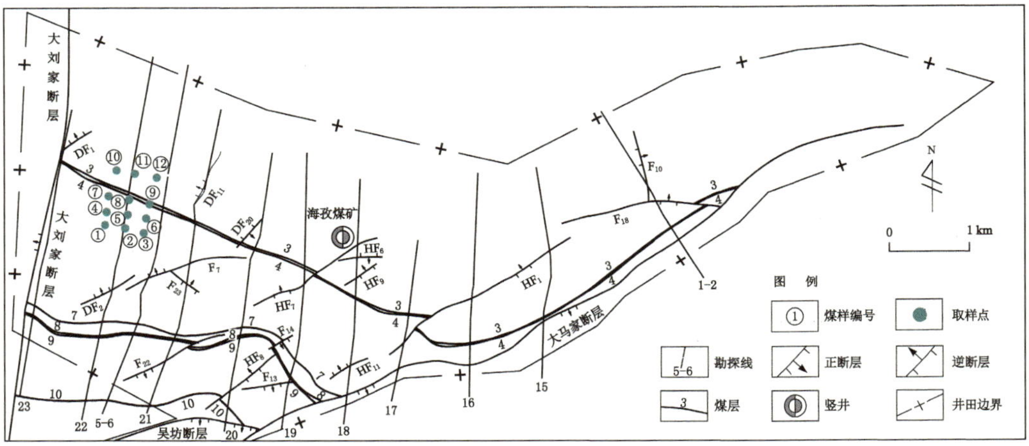

（a）平面图

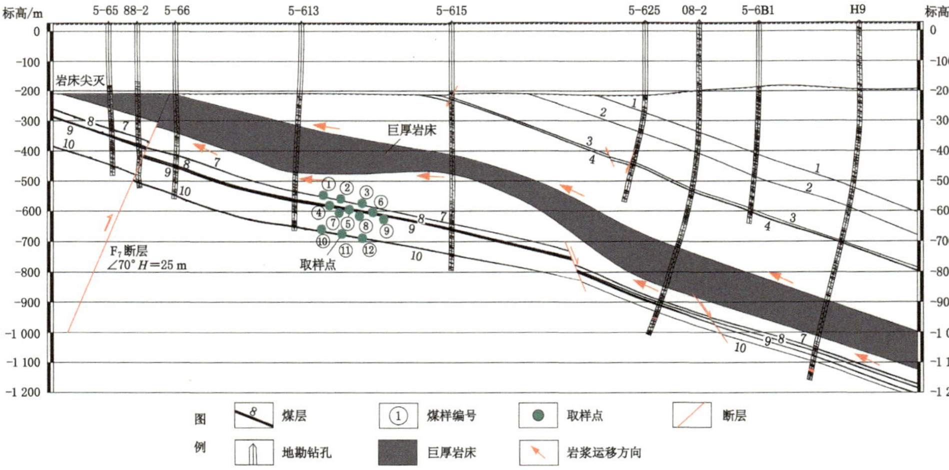

（b）剖面图

图 3-2 海孜煤矿取样点与岩浆岩岩床空间位置平、剖面图

3.1.2 实验方法

23 个接触变质煤样的元素分析参照相关标准，工业分析使用 5E-MAG6600 全自动工业分析仪。煤样的微观形貌分析使用日本生产的 Hitachi S-3000N 型 SEM(扫描电子显微镜)完成，有机显微组分和镜质体反射率测定使用德国 ZEISS Imager M1m 型显微镜光度计(图 3-3)，两者均要求煤样粒径小于 0.2 mm。等温吸附实验使用重庆煤科院生产的 HCA 高压容量法瓦斯吸附装置，要求煤样粒径为 0.074～0.200 mm。瓦斯放散初速度测定使用煤科总院抚顺分院生产的 WT-1 型瓦斯扩散速度测定仪，要求煤样粒径为 0.20～0.25 mm。压汞法测孔径分布使用美国生产的全自动压汞仪。采用液氮吸附法(77.35 K，101.3 kPa)测 BET 比表面积，使用仪器为北京彼奥德电子技术有限公司生产的 SSA-4200 型比表面积及孔径测定仪。采用低压 CO_2 吸附法(273 K)测微孔(孔径小于 2 nm)孔容、微孔比表面积和微孔平均孔径，使用仪器为美国 Quantachrome 公司生产的 Autosorb-1 型吸附仪。瓦斯气体组分测定使用仪器为北京东西分析仪器有限公司生产的气相色谱仪，仪器型号为 GC-4008B。此外，现场还进行了瓦斯压力、瓦斯含量(直接法)、钻屑瓦斯解吸指标 K_1 及 Δh_2、钻屑量 S 的测定。煤样的镜质体反射率(R_o)和有机显微组分定量测定在中国矿业大学分析测试中心完成。煤样的有机显微组分、镜质体反射率和古地温测定结果见表 3-1。

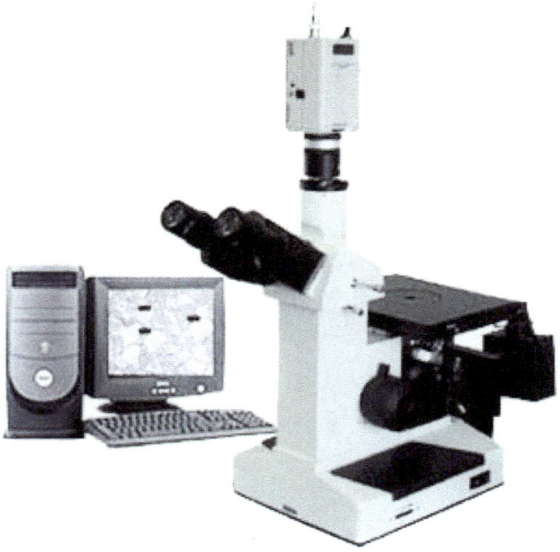

图 3-3　德国 ZEISS Imager M1m 型显微镜光度计

表 3-1　煤样的有机显微组分、镜质体反射率和古地温测定结果

煤样编号	煤层	距岩床距离/m	标高/m	有机显微组分含量/%			镜质体反射率 R_o/%	热演化最大温度 T_{peak}/℃
				镜质组	惰质组	矿物组		
WL1#	10	0.2	−494	70.8	25.9	3.3	5.03	359
WL2#	10	0.5	−497	70.1	26.0	3.9	4.89	355
WL3#	10	1.2	−500	70.3	26.2	3.5	4.71	350
WL4#	10	2.1	−503	71.0	25.7	3.3	4.82	353
WL5#	10	4.8	−506	71.4	24.7	3.9	4.78	352

表 3-1(续)

煤样编号	煤层	距岩床距离/m	标高/m	有机显微组分含量/%			镜质体反射率 R_o/%	热演化最大温度 T_{peak}/℃
				镜质组	惰质组	矿物组		
WL6#	10	9.5	−510	70.2	26.5	3.3	4.06	331
WL7#	10	22.8	−515	71.4	24.8	3.9	3.67	322
WL8#	10	38.7	−520	73.0	22.0	5.0	3.18	300
WL9#	10	56.3	−525	72.9	23.9	3.2	2.76	282
WL10#	10	74.9	−530	72.9	23.6	3.5	2.75	281
WL11#	10	95.1	−537	74.2	22.1	3.7	2.74	281
HZ1#	7	60.0	−529	87.4	10.2	2.5	2.78	283
HZ2#	7	70.0	−530	86.3	11.7	2.0	2.75	282
HZ3#	7	80.0	−531	85.7	12.0	2.3	2.71	280
HZ4#	8	90.0	−553	87.3	11.3	1.5	2.69	279
HZ5#	8	100.0	−554	87.6	10.5	1.9	2.60	275
HZ6#	8	110.0	−555	87.2	10.8	2.0	2.65	277
HZ7#	9	120.0	−559	86.4	11.2	2.4	2.59	274
HZ8#	9	130.0	−560	87.2	10.6	2.2	2.62	275
HZ9#	9	140.0	−561	85.6	12.0	2.4	2.53	271
HZ10#	10	160.0	−643	86.4	9.8	3.8	2.30	259
HZ11#	10	180.0	−664	87.9	8.8	3.4	2.32	260
HZ12#	10	200.0	−685	87.0	9.3	3.7	2.41	265

注:WL 代表卧龙湖煤矿煤样,HZ 代表海孜煤矿煤样;因采用四舍五入取值,有机显微组分含量列数据存在合计不为 100%的情况。

图 3-4 表明了煤样的镜质体反射率、古地温与煤样距岩床距离的关系。由图 3-4(a)可知,靠近岩浆岩,卧龙湖煤矿煤样的镜质体反射率有增大的趋势,R_o由 2.74%增加到5.03%。国际上一般根据 R_o对煤种进行划分,并根据 R_o的变化来确定岩浆岩的热演化范围。根据有关国际标准[2],卧龙湖煤矿 11 个煤样均为无烟煤(2.0%≤R_o<6.0%)。

Barker 等[3-6]研究发现根据煤的 R_o可以估算岩浆岩与煤接触时的热演化最大温度 T_{peak}(古地温),见式(3-1)。

$$T_{peak} = (\ln R_o + 1.19)/0.007\ 82 \tag{3-1}$$

根据式(3-1),估算卧龙湖和海孜煤矿燕山期岩浆热演化最大温度 T_{peak} 分别为 359 ℃和283 ℃,见表 3-1。

由表 3-1 和图 3-4(a)可知,卧龙湖煤矿 WL11# 煤样(R_o=2.74%,距离岩床 95.1 m)、WL10# 煤样(R_o=2.75%,距离岩床 74.9 m)和 WL9# 煤样(R_o=2.76%,距离岩床56.3 m)3 个煤样 R_o的变化较小,曲线增长较缓;从 WL9# 煤样开始到 WL1# 煤样(R_o=5.03%,距离岩床 0.2 m),R_o变化较大,曲线增长较快。

由 R_o与煤样距岩床距离变化关系可知:WL11# 和 WL10# 煤样 R_o变化不大,可视为不在岩浆岩热演化范围内;WL9# ~WL1# 煤样 R_o变化较大,在热演化范围内。根据 R_o的变

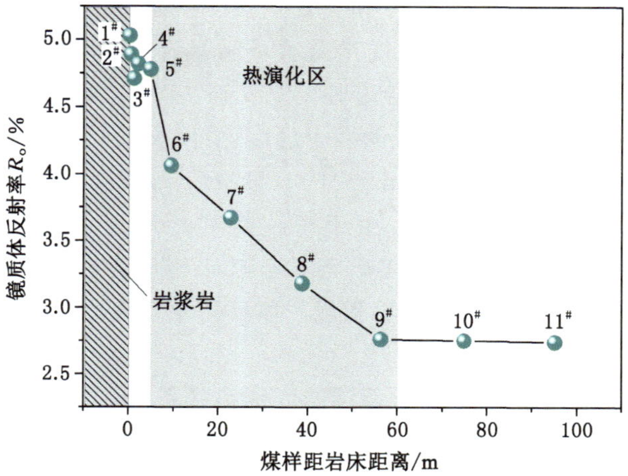

(a) 卧龙湖煤矿煤样

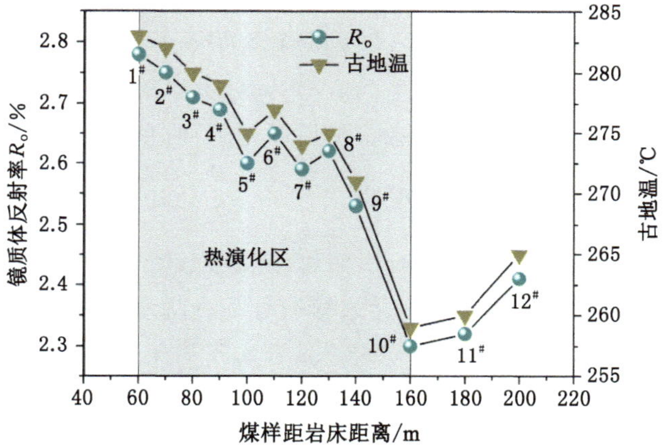

(b) 海孜煤矿煤样

图 3-4　煤样的镜质体反射率、古地温与煤样距岩床距离的关系

化规律，可知研究区环形岩床的热演化范围为 60.0 m 左右。同时发现了卧龙湖煤矿 10 煤层自然形成的三个不同区域：岩浆岩覆盖区（又称“接触变质区”，距离岩床 0～5.0 m），岩浆岩热演化区（距离岩床 5.0～60.0 m）和正常区（距离岩床 60.0 m 以上）（图 3-1）。由图 3-1 可知，WL1# ～WL5# 煤样属于岩浆岩覆盖区，WL6# ～WL9# 煤样属于岩浆岩热演化区，WL10# 和 WL11# 煤样属于正常区。

由表 3-1 可知，海孜煤矿煤样镜质体反射率 R_o整体由 2.41%（HZ12# 煤样，距离岩床 200.0 m）增大到 2.78%（HZ1# 煤样，距离岩床 60.0 m）。靠近巨厚岩床，镜质体反射率 R_o分布曲线有先减小（从 HZ12# 到 HZ10# 煤样）后增大（从 HZ10# 到 HZ1# 煤样）的趋势，HZ10# 煤样（距离岩床 160.0 m）可以近似看作曲线的拐点，把曲线分为两部分，见图 3-4(b)。由 HZ10# 煤样（标高 −643 m）到 HZ12# 煤样（标高 −685 m），埋深变大，R_o增大。镜质体反射率变化符合深成变质作用，即随着埋深增加，煤的成熟度（R_o）增加。而由 HZ10# 煤样（标高 −643 m）到 HZ1# 煤样（标高 −529 m），埋深减小，R_o有增加的趋势，没有遵循深成变质作用。这是受巨厚岩床的热演化作用影响引起的结果。因此，可以认为 HZ1# ～HZ10# 煤样处在巨厚岩床热演化范围内，而 HZ11# 和 HZ12# 煤样不在巨厚岩床热演化范围内。

海孜煤矿煤样镜质体反射率 R_o 变化规律揭示了巨厚岩床热演化范围为 160.0 m 左右［图 3-4(b)］，约为 1.33 倍的岩床厚度（岩床厚 120.0 m 左右）。同时发现了海孜煤矿巨厚岩床下伏煤层群 7、8、9、10 煤层自然形成的两个区域：岩浆岩热演化区（巨厚岩床下 60.0～160.0 m）和正常区（巨厚岩床下 160.0 m 以外）。HZ1# ～HZ10# 煤样属于岩浆岩热演化区，HZ11# 和 HZ12# 煤样属于正常区。由于海孜煤样距离巨厚岩床较远（最近取样点 HZ1# 煤样距离岩床 60.0 m），因此海孜煤矿巨厚岩床对下伏煤层群自然分区结果不存在接触变质区。此外，由图 3-4(b) 可知，古地温和镜质体反射率呈正相关关系，R_o 随着古地温的增加而增大。

卧龙湖煤矿和海孜煤矿岩浆岩热演化范围的区别和联系：相同点都是顶板岩床的热演化范围，且岩浆岩是同源的中性闪长岩。不同点之一是热演化范围不同，卧龙湖煤矿岩床热演化范围为 60.0 m 左右，海孜煤矿岩床热演化范围为 160.0 m 左右。这主要和岩床厚度有关系，卧龙湖煤矿岩床平均厚度为 4.0 m 左右，而海孜煤矿巨厚岩床平均厚度为 120.0 m 左右。另一不同点是，卧龙湖煤矿环形岩床的热演化范围是相对于水平方向来说的，海孜煤矿巨厚岩床热演化范围是相对于下向垂直方向来说的。两个不同地点岩床的相同点和差异性是选择分析两个典型岩床（卧龙湖煤矿环形岩床和海孜煤矿巨厚岩床）的原因之一。

3.1.3　接触变质煤显微组分镜下观察

图 3-5 为卧龙湖煤矿和海孜煤矿接触变质煤样的显微组分镜下观察结果。

图 3-5(a) 为卧龙湖煤矿 10 煤层与岩浆岩接触变质体样本的现场取样照片，岩浆岩颜色为灰色，部分呈现棕黄色，岩性为中性闪长岩。这证实了岩浆岩沿 10 煤层顶板侵入，产状为岩床。煤-岩接触面不规则，反映出岩浆流体的不均衡性。

从煤样的岩相学来看，卧龙湖煤矿煤样的镜质组含量较高［图 3-5(b)、图 3-5(d)、图 3-5(f) 和图 3-5(h)］。例如，WL1# 煤样（R_o＝5.03%）可辨认的镜质组含量为 70.8%，HZ5# 煤样（R_o＝2.60%）可辨认的镜质组含量为 87.6%（表 3-1）。卧龙湖和海孜煤矿共 23 个煤样显微组分均无壳质组出现，这是因为受岩浆岩热演化作用，23 个煤样煤阶较高，均为无烟煤。研究发现当 R_o＞1.30% 时，煤的显微照片出现壳质组消失现象。23 个煤样的 R_o 均大于 1.30%，最小值为 2.30%（表 3-1），所以显微照片中无壳质组出现。距离岩浆岩较近的卧龙湖煤矿煤样出现反映岩浆活动的热解气孔和镶嵌结构，见图 3-5(b) 和图 3-5(c)。

3.1.4　接触变质煤 SEM 表征

SEM 是进行煤体微观孔隙、裂隙和力学特性研究的有力工具，本实验采用 Hitachi S-3000N 型 SEM 对距岩浆岩不同距离的煤样的微观形貌进行观测。该仪器加速电压为 20 kV，二次分辨率较高（3～4 nm），聚焦能力强（可达 1 mm），照片三维立体感强，放大倍率高（本次实验选用 SEM 的最大放大倍数为 8 000 倍），观测时可直接得到具有放大倍数及刻度的图像。

按照 SEM 的制样标准，将煤样制成 10 mm×10 mm×10 mm（长×宽×高）的正方体式的样品，并保证样品干燥、无污染、导电性好、观察面未受到人为破坏。煤样需要通过离子溅射镀金的方法进行增加导电性处理，镀金层厚度控制在 5～10 nm。

(a) 10煤层与岩浆岩接触变质体

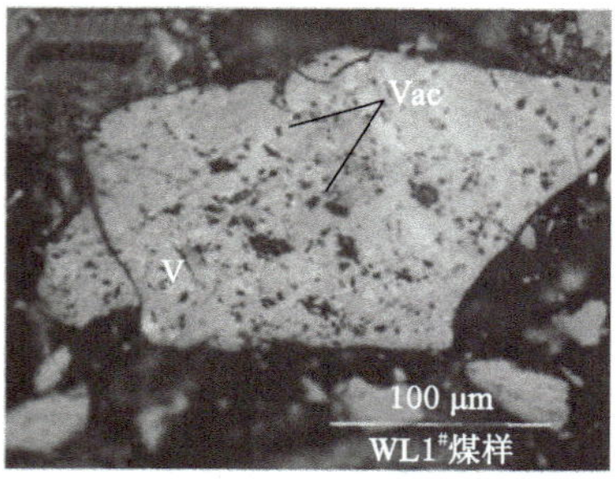

(b) WL1#煤样[镜质组(V)和热解气孔(Vac)，R_o=5.03%]

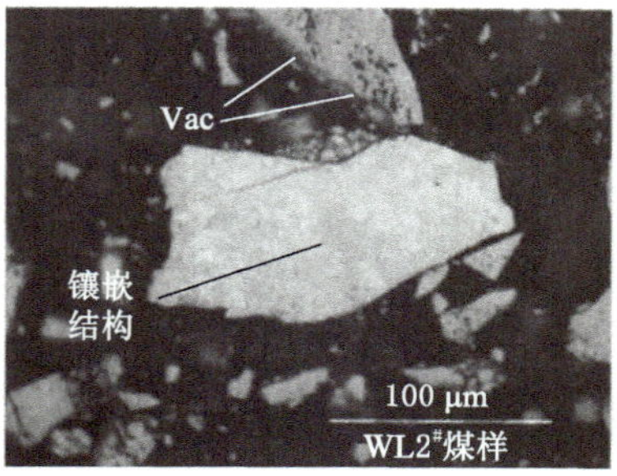

(c) WL2#煤样[镶嵌结构和热解气孔(Vac)，R_o=4.89%]

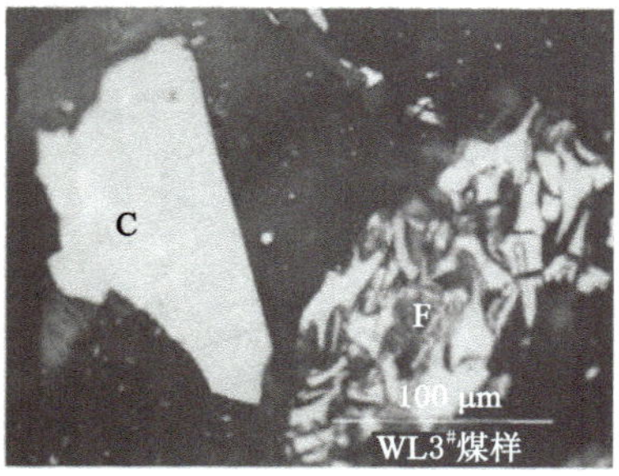

(d) WL3#煤样[无结构镜质体(C)和丝质体(F)，R_o=4.71%]

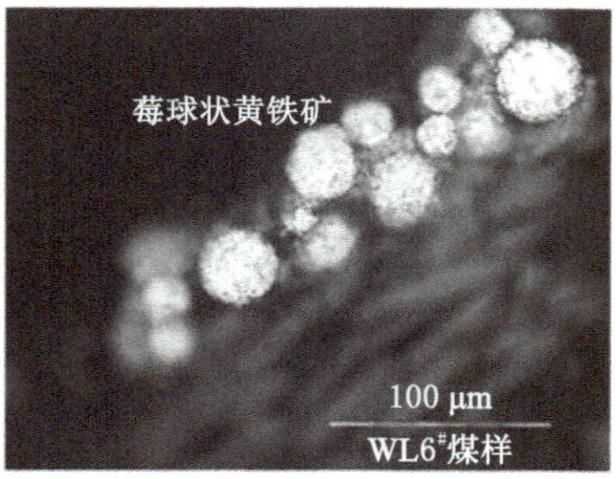

(e) WL6#煤样(莓球状黄铁矿，R_o=4.06%)

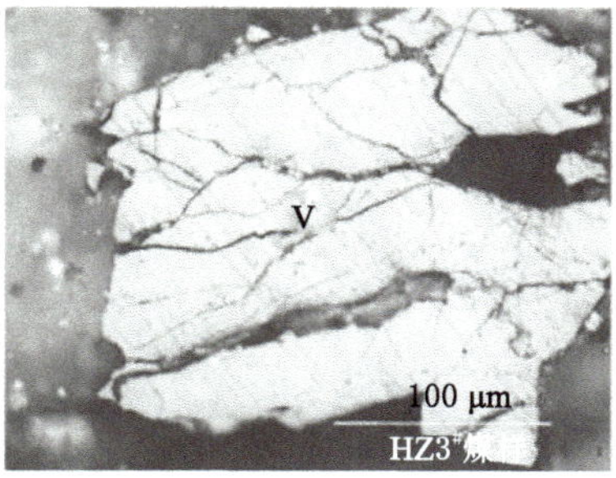

(f) HZ3#煤样[镜质组(V)，R_o=2.71%]

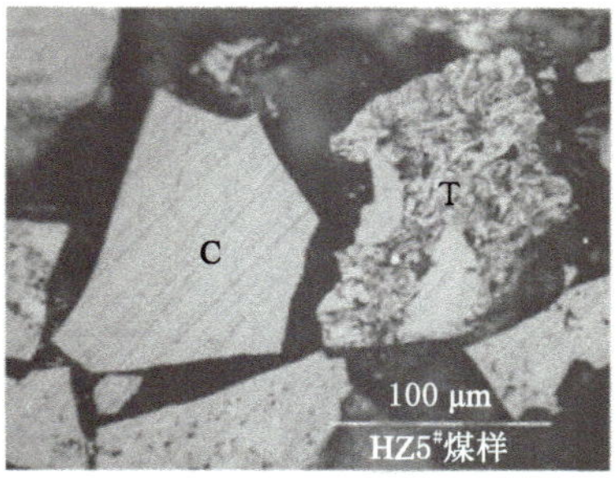

(g) HZ5#煤样[无结构镜质体(C)和结构镜质体(T)，R_o=2.60%]

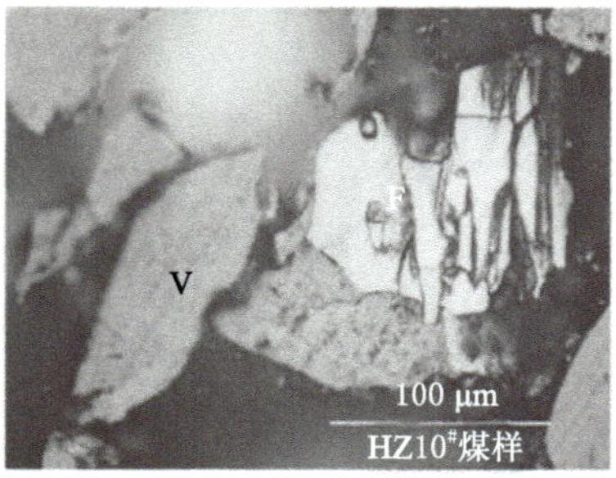

(h) HZ10#煤样[镜质组(V)和丝质体(F)，R_o=2.30%]

图 3-5　卧龙湖煤矿和海孜煤矿接触变质煤样的显微组分镜下观察结果

(油浸、反射光条件)

图 3-6 和图 3-7 给出了卧龙湖煤矿和海孜煤矿接触变质煤样表面微观形貌的 SEM 表征结果，主要特征解释见表 3-2。

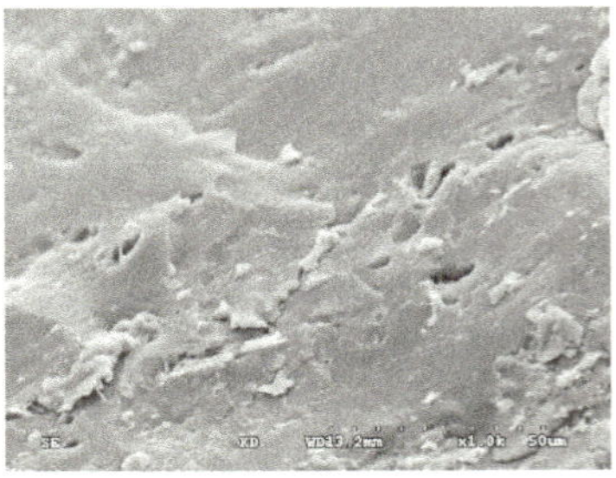

(a) WL1#煤样(1 000倍)

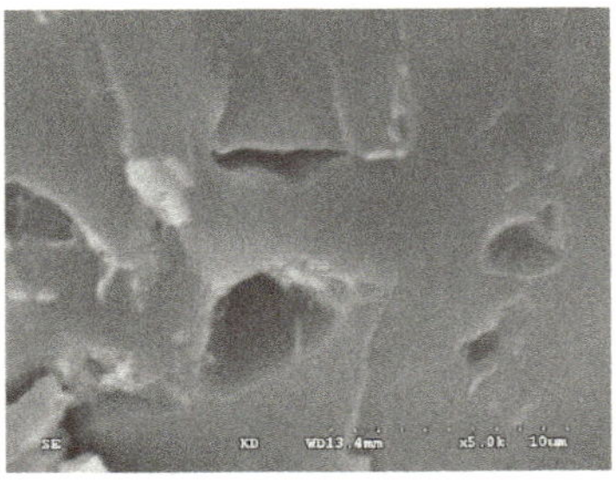

(b) WL1#煤样(5 000倍)

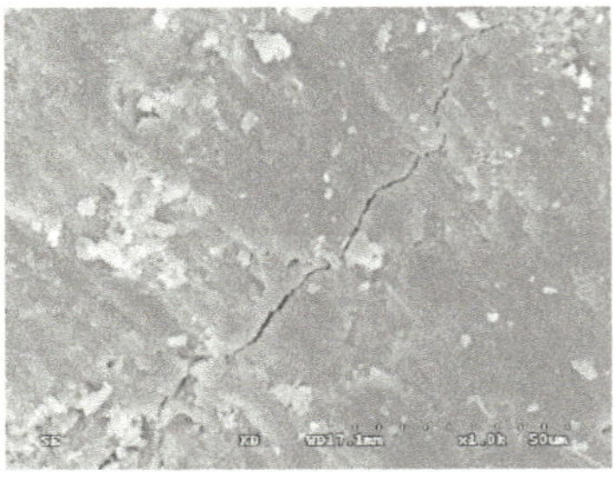

(c) WL6#煤样(1 000倍)

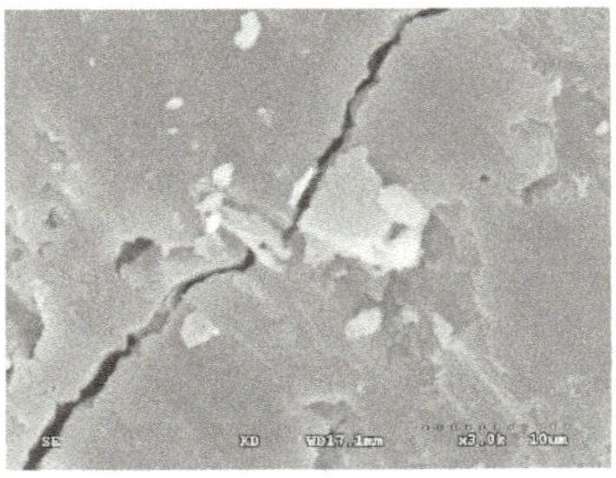

(d) WL6#煤样(3 000倍)

(e) WL10#煤样(500倍)

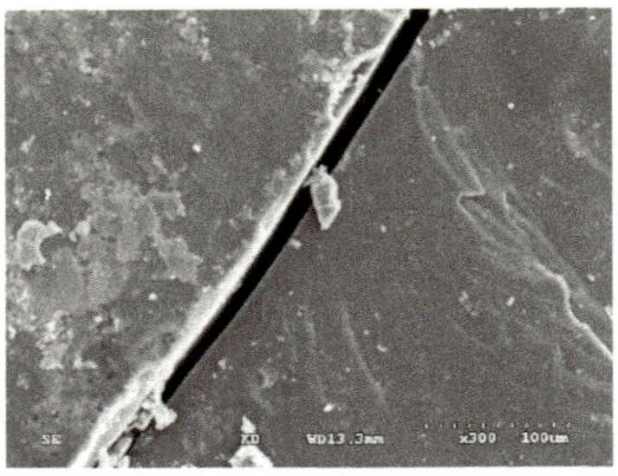

(f) WL10#煤样(300倍)

图 3-6 卧龙湖煤矿煤样 SEM 照片

(放大倍数 300～5 000 倍)

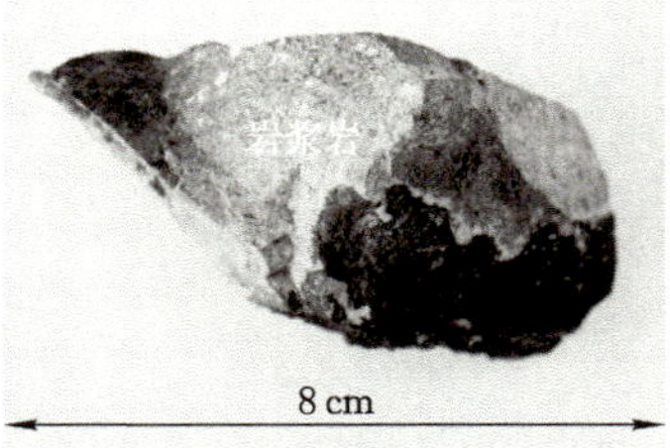

(a) 7煤层与岩浆岩接触变质体

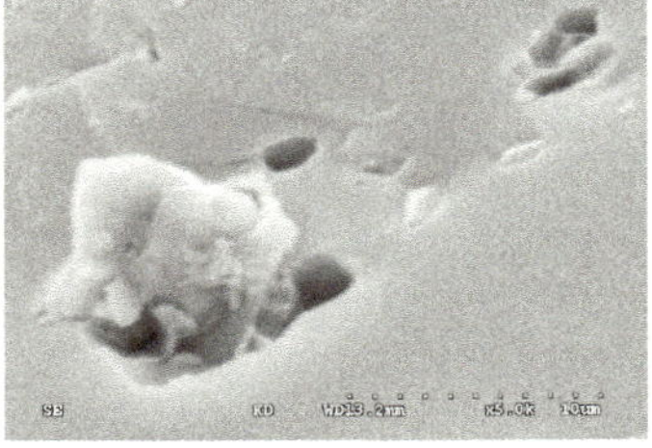

(b) HZ1#煤样(5 000倍)

图 3-7 海孜煤矿煤样 SEM 照片

(放大倍数 500～8 000 倍)

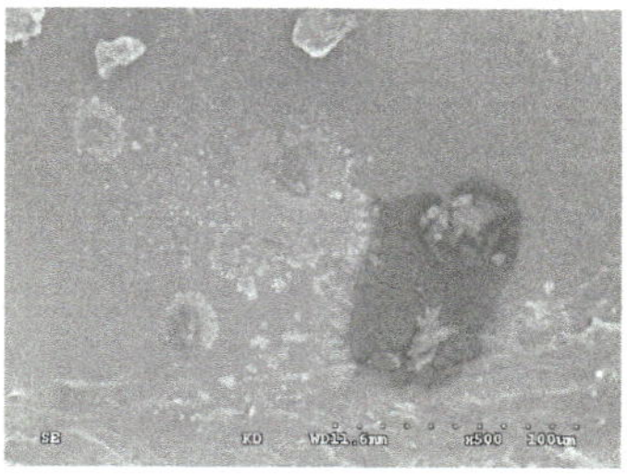

(c) HZ2#煤样(500倍)

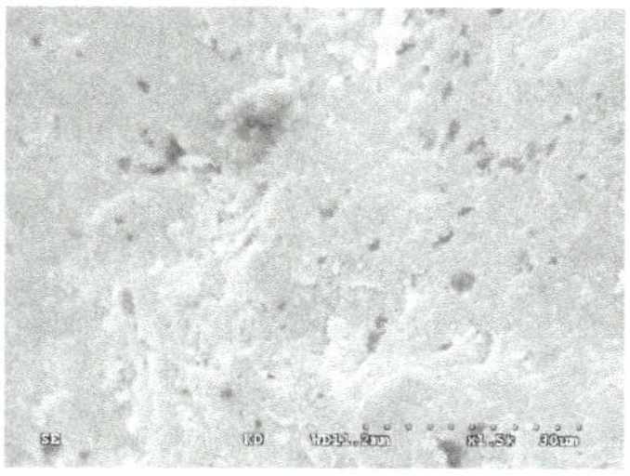

(d) HZ4#煤样(1 500倍)

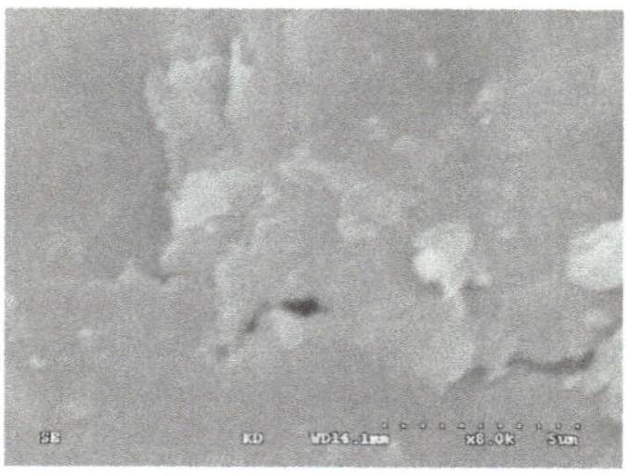

(e) HZ8#煤样(8 000倍)

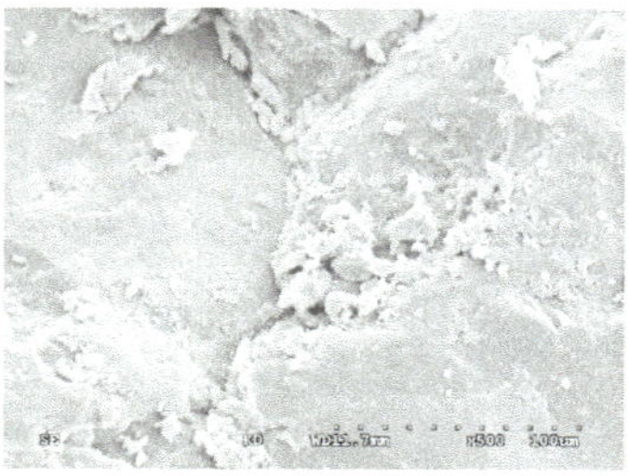

(f) HZ12#煤样(500倍)

图 3-7　(续)

表 3-2　煤样的 SEM 照片解释

图号	放大倍数	煤样	所属煤层和区域	煤样微观特征描述
图 3-6(a)	1 000	WL1#	10 煤层,岩浆岩覆盖区	出现大量热解气孔,多为次生孔隙
图 3-6(b)	5 000	WL1#	10 煤层,岩浆岩覆盖区	
图 3-6(c)	1 000	WL6#	10 煤层,岩浆岩热演化区	出现原生裂隙和大量热解气孔
图 3-6(d)	3 000	WL6#	10 煤层,岩浆岩热演化区	
图 3-6(e)	500	WL10#	10 煤层,正常区	类似阶梯状构造面,有擦痕
图 3-6(f)	300	WL10#	10 煤层,正常区	出现原生裂隙,少量热解气孔
图 3-7(b)	5 000	HZ1#	7 煤层,岩浆岩热演化区	出现热解气孔
图 3-7(c)	500	HZ2#	7 煤层,岩浆岩热演化区	出现镶嵌结构
图 3-7(d)	1 500	HZ4#	8 煤层,岩浆岩热演化区	出现热解气孔
图 3-7(e)	8 000	HZ8#	9 煤层,岩浆岩热演化区	少量热解气孔
图 3-7(f)	500	HZ12#	10 煤层,正常区	无热解气孔,可见破碎的糜棱结构

由图 3-6、图 3-7 和表 3-2 可知,卧龙湖煤矿 10 煤层岩浆岩覆盖区 WL1# 煤样(距离岩床 0.2 m)出现大量和岩浆活动有关的热解气孔;岩浆岩热演化区 WL6# 煤样出现大量热解气孔;正常区 WL10# 煤样出现少量热解气孔。海孜煤矿 HZ1# 煤样(7 煤层,岩浆岩热演化区)出现热解气孔;HZ2# 煤样(7 煤层,岩浆岩热演化区)出现和岩浆活动有关的镶嵌结构;HZ4# 煤样(8 煤层,岩浆岩热演化区)出现热解气孔;HZ8# 煤样(9 煤层,岩浆岩热演化区)出现少量热解气孔,说明由于距离变远岩浆热演化作用减弱;HZ12# 煤样(10 煤层,正常区,距离巨厚岩床 200.0 m)无热解气孔,说明受岩浆热演化作用影响较小。

从 SEM 照片分析结果来看,岩浆岩热演化区范围内的煤样中均出现热解气孔和镶嵌结构。煤样距离岩浆岩越近,反映岩浆活动的热解气孔越发育,热解气孔越多。在距离卧龙湖煤矿环形岩床 60.0 m 左右以外和距离海孜煤矿巨厚岩床 160.0 m 左右以外煤样中均无热解气孔出现。

3.2 淮南矿区接触变质煤样的岩相学特征

3.2.1 朱集煤矿 3 煤层接触带煤样宏观煤岩学特征

朱集煤矿 13-4 钻孔于 3 煤层中揭露灰白色闪长玢岩侵入体。侵入体厚度约 1.3 m,属小型侵入体[7]。受岩浆接触变质作用影响,仅接触带两侧形成了上、下两个煤质分带(图 3-8)。所采集煤样宏观煤岩学特征见表 3-3。

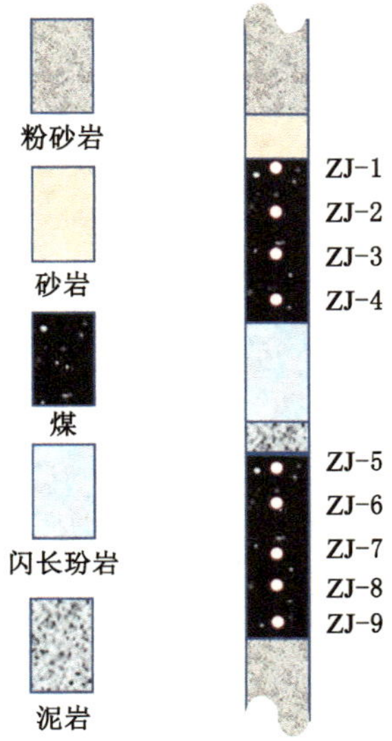

图 3-8 朱集煤矿受岩浆侵入影响的 13-4 钻孔柱状图

表 3-3 接触带两侧煤样宏观煤岩学特征

煤样编号	颜色	光泽	煤岩类型	煤阶
ZJ-1	褐黑色	沥青光泽	暗淡～半亮型	低等级烟煤
ZJ-2	暗黑色	暗淡光泽	暗淡型	高等级烟煤
ZJ-3	灰黑色	玻璃光泽为主,部分暗淡光泽	暗淡～半亮型	无烟煤
ZJ-4	灰黑色	黑色金属光泽	半暗～半亮型	无烟煤
ZJ-5	灰黑色	黑色金属光泽	半暗～半亮型	无烟煤
ZJ-6	亮黑色	玻璃光泽为主,部分暗淡光泽	暗淡～半亮型	高等级烟煤
ZJ-7	暗黑色	暗淡光泽	暗淡型	高等级烟煤
ZJ-8	褐黑色	沥青光泽～弱玻璃光泽	半暗～半亮型	低等级烟煤
ZJ-9	黑色	沥青光泽	半暗～半亮型	低等级烟煤

朱集煤矿 13-4 钻孔位于 F_{24} 和 F_{27} 断层间。其中，F_{24} 断层位于井田中部，为张性正断层，走向 NW，倾向 SW，倾角 60°～70°，落差 0～35 m，在井田内延展长度 1 800 m。F_{27} 断层位于井田中部，为张性正断层，走向 NNW，倾向 W，倾角 70°，落差 0～15 m，在井田内延展长度 570 m。此外，同期淮北煤田闪长玢岩侵入体温度为 300～350 ℃。由此得出，朱集煤矿 3 煤层在 F_{24} 和 F_{27} 张性断层带的小岩体的接触带，地质构造条件属开放系统，由此形成热变煤～正常煤系列，这与实际采样结果相吻合。

3.2.2　潘三煤矿 4 煤层接触带煤样宏观煤岩学特征

潘三煤矿十六 9 钻孔于 4 煤层顶板处揭露粉红色闪长玢岩侵入体。侵入体厚度约 16 m，属中小型侵入体。由于岩浆顺煤层顶板侵入，随之而来的热量和压力引起下伏煤层变质程度加深，形成了高变质煤。ZJ-1′和 ZJ-2′为邻近朱集煤矿 4 煤层的煤样，未受岩浆蚀变作用，为正常煤。所采集煤样宏观煤岩学特征见表 3-4。

表 3-4　接触带下部煤样煤岩学宏观特征

煤样编号	颜色	光泽	煤岩类型	煤阶
PS-1	灰黑色	沥青光泽，油脂光泽	半亮型	贫煤（高等级烟煤）
PS-2	灰黑色	玻璃光泽，暗淡光泽	半亮型	无烟煤
PS-3	灰黑色	黑色光泽，暗淡光泽	半暗型	高等级无烟煤
PS-4	灰黑色	黑色光泽	半亮型	高等级无烟煤
ZJ-1′	黑色	沥青光泽～弱玻璃光泽	半暗～半亮型	气煤（低等级烟煤）
ZJ-2′	黑色	沥青光泽～弱玻璃光泽	半暗～半亮型	气煤（低等级烟煤）

潘三煤矿十六 9 钻孔位于 F_{40} 和 F_{42} 断层间。其中，F_{40} 断层位于井田西北部，为张性正断层，走向 EW，倾向近 N，倾角 70°～76°，落差 100～110 m，在井田内延展长度 1 440 m。F_{42} 断层位于井田西北部，为张性正断层，走向近 ENE，倾向近 NNW，倾角 49°～75°，落差 0～90 m，在井田内延展长度 1 600 m。F_{40} 和 F_{42} 断层是位于井田西北部的两条主断层，具有构造控制作用，形成了相对开放的地质构造系统，岩浆接触变质作用造就了热变煤～正常煤序列，这与实际采样结果一致。

参考文献

[1] 蒋静宇.岩浆岩侵入对瓦斯赋存的控制作用及突出灾害防治技术：以淮北矿区为例[D].徐州：中国矿业大学，2012.

[2] Classification of coals：ISO 11760：2018[S].[S.l.：s.n.]，2018.

[3] BARKER C E，PAWLEWICZ M J. Calculation of vitrinite reflectance from thermal histories and peak temperatures：a comparison of methods[M]. Washington，DC：American Chemical Society，1994.

[4] BARKER C E，ELDERS W A. Vitrinite reflectance geothermometry and apparent heating duration in the Cerro Prieto geothermal field[J]. Geothermics，1981，10(3/4)：

207-223.

[5] BARKER C E, PAWLEWICZ M J. An empirical determination of the minimum number of measurements needed to estimate the mean random vitrinite reflectance of disseminated organic matter[J]. Organic geochemistry,1993,20(6):643-651.

[6] BARKER C E,LEWAN M D,PAWLEWICZ M J. The influence of extractable organic matter on vitrinite reflectance suppression: a survey of kerogen and coal types[J]. International journal of coal geology,2007,70(1/2/3):67-78.

[7] 吴盾.淮南煤田早二叠纪岩浆接触变质煤纳米级结构研究[D].合肥:中国科学技术大学,2014.

第 4 章　两淮矿区岩浆岩分布、岩性与年代

4.1　淮北矿区岩浆岩分布、岩性与年代

4.1.1　淮北矿区岩浆岩分布

4.1.1.1　卧龙湖煤矿岩浆岩分布特征

卧龙湖煤矿岩浆活动普遍，自太原组至 2 煤层皆有岩浆侵入。岩浆侵入不但影响煤层的可采性，而且对煤质和煤层厚度均有较大影响。

本矿井岩浆侵入范围广，侵入产状多为岩床，少量为岩脉，由浅至深侵入范围渐大。侵入中部煤组主要在 4 勘探线以南，而至下部 10 煤层则全区都受岩浆侵蚀(仅在矿井东部 5 勘探线至 8 勘探线残留有少量可采煤区)，煤层大都变质为天然焦。岩浆顺断层破碎带侵入含煤地层。

(1) 岩浆侵入的层位

岩浆侵入具有选择层位的特点，往往沿薄弱环节侵入，而煤层恰巧是软弱层，其熔点低，受热易熔蚀。钻孔统计资料表明，本矿井受岩浆侵蚀的最高层位在 2 煤层以上，6、7、8、10 主采煤层遭岩浆侵蚀较为严重，被侵蚀的地方，煤层大多变为天然焦，少数钻孔见有火夹焦，甚至局部区域煤层完全被岩浆所吞噬。

侵入体对其上面的煤分层影响较大，对其下面的煤分层影响较小。这是由于岩浆中的气体和煤变质过程中产生的挥发分易于携带热量向上扩散的缘故。因此，侵入体位于煤层顶部，对下部煤分层影响较小；处于煤层底部，对上部煤分层影响较大；侵入体居于煤层中部，对煤层影响最大，形成上厚下薄的变质带。

(2) 岩浆侵入体平面分布特征

钻孔资料分析表明，侵入 8 煤层的岩浆岩产状大多为岩床，局部为岩脉。在井田南部的 F_7 及 F_5 断层和 8 煤层的露头处岩浆岩的厚度较大，最厚的有 18 m 多，向井田北部岩浆侵入体的厚度逐渐变小。但在井田中北部的 B1-5 孔位置附近，岩浆岩厚度突然增厚至十几米，钻孔资料显示在该处距 8 煤层底板 11.37 m 处侵入了一层厚 15.2 m 的岩浆岩岩体，且其上的 6、7 煤层完全被岩浆岩吞噬。该孔位置正处于断层破碎带附近，为一独立的岩浆岩侵入通道。

全井田范围内的 10 煤层几乎都受岩浆岩侵蚀，仅在矿井中部和西部的 5-6 勘探线至 7-8 勘探线之间残留有局部未受岩浆岩侵蚀区。岩浆侵入体最厚的地方在井田南部的 F_5、F_4 及 F_{13} 断层的交会处，厚度超过 15 m。另外，矿井南部的边界断层 F_7 断层附近侵入体厚

度也较大，约为 13 m。其余地方岩浆侵入体的厚度比较均匀，累计厚度多为 2～3 m。

(3) 岩浆侵入与构造的关系

岩浆从岩浆源向上侵入，需要断裂作为通道。对侵入体分布起控制作用的断裂，是岩浆侵入前或侵入期间产生的断裂；而岩浆侵入后产生的断裂，对先成侵入体起切割和改造作用。一般情况下，张性、张扭性断裂，由于开启程度较好，侧压较小，对岩浆运动阻力小，便于岩浆侵入，特别是切割深、延展长的张扭性断裂更有利于岩浆的活动。

从岩浆岩分布情况来看，本区岩浆侵入有明显的方向性，厚度变化也有一定的规律。即岩浆岩南多北少，南厚北薄，在 4 勘探线以北岩浆的侵蚀作用明显减弱。据区域地质资料，在本矿井东南方向赋存有大型岩浆岩岩体，应为本矿井岩浆侵入的源基，表明总体上岩浆于东南方向侵入本矿井。

卧龙湖煤矿是受 F_2 和 F_7 NNE 向断层控制的地垒构造。F_7 断层位于矿井东部边界，其落差在 0～380 m 之间。该断层南与黄殷大断层相接，北延伸至河南张楼东部。从区域构造图上可以看出，该断层南北端均有岩浆岩分布，说明该断层与下部岩浆岩岩体有连通，是本区岩浆侵入的主要通道。

要掌握岩浆侵入体的分布情况，传统的方法主要是根据钻孔资料和地质勘探手段来解释岩浆岩分布规律[1-16]。尽管地勘钻孔的纵向分辨率较高，但水平方向上数据量不足，势必影响岩浆侵入边界的划分精度。而三维地震技术具有大面积密集采集地层信息的优势，利用地震波可以从立体角度分析地质构造、断层和岩性的变化。因此，卧龙湖煤矿采用地勘钻孔、生产揭露和三维地震技术相结合的方法来圈定岩浆岩分布范围，将对煤矿的安全生产起重要意义。

通过采用地勘钻孔、生产揭露和三维地震技术相结合的研究方法分析岩浆岩的分布情况，获得卧龙湖煤矿南一采区单一主采煤层 10 煤层岩浆岩分布平面图，如图 4-1 所示。卧龙湖煤矿 10 煤层厚度最大为 4.41 m，部分煤层被岩浆吞噬[1]。

由图 4-1 可以看出，卧龙湖煤矿南一采区沿 10 煤层顶板侵入的岩床从平面上看形状呈包围状，本书命名为“环形岩床”。10 煤层的采煤工作面多布置在环形岩床圈闭区。由于受岩浆岩吞噬，卧龙湖煤矿南一采区单一主采煤层 10 煤层 50%以上的区域为不可采区。岩浆岩以岩床的形式覆盖在 10 煤层顶板，且厚度分布相对均匀，平均厚度为 4 m 左右[17]。

4.1.1.2 *海孜煤矿岩浆岩分布特征*

海孜煤矿岩浆活动较为强烈，1～10 煤层均有岩浆侵入，岩浆岩主要分布在 2-3 勘探线以西的 5 煤层以及 2 勘探线以东的 10 煤层中。矿井共布置 74 个地面钻孔揭露岩浆岩 123 处，出露面积约为 1.5 km^2。根据地勘钻孔和生产揭露情况绘制的海孜煤矿岩浆岩分布平面图如图 4-2 所示。

该矿井中、西部沿 5 煤层侵入(并将 5 煤层吞噬)的岩浆岩(俗称赵庙岩体)呈较厚岩床分布，本书称之为“巨厚岩床”，其沿走向绵延长度 6.5 km，在Ⅱ102 采区分布最稳定，厚度一般大于 120 m，主要由闪长岩和闪长玢岩组成。海孜煤矿巨厚岩床剖面图如图 4-3 所示。

由图 4-3 可以看出，沿 5 煤层侵入的巨厚岩浆岩以岩床形式覆盖在下伏 7、8、9、10 煤层之上，巨厚岩床上覆 1、2、3、4 煤层。巨厚岩床与煤层近似平行，倾角为 10°～25°，埋深范围为－200～－1 100 m。岩浆侵入方向为从下到上(从图 4-3 来看是从右到左)，在标高

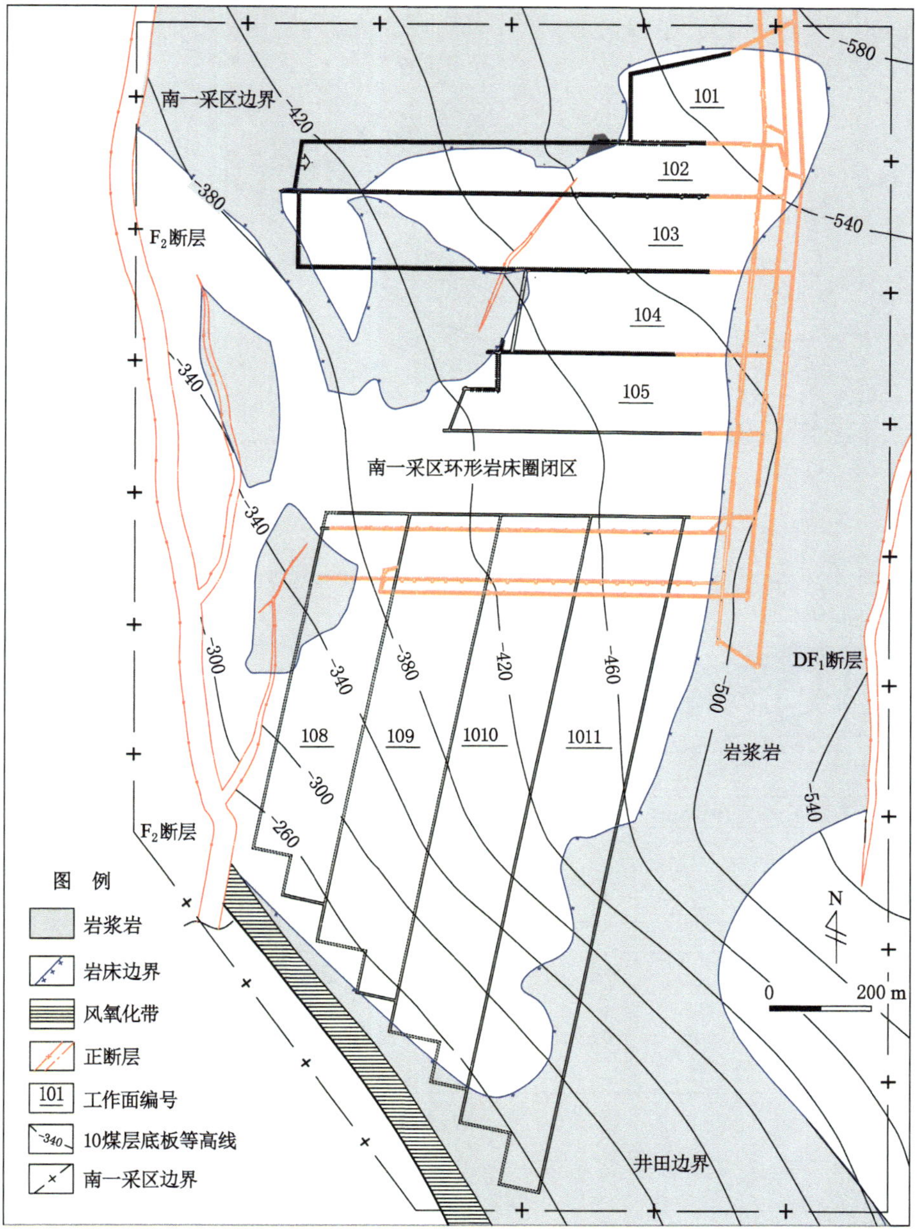

图4-1　卧龙湖煤矿南一采区10煤层岩浆岩分布平面图

−200 m左右，岩浆岩尖灭。

岩浆岩厚度及其与煤层距离的变化造成巨厚岩床下伏各煤层变质程度的不同。以海孜煤矿9煤层为例，整个井田范围内自西至东，9煤层的煤种依次为无烟煤、贫煤、焦煤、肥煤。海孜煤矿9煤层煤种划分及上覆岩床分布平面图如图4-4所示。

结合图4-4，分析海孜煤矿地勘钻孔揭露岩浆岩厚度发现，岩浆侵入体厚度越大，对应下伏9煤层变质程度越高。考虑到井田范围内无特别大的地质构造对9煤层起到控制作用，因此可以说岩浆岩控制海孜煤矿9煤层的煤种带状分布。

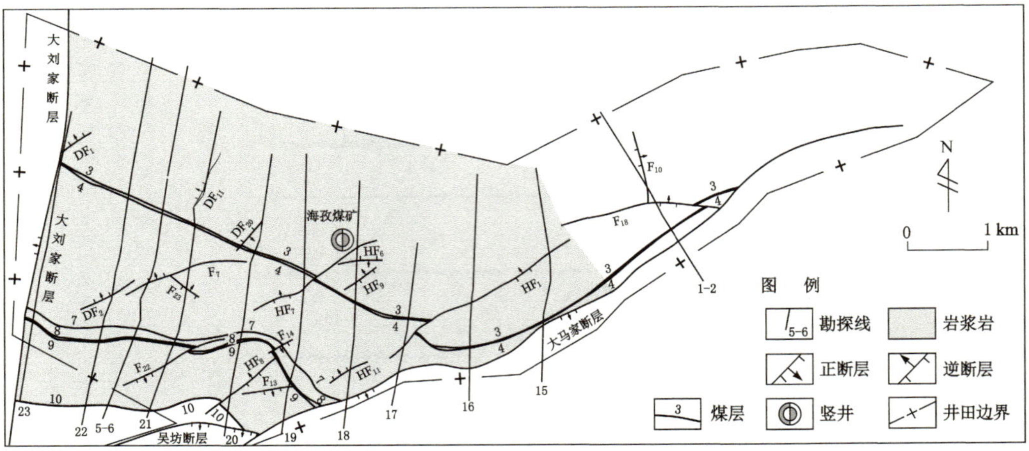

图 4-2　海孜煤矿岩浆岩分布平面图

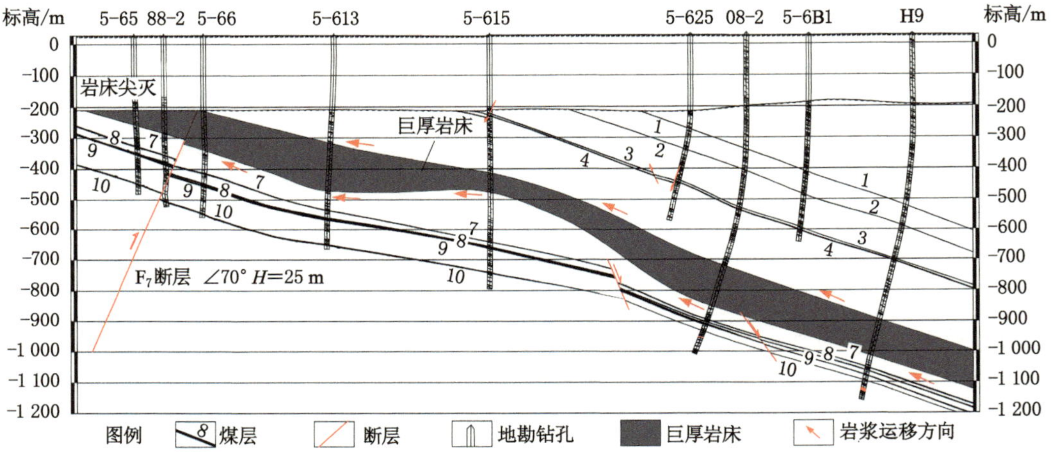

图 4-3　海孜煤矿巨厚岩床剖面图(5-6 勘探线)

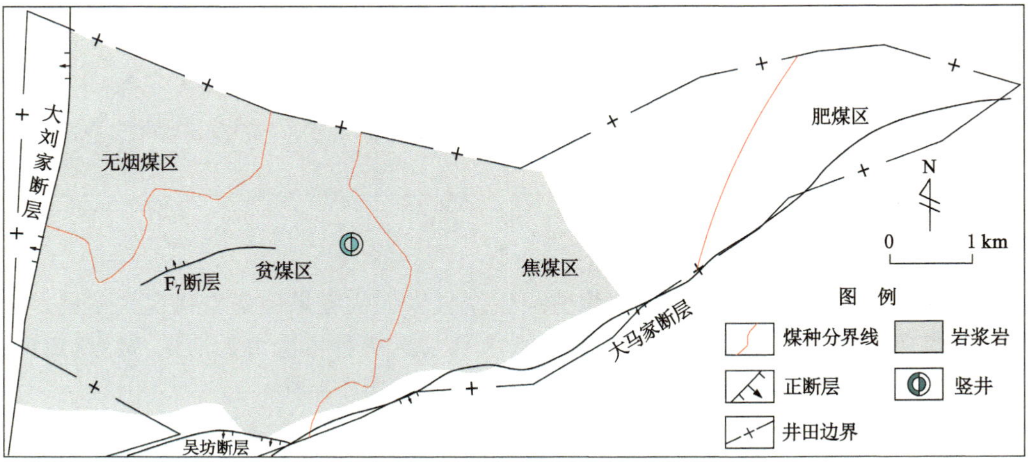

图 4-4　海孜煤矿 9 煤层煤种划分及上覆岩床分布平面图

4.1.2　淮北矿区岩浆岩产状与岩性

4.1.2.1　*岩浆岩产状*

基于矿井各阶段勘探资料和井下采掘工作面实际揭露地质报告，卧龙湖煤矿和海孜煤矿的岩浆岩产状多为岩床和岩墙，且以岩床（沿煤层顶、底板侵入）为主。其中，卧龙湖煤矿南一采区沿 10 煤层顶板侵入的岩床从平面分布来看属于环形岩床。海孜煤矿沿 5 煤层顶板侵入并吞噬 5 煤层的岩床属于巨厚岩床（厚度 120 m 左右）。

4.1.2.2　*岩浆岩岩性*

卧龙湖煤矿揭露的岩浆岩种类较多，不仅有中性闪长岩类，还有基性辉长岩类。各岩石主要特征描述如下。

1）闪长岩类

（1）闪长岩

肉眼鉴定为灰色，块状，细粒～中粒结构。主要成分为长石，其次为角闪石及少量暗色矿物；镜下鉴定结果为自形、半自形晶粒结构。主要矿物为长石、角闪石，次要矿物为黑云母及少量白云母，长石为无色长条状，具聚片双晶及卡氏双晶，碳酸岩化普遍，少量绢云母化。角闪石为淡绿色，长条状，弱多色性，绿泥石化普遍。

（2）石英闪长岩

灰色，块状构造，中粒结构。主要成分为长石、普通角闪石及石英；镜下鉴定为自形、半自形晶粒结构。主要矿物为长石、角闪石。次要矿物为石英、方解石及黑云母。其中石英为无色透明、它形晶、波状消光，方解石为蚀变矿物。中性斜长石为无色透明，细长条状，正突起低，近平行消光，表面具强烈碳酸盐化。

（3）闪长玢岩

灰色，块状，似斑状结构。主要成分为长石及角闪石，其次为少量辉石及其他暗色矿物；镜下鉴定结果主要为中性斜长石（55%～65%）、角闪石（10%～25%）、少量石英、铁质矿物及次生碳酸盐等。原岩普遍发生程度不等的蚀变——斜长石绢云母化、角闪石绿泥化及碳酸盐化，有的则强烈蚀变失去原有矿物特征。

2）辉长岩类

（1）辉绿岩

墨绿色，细粒～中粒结构。镜下鉴定结果为辉绿结构，主要矿物为斜长石及辉石，次要矿物为角闪石。其中，基性斜长石为拉长石，自形晶，长条状，互为交叉支架状。辉石为普通辉石，半自形～它形晶，充填于长石支架孔隙中。

（2）辉长岩

肉眼鉴定为深灰色至黑色，细粒～中粒结构，块状构造，加盐酸后起泡。主要矿物为斜长石及辉石，次要矿物为角闪石及方解石。斜长石主要由拉长石及少量中长石组成，自形～半自形晶。辉石呈自形晶，方解石具有次生蚀变现象。

（3）橄榄辉长岩

深灰至黑色，中粒～粗粒结构，块状构造。镜下鉴定结果为辉长结构，主要矿物为长石及辉石，次要矿物为橄榄石，并见有蚀变矿物蛇纹石及滑石。橄榄石一般为圆形颗粒，有不规则的裂纹，有时可见其周围有辉石镶边。

海孜煤矿岩浆岩以闪长玢岩为主（多为岩床），占 90%以上，次为辉长岩、石英闪长玢岩。鉴于海孜煤矿和卧龙湖煤矿岩浆岩属同源，岩浆岩种类基本一致，本书在此不再赘述。

4.1.3 淮北矿区岩浆岩年代

通过对宿州西二铺闪长岩岩体（宿北断裂作为侵入通道进入卧龙湖煤矿和海孜煤矿）进行同位素测定，岩浆岩年龄为 145 Ma。由此推测卧龙湖煤矿和海孜煤矿岩浆岩侵入地质年代为晚侏罗世，属燕山期早期产物。

4.2 淮南矿区岩浆岩分布、岩性与年代

淮南煤田岩浆岩活动不甚发育，岩体分布较少，局限于上窑、潘集背斜和丁集井田，岩性主要为细晶岩、煌斑岩、正长斑岩、正长煌斑岩、辉石正长岩等，绝对年龄 1.15～1.25 亿 a，一般呈岩脉顺层侵入，属燕山期产物。该区岩浆岩对煤层有较大影响，大多沿煤层分布，使煤层受影响发生变质，煤层局部为贫煤、无烟煤、天然焦，甚至被岩体全部吞噬，亦有变薄者。

4.2.1 淮南矿区岩浆岩分布

4.2.1.1 朱集煤矿岩浆岩分布特征

对朱集煤矿前期 89 个勘探钻孔和后期 30 个补堪钻孔的统计分析表明，岩浆侵入具有以下特征（表 4-1）。

(1) 从产状看，含煤地层内的岩浆沿煤层侵入，被钻孔揭露的煤层内的岩浆岩可能以岩床和岩脉形式产出。

(2) 从岩性看，岩浆岩的岩性为酸性闪长岩、闪长斑岩、细晶岩、基性辉绿岩。

(3) 从岩床的层数看，在一个煤层里每个钻孔揭露的岩床的层数以一层为主（占 61.45%），少数有两层（占 22.89%），仅在 3、4-1 和 8 煤层里见三层岩床（占 15.66%）。井田内有 52 个钻孔不同程度地揭露出岩浆岩岩体位于 3 煤层附近，侵入体最大厚度为 11.85 m（见于 15-1 钻孔内）。岩浆侵入范围主要集中于井田中、东部 6～17 勘探线之间的中、北部地段，在 18 勘探线及其以西地段有零星分布。

(4) 从岩床的厚度看，单层岩床的厚度以 1 m 左右为主，厚度小于或等于 1.5 m 的岩床占 41.41%。有 4 个钻孔揭露侵入 6 煤层的岩床，该层岩床厚度达到 20.40 m；侵入 13-1 和 4-1 煤层的岩床单层最大厚度分别为 19.37 m 和 17.95 m；侵入 7-2 和 3 煤层的岩床单层最大厚度分别为 10.00 m 和 11.85 m；侵入 16-2、5-1 煤层的岩床单层最大厚度均略大于 4 m；仅有 16-1 钻孔揭露侵入 5-2 煤层的岩床，厚度为 3.60 m。

(5) 从岩床的侵入部位看，多数岩床位于煤层的底部和下部，占 42.19%，表明岩浆主要是顺煤层下部侵入；沿中部侵入的占 24.22%；由煤层顶部或上部侵入的占 33.59%。由此可见，岩浆侵入各个煤层位置的情况大约各占 1/3，即沿着煤层的顶部和上部、中部、下部和底部的位置可能同时侵入煤层的情况较为多见，造成对煤层的破坏较为严重。

表 4-1　朱集煤矿主采煤层岩床侵入特征统计表

煤层编号	煤层厚度/m	见岩床的钻孔总数/个	占统计钻孔的百分数/%	岩床数量及厚度						岩床厚度/m	岩床侵入煤层位置				
	最小～最大 平均值			一层	两层	三层	≤1.5 m	1.5～3.0 m	>3.0 m	最小～最大 平均值	顶部	上部	中部	下部	底部
17-1	0～3.10 1.15	1	0.84	1	0	0	0	0	1	18.80	0	0	1	0	0
16-2	0～4.87 1.28	3	2.52	3	0	0	0	2	1	2.45～4.10 3.01	0	2	1	0	0
13-1	0.77～6.43 4.00	2	1.68	2	0	0	1	0	1	1.24～19.37 10.31	0	0	1	0	1
11-2	0～2.02 1.32	0	0	0	0	0	0	0	0	0	0	0	0	0	0
11-1	0～1.15 0.61	0	0	0	0	0	0	0	0	0	0	0	0	0	0
8	0～5.77 2.99	6	5.04	5	0	1	3	2	3	0.30～5.15 2.56	2	0	2	1	3
7-2	0～1.98 1.11	4	3.36	3	1	0	2	1	2	0.35～10.00 3.52	2	0	0	0	3
6	0～2.45 0.90	4	3.36	3	1	0	3	1	1	0.70～20.40 5.04	2	0	0	0	3
5-2	0～3.03 0.67	1	0.84	1	0	0	0	0	1	3.60	0	0	1	0	0
5-1	0～4.07 1.36	6	5.04	5	1	0	4	2	1	0.23～4.45 1.64	2	0	2	1	2
4-2	0～2.40 0.73	7	5.88	5	2	0	6	1	2	0.40～3.35 1.44	3	0	4	0	2
4-1	0～5.95 3.13	20	16.81	12	6	2	15	5	10	0.15～17.95 4.17	5	4	6	5	10
3	0～6.00 2.33	29	24.37	11	8	10	19	12	26	0.30～11.85 3.84	15	6	13	10	13

(6) 从侵入层位来看，从上部 17-1 煤层到中部的 11 煤组，岩浆侵入活动呈现出从有到无的趋势；然后从 11 煤组到底部的 3 煤层，又呈现出从无到有、从弱到强的趋势。即从顶部煤层到底部煤层，整个岩浆侵入活动呈现出“有→无→有→弱→强”的明显趋势。在 11-2 及 11-1 煤层中没有发现岩床，因而表 4-1 中二者岩床统计特征都为 0。发现岩床最高的层位是 17-1 煤层，侵入 17-1 煤层的岩床仅见于 10～12 勘探线之间东北部的明龙山断层、F_{28}断层、F_{29}断层之间的 11-5 孔，也就是侵入 17-1 煤层的岩浆岩在明龙山断层以南附近。侵入 16-2 煤层的岩床仅见于 3 个钻孔，即 10-1、11-1 和 12-6 钻孔，这 3 个钻孔都位于 10～12 勘探线之间东北部的 F_{29}、F_{32}断层附近，可以推断，岩浆是通过 F_{29}断层再通过 DF_{102}以及 DF_{103}等一些小断层侵入 16-2 煤层的。侵入 13-1 煤层的岩床仅见于 11-5、北十二 2 这 2 个钻孔，其中，11-5 钻孔位于明龙山断层、F_{28}断层、F_{29}断层之间，北十二 2 钻孔位于井田区域的西北角。侵入 8 煤层的岩浆范围明显扩大，自井田中部 F_{201}断层向南有 6 个钻孔揭露有岩浆岩，即 12-3、12-4、14-3、14-4、15-3、16-2 钻孔，它们分别位于 11～15 勘探线的中部的 F_{27}和 F_{30}断层附近，以及 15～17 勘探线之间的中部、东北部 F_{201}、F_{23}、F_{24}和 F_{25}断层附近。侵入 7-2 煤层的岩浆范围与 8 煤层的相似，有 12-4、14-2、15-1、16-2 这 4 个钻孔揭露岩浆岩，也主要集中在 F_{201}、F_{24}、F_{25}、F_{27}断层附近。侵入 6 煤层以及 5 煤组的岩浆范围明显减小，主要集中在 11～14 勘探线之间东北部的 F_{29}、F_{30}断层附近以及11-4 钻孔附近，15～17 勘探线之间东北部的 F_{201}、F_{21}、F_{22}、F_{23}、F_{24}、F_{25}断层附近。其中 15-1、16-1、16-4、17-1 这 4 个钻孔揭露出 6 煤层受到岩浆岩侵蚀；11-3、11-4、12-2、13-2-1、16-1、17-1、17-3 这 7 个钻孔揭露出 5 煤组受到岩浆岩侵蚀。与上覆煤层相比，4 煤组遭受岩浆侵蚀的破坏程度急剧增加，岩床厚度显著增大，岩床分布范围也进一步扩大。揭露 4-2 煤层岩床的钻孔数量为 7 个，分别为 8-2、9-5、10-4、13-1、15-1、16-1、18-1 钻孔；揭露 4-1 煤层岩床的钻孔数量急剧增加到 20 个，这些钻孔主要分布在 8～15 勘探线之间东北部的 F_{201}、F_{25}、F_{28}、F_{29}、F_{30}、F_{33}断层附近。3 煤层的岩床侵入十分广泛，统计分析发现，朱集煤矿 3 煤层受到岩浆岩的破坏最为严重，共有 29 个钻孔见到侵蚀 3 煤层的岩床，它们分别为 5-3、5-4、6-1、6-2、6-3、6-4、7-1、7-3、7-5、7-7、8-1、8-2、8-3、8-4、8-5、8-6、8-7、9-2、9-4、9-5、9-6、10-1、10-2、E1、10-3、E2、12-6、14-1、20-1。其岩床分布主要集中在井田东部 5～12 勘探线之间，矿井区域内岩浆侵蚀范围北边始于 F_{201}断层和明龙山断层，延伸至井田的东南边界，岩浆侵蚀的断层通道有 F_{33}、F_{207}、F_{28}和 F_{29}断层。

4.2.1.2 潘三煤矿岩浆岩分布特征

潘三煤矿内见岩浆岩钻孔共 99 个，主要集中在井田北部，靠近潘集背斜轴部附近；侵入层位为太原组～8 煤层，总体上由东向西侵入层位逐渐升高，主要为 1、3 煤层，共有 73 个钻孔；有 25 个钻孔见岩浆岩侵入 4 煤层；有 1 个钻孔见岩浆岩侵入 8 煤层。其中见岩浆岩厚度最大的为十五 9 钻孔（厚度 77.79 m），最小的为十一东 3 钻孔（厚度 1.61 m）；侵入深度最浅的为十一-十二 11 钻孔（深度 436.66 m），侵入最深的为九西 5 钻孔（深度 1 015.25 m）。

在勘探区内，岩浆岩主要侵入 8～1 煤层，给煤层的连续性、可采性以及煤质造成了不同程度的影响。以十三-十四勘探线为界线，十三-十四勘探线以西侵入 8 煤层的岩浆岩主要分布在井田的西北角，完全吞噬煤层。往南受断层的影响，地层发生抬升，使得岩浆岩侵入

4 煤层，往南逐渐变薄，直至尖灭。对煤层的破坏为吞噬或冲开煤层，使煤变质程度增高直至变为天然焦。十三-十四勘探线以东岩性主要为灰白色细晶岩，侵入方式基本为顺层侵入，呈小型岩床产出。总体上岩浆岩侵入层位自北向南由低（太原组）增高（4 煤层），岩体厚度由厚变薄；对煤层破坏作用主要为冲开煤层，使煤层结构复杂、间距增大，局部煤层被吞噬，使煤的变质程度增高，直接接触岩浆岩的煤层则变为天然焦。

4.2.2 淮南矿区岩浆岩产状与岩性

4.2.2.1 朱集煤矿岩浆岩产状

朱集煤矿下部煤层较上部煤层受岩浆破坏严重。岩浆侵入对煤层的结构、厚度、物理化学性质以及煤矿开采等各方面都产生了很大的影响。4 种岩浆热液的侵入通道可以对煤的工业性质和地球化学性质产生影响：① 从岩床直接侵入煤层位置来看，均主要发生在 3 煤层，当岩浆从煤层的中部侵入时，往往伴随煤层的全部吞噬；② 从煤层围岩侵入，在很多煤层都有出现。虽然随着煤层的上升岩浆岩的侵蚀点呈减少的趋势，但是除了 11 煤组以外，从 17-1 煤层到 3 煤层均发现有岩浆岩侵蚀层的揭露。

4.2.2.2 潘三煤矿岩浆岩产状

依据潘三煤矿揭露岩浆侵入的 36 个钻孔柱状资料，按照从西北至东南的顺序，推断岩浆侵入路径及岩浆岩产状。317 钻孔下部 3、1 煤层遭到岩浆侵入，而十四 28 和十四 15 钻孔 4 煤层遭到岩浆侵入，随后十四 11 钻孔在 4 煤层至 3 煤层之间揭露岩浆岩。由此可以推断，岩浆侵入是从下部 1 煤层开始，逐渐上升，至 4 煤层，受十四 15、十四 11 钻孔间断层 F_9 与 F_{48} 的影响，岩浆沿着断层逐渐向下侵入。十四东 1 钻孔在 4 煤层至 3 煤层之间揭露岩浆岩，而十四东 3 和十四东 1 钻孔在 3 煤层揭露岩浆侵入。因为十四东 1 钻孔所揭露地层比十西 11 的高，所以推断岩浆侵入方向为由下而上。在十四东 3 与十四东 11 钻孔之间揭露断层 F_{2B-7}，可能受此断层的影响，岩浆侵入十四东 11 钻孔处时有上升的趋势。十三-十四 15、十三-十四 5 钻孔 3 煤层遭岩浆侵入，十三-十四 7 钻孔 4 煤层遭岩浆侵入，而十三西 1 钻孔在 4 煤层与 3 煤层之间揭露岩浆岩。因为十三-十四 15 钻孔所揭露地层比十四东 11 的高，所以推断岩浆侵入方向为由下而上。

通过对各勘探线地质剖面图综合分析，推断勘探区（F_{24} 断层以北）岩浆出露于东南部 1 煤层下部，向西北方向逐渐抬升（有上有下），影响至 3、4、8 煤层。

综合上述分析，并结合相关资料，得出：潘三煤矿内 1 煤层受岩浆侵入区域主要在十三西～十四东勘探线内；3 煤层受岩浆侵入区域主要在十三东～十四勘探线内；4 煤层受岩浆侵入区域主要在十四～十四-十五及十四～十五勘探线内；8 煤层受岩浆侵入区域主要在十五东～十五勘探线内。总体上看，岩浆侵入通道为由东南向西北，逐渐抬升。

4.2.2.3 岩浆岩岩性

淮南地区从晚太古代五台期至新生代喜马拉雅期经历多期的构造运动，并伴随强弱程度不同的岩浆活动，其中以中生代燕山期岩浆活动最为强烈，对煤田的破坏和煤的变质作用影响也最大。燕山期岩浆侵入可分为四次：第一次为中性岩浆；第二次为酸偏中性岩浆；第三次为酸性岩浆；第四次为基性～超基性岩浆。因此，淮南矿区岩浆岩的岩石类型多样，基性、中性、酸性均有揭露，但以中性和酸性的花岗岩、花岗闪长岩类分布最广，同时仅局部地区见有喷出岩。以潘三煤矿为例，井田内见有岩浆岩钻孔 99 个，厚度为 4.07～77.79 m 不等，岩性为细晶岩、正长斑岩及正长煌斑岩等，侵入层位从太原组～8 煤层，整体上由东向西侵入层位逐渐升高，主要分布在 4 煤层以下。

4.2.3 淮南矿区岩浆岩年代

本次采取 LA-ICP-MS 锆石 U-Pb 定年方法，对潘三煤矿内岩浆岩的侵入年代进行确定。所测锆石 U 和 Th 含量分别为 156.01×10^{-6}～$2\ 111.59\times10^{-6}$ 和 104.03×10^{-6}～$2\ 348.61\times10^{-6}$，Th/U 比值为 0.67～1.11，平均值为 0.85，明显大于变质成因的锆石 Th/U 比值（<0.1），属典型的岩浆成因。各样品校正以后测试结果见表 4-2 和表 4-3。

表 4-2 潘三煤矿岩浆岩同位素含量值

样品	$^{206}Pb/10^{-6}$	$^{207}Pb/10^{-6}$	$^{208}Pb/10^{-6}$	$^{232}Th/10^{-6}$	$^{238}U/10^{-6}$	Th/U
P3-YJY-01-01	4.04	0.24	1.51	244.29	260.97	0.94
P3-YJY-01-02	2.68	0.33	1.19	104.03	156.01	0.67
P3-YJY-01-03	4.01	0.21	1.24	210.78	259.73	0.81
P3-YJY-01-04	19.50	1.21	6.49	980.81	1 232.97	0.80
P3-YJY-01-05	6.35	0.38	1.72	305.88	416.80	0.73
P3-YJY-01-06	22.57	1.35	8.30	1 258.66	1 416.56	0.89
P3-YJY-02-01	11.18	0.66	3.58	590.89	715.33	0.83
P3-YJY-02-02	14.04	0.86	4.67	725.03	864.95	0.84
P3-YJY-02-03	18.44	1.02	6.39	1 047.93	1 176.09	0.89
P3-YJY-02-04	15.13	0.84	4.55	712.08	952.40	0.75
P3-YJY-02-05	4.89	0.32	1.43	238.53	322.88	0.74
P3-YJY-02-06	9.38	0.73	3.20	433.07	579.86	0.75
P3-YJY-03-01	6.20	0.32	1.71	306.44	389.65	0.79
P3-YJY-03-02	3.11	0.36	1.60	179.71	187.93	0.96
P3-YJY-03-03	11.63	0.65	4.06	643.73	737.52	0.87
P3-YJY-03-04	4.97	0.33	1.66	220.80	300.93	0.73
P3-YJY-03-05	9.87	0.61	3.85	590.13	628.24	0.94
P3-YJY-03-06	10.73	0.53	2.99	480.07	667.07	0.72
P3-YJY-04-01	14.18	0.82	4.79	700.45	858.29	0.82
P3-YJY-04-02	4.74	0.23	1.78	286.17	300.91	0.95
P3-YJY-04-03	7.32	0.55	2.92	409.83	459.20	0.89
P3-YJY-04-04	20.91	1.12	8.16	1 321.87	1 343.77	0.98
P3-YJY-04-05	5.87	0.37	1.82	307.55	378.46	0.81
P3-YJY-04-06	11.81	0.67	4.70	716.28	764.24	0.94
P3-YJY-05-01	8.25	0.49	2.56	409.62	536.91	0.76

表 4-2(续)

样品	$^{206}Pb/10^{-6}$	$^{207}Pb/10^{-6}$	$^{208}Pb/10^{-6}$	$^{232}Th/10^{-6}$	$^{238}U/10^{-6}$	Th/U
P3-YJY-05-02	10.73	0.59	3.29	548.90	668.17	0.82
P3-YJY-05-03	26.71	1.57	10.71	1 727.66	1 681.81	1.03
P3-YJY-05-04	6.39	0.32	1.96	312.45	407.39	0.77
P3-YJY-05-05	17.07	0.86	5.91	939.85	1 098.62	0.86
P3-YJY-06-01	13.81	0.71	4.52	748.36	876.27	0.85
P3-YJY-06-02	14.53	0.77	4.92	785.53	909.29	0.86
P3-YJY-06-03	14.73	0.87	5.66	918.50	952.38	0.96
P3-YJY-06-04	7.75	0.56	2.91	401.97	491.80	0.82
P3-YJY-06-05	7.04	0.58	2.95	401.75	469.75	0.86
P3-YJY-06-06	12.56	0.67	4.15	654.00	811.83	0.81
P3-YJY-06-07	32.64	2.27	14.96	2 348.61	2 111.59	1.11

表 4-3　潘三煤矿岩浆岩 LA-ICP-MS 锆石 U-Pb 年代学分析结果

样品	同位素原子比				表面年龄/Ma			
	$^{207}Pb/^{235}U$		$^{206}Pb/^{238}U$		$^{207}Pb/^{235}U$		$^{206}Pb/^{238}U$	
	结果	1σ	结果	1σ	结果	1σ	结果	1σ
P3-YJY-01-01	0.132 72	0.012 70	0.018 02	0.000 66	127	11	115	4
P3-YJY-01-02	0.313 35	0.025 56	0.020 11	0.000 90	277	20	128	6
P3-YJY-01-03	0.125 56	0.011 96	0.018 09	0.000 69	120	11	116	4
P3-YJY-01-04	0.150 87	0.009 00	0.018 55	0.000 62	143	8	119	4
P3-YJY-01-05	0.141 31	0.010 83	0.018 02	0.000 67	134	10	115	4
P3-YJY-01-06	0.144 72	0.008 42	0.018 76	0.000 58	137	7	120	4
P3-YJY-02-01	0.138 22	0.009 37	0.018 27	0.000 60	131	8	117	4
P3-YJY-02-02	0.150 92	0.009 5	0.019 12	0.000 64	143	8	122	4
P3-YJY-02-03	0.132 00	0.008 22	0.018 31	0.000 63	126	7	117	4
P3-YJY-02-04	0.133 83	0.008 00	0.018 57	0.000 60	128	7	119	4
P3-YJY-02-05	0.148 83	0.012 70	0.017 61	0.000 65	141	11	113	4
P3-YJY-02-06	0.195 53	0.015 80	0.018 99	0.000 68	181	13	121	4
P3-YJY-03-01	0.125 82	0.011 42	0.018 57	0.000 71	120	10	119	4
P3-YJY-03-02	0.289 40	0.027 44	0.019 35	0.000 81	258	22	124	5
P3-YJY-03-03	0.134 37	0.008 76	0.018 58	0.000 63	128	8	119	4
P3-YJY-03-04	0.163 79	0.014 38	0.019 29	0.000 77	154	13	123	5
P3-YJY-03-05	0.145 93	0.010 55	0.018 45	0.000 62	138	9	118	4
P3-YJY-03-06	0.124 04	0.009 30	0.018 74	0.000 63	119	8	120	4
P3-YJY-04-01	0.147 12	0.010 21	0.019 38	0.000 66	139	9	124	4
P3-YJY-04-02	0.119 26	0.010 84	0.018 56	0.000 67	114	10	119	4

表 4-3(续)

样品	同位素原子比				表面年龄/Ma			
	$^{207}Pb/^{235}U$		$^{206}Pb/^{238}U$		$^{207}Pb/^{235}U$		$^{206}Pb/^{238}U$	
	结果	1σ	结果	1σ	结果	1σ	结果	1σ
P3-YJY-04-03	0.184 75	0.014 25	0.018 93	0.000 73	172	12	121	5
P3-YJY-04-04	0.125 65	0.007 24	0.018 19	0.000 59	120	7	116	4
P3-YJY-04-05	0.143 86	0.013 87	0.018 15	0.000 70	136	12	116	4

注：1σ 为标准差。

本次共测试了 36 个点，在 U-Pb 年龄曲线谐和图(图 4-5)上，大部分样品点均落在谐和线 120 Ma 及其附近，但 2 号点、14 号点落在谐和线上 220 Ma 附近，$^{207}Pb/^{235}U$ 比值所得出的年龄在 114～277 Ma 之间，年龄数据跨度较大。根据测试结果，$^{206}Pb/^{238}U$ 数据对应的表面年龄较为可靠，所有锆石样品的$^{206}Pb/^{238}U$ 加权平均年龄为(118.0±1.3) Ma。不同形态与不同粒级的 36 颗锆石给出一致的谐和年龄，加之 U-Pb 体系的高封闭温度，显然 118 Ma 应代表该岩体的侵位年龄。对照地质年代表，发现潘三煤矿内岩浆侵入发生于第三次燕山期晚期活动。上述岩浆岩年龄的鉴定结果可作为淮南煤田潘谢矿区岩浆岩的侵入年代[5]。

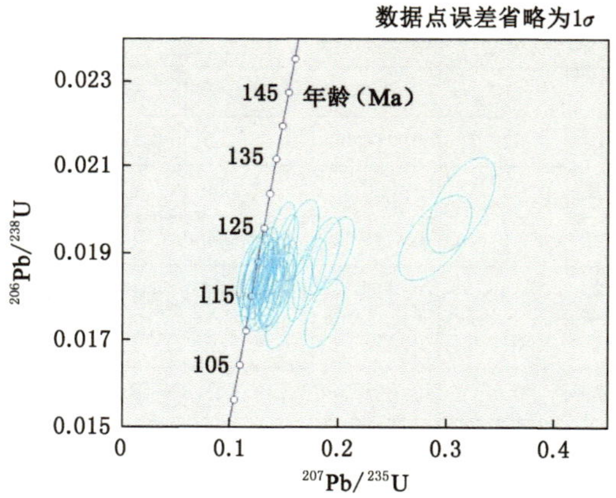

图 4-5　潘三煤矿岩浆岩锆石 U-Pb 年龄曲线谐和图

参考文献

[1] 蒋静宇.岩浆岩侵入对瓦斯赋存的控制作用及突出灾害防治技术：以淮北矿区为例[D].徐州：中国矿业大学，2012.

[2] 李园.卧龙湖煤矿岩浆岩分布特征及岩浆侵入对煤层的影响研究[D].淮南：安徽理工大学，2010.

[3] 高小良.武安煤田岩浆岩的分布特征及对煤层煤质的影响[J].西部探矿工程，2009，21(11)：133-135.

[4] 谢玉玲，李建平，黎彤.华北地台的地层和岩浆岩分布特征[J].现代地质，1996，10(1)：61-66.

[5] 苗林，刘桂建，吴盾，等. 淮南煤田潘三井田西部岩浆岩侵入年代确定与意义[J]. 中国煤炭地质，2012，24(11)：4-6.

[6] 黄兴龙，李翠芳，周丽丽，等. 岩浆岩侵入下煤变质程度的控制因素分析[J]. 中国煤炭地质，2011，23(8)：70-72.

[7] 李莉，余智慧，张素超，等. 河南安林地区任村—岳城一带岩浆岩特征及成因探讨[J]. 矿产勘查，2019，10(5)：1031-1037.

[8] 祝嵩，姚永坚，李学杰. 南海及邻区岩浆岩时空分布特征及机制[J]. 海洋地质与第四纪地质，2021，41(4)：87-115.

[9] 李恩花，陈卓利. 陈四楼井田岩浆岩分布特征及其对矿床开采的影响[J]. 能源与环保，2021，43(4)：87-90，99.

[10] 丁卫平，司玉庆，毛学超，等. 一种新的岩浆岩分类定量方法[J]. 地质学刊，2023，47(1)：30-43.

[11] 郭国鹏. 接触变质带煤的物理化学结构及瓦斯赋存特征研究[D]. 焦作：河南理工大学，2012.

[12] 蒋静宇，程远平. 淮北矿区岩浆岩侵入对煤储层微孔隙特征的影响[J]. 煤炭学报，2012，37(4)：634-640.

[13] 李小明，彭格林，席先武. 淮南煤田构造热演化特征与煤层气资源的初步研究[J]. 矿物学报，2002，22(1)：85-91.

[14] JIANG J Y，CHENG Y P，WANG L，et al. Petrographic and geochemical effects of sill intrusions on coal and their implications for gas outbursts in the Wolonghu mine，Huaibei coalfield，China[J]. International journal of coal geology，2011，88(1)：55-66.

[15] CHEN H D，JIANG J Y，CHEN X J，et al. Differences in coal bed methane occurrence for different regions of igneous erosion in the Haizi coal mine，Huaibei coalfield，China[J]. Journal of natural gas science and engineering，2014，21：732-737.

[16] JIANG J Y，CHENG Y P，WANG L，et al. Effect of magma intrusion on the occurrence of coal gas in the Wolonghu coalfield[J]. Mining science and technology (China)，2011，21(5)：737-741.

[17] 张文永，徐胜平，蔡学斌. 卧龙湖煤矿岩浆侵入规律及其对煤层、煤质、瓦斯的影响[J]. 安徽地质，2005，15(1)：25-28.

第5章 两淮矿区岩浆侵入模式

5.1 两淮矿区岩浆活动概述

地壳构造多旋回的发展，一般都伴有多旋回的岩浆活动。燕山旋回主要的地壳运动可分早、中、晚三期，分别发生在中侏罗世末、晚侏罗世末和晚白垩世期间。但是，燕山旋回的岩浆活动却只有两期，即分别发生在晚侏罗世和白垩纪，大致分别相当于中燕山运动和晚燕山运动时期。

前人工作成果表明，晚侏罗世是安徽地区一次重要的岩浆活动时期，形成的岩石类型较繁杂，有深源岩浆侵入的基性、超基性岩及其分异形成的中性岩类，有与火山作用有一定成因联系的混熔岩浆侵入的中性、酸性岩类[1-2]，有重熔岩浆侵入的酸性岩类等，其中以中性岩类为主。此类岩体主要集中分布于淮北—萧县地区、沿江和皖南歙县一带。

淮北矿区闪长岩类侵入体的最新围岩为二叠系石千峰组，K-Ar 法测定岩体年龄主要为128～176 Ma。区内的斑井、邹楼、平山集、前常家、王场等岩体，形成了呈 NNE 向展布的 4 个岩带，与该矿区主要区域性构造线一致。其中，前常家岩体为埋藏在地表 25～60 m 以下的隐伏岩体，垂深 600 m 尚未穿透。该岩体位于 NNE 向与近 EW 向断裂交叉部位，围岩主要为下奥陶统石灰岩，普遍产生大理岩化和矽卡岩化，并有磁铁矿化。岩性以含石英闪长玢岩为主，局部有石英闪长玢岩和闪长岩。含石英闪长玢岩的斑晶为中长石 30%，普通角闪石 18%，石英 5%和少量云母。岩石具“钾化”和“钠化”特征，以钾化为主，绢云母化和碳酸盐化也较普遍。岩石化学成分为均属查氏正常成分类型，为 SiO_2 弱过饱和过碱性岩石。

各氧化物平均含量与戴里和黎彤的石英闪长岩相应值比较，SiO_2 稍高（平均含量为62.61%），Al_2O_3（平均含量为 15.20%）、Fe_2O_3+FeO、CaO 偏低，Na_2O+K_2O 偏高，表明岩体具偏酸富碱贫铁、铝、钙的特点。里特曼组合指数 σ（$\sigma=100\times[w(Na_2O)+w(K_2O)]^2/[w(SiO_2)-0.43]$）介于 2.75～2.99 之间，平均 2.89，属钙碱性岩系（表 5-1）。

表 5-1 淮北煤田前常集侵入岩岩石的主要成分

样品编号	$w(SiO_2)$ /%	$w(TiO_2)$ /%	$w(Al_2O_3)$ /%	$w(FeO)$ /%	$w(MnO)$ /%	$w(MgO)$ /%	$w(CaO)$ /%	$w(Na_2O)$ /%	$w(K_2O)$ /%	$w(P_2O_5)$ /%	σ
1	65.54	0.36	15.83	1.54	0.04	2.22	3.60	5.20	2.86	0.12	2.88
2	62.13	0.38	14.61	2.69	0.05	3.30	3.68	5.03	2.53	0.11	2.99
3	60.34	0.89	15.23	1.58	0.07	3.88	5.65	3.99	2.92	0.13	2.75
4	62.44	0.52	15.13	2.18	0.04	3.36	4.31	4.68	2.87	0.12	2.93

注：w 为各氧化物的含量。

由于淮南煤田岩浆岩活动不甚发育，岩体分布较少，仅局限于上窑、潘集背斜和丁集井田一带，该区域岩浆岩发育规模、岩浆岩年代学等研究成果较少。前人的研究资料表明，淮南煤田岩浆岩岩性以闪长玢岩为主，局部发育煌斑岩、正长斑岩、正长煌斑岩、辉石正长岩等，岩浆主要侵入层位为 3、4-1 和 4-2 煤层，以顺层侵入为主，局部呈小型岩株或岩墙产出。经锆石$^{206}Pb/^{238}U$同位素测定（图 5-1，图中数字表示锆石的测试点），岩浆岩属燕山期活动产物，距今约(118.0±1.3) Ma(图 5-2)。岩石化学成分以 SiO_2 和 Al_2O_3 为主，次之为 FeO、CaO、Na_2O、MgO 和 K_2O，含少量的 TiO_2、P_2O_5 和 MnO。岩石化学成分均属查氏正常成分类型，为 SiO_2 过饱和弱过碱性岩石。SiO_2 平均含量为 61.25%，Al_2O_3 平均含量为 14.00%，均较戴里闪长岩（包括石英闪长岩）的偏高，究其原因，可能是岩浆侵入过程中，从周围砂页岩中带入部分 Si、Al 质的结果。里特曼组合指数介于 2.19～2.97 之间，平均 2.67，属钙碱性岩系（表 5-2）。

图 5-1　部分锆石阴极发光(CL)图像[3]

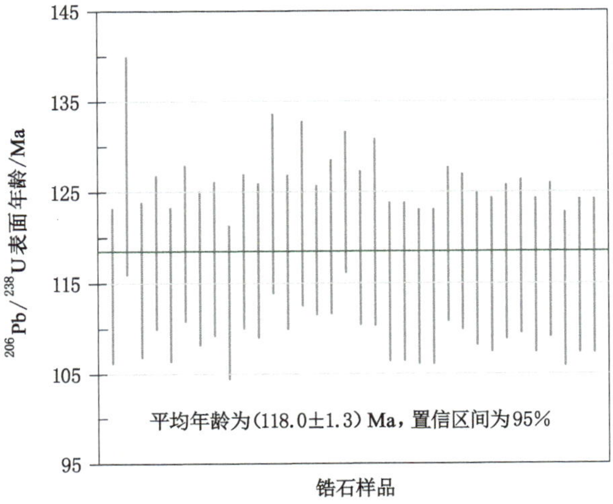

图 5-2　锆石样品$^{206}Pb/^{238}U$表面年龄统计权重[3]

表 5-2　淮南煤田朱集井田侵入岩岩石主量元素成分[4]

样品编号	$w(SiO_2)$/%	$w(TiO_2)$/%	$w(Al_2O_3)$/%	$w(FeO)$/%	$w(MnO)$/%	$w(MgO)$/%	$w(CaO)$/%	$w(Na_2O)$/%	$w(K_2O)$/%	$w(P_2O_5)$/%	σ
M-5-1	47.12	1.36	15.08	11.534	0.19	7.56	10.91	2.50	1.00	0.31	2.97
M-4-2	59.40	1.25	15.87	5.567	0.14	3.55	5.73	4.26	2.70	0.22	2.95
M-4-1	70.44	0.25	12.91	2.096	0.08	0.78	2.08	3.63	4.12	0.16	2.19
M-3	68.04	0.22	12.14	2.018	0.12	0.71	1.51	3.48	4.51	0.13	2.55

综合上述资料，可以大致了解淮南煤田岩浆侵入时代、岩浆岩性等基础信息，但对于淮南煤田岩浆起于何处尚未有明确文献记录。本书针对此问题认为：淮南煤田岩浆侵入起于蚌埠台拱。查阅相关资料可知[5]：① 蚌埠台拱全由基地岩系构成。五河群出露较为广泛，凤阳群仅限于南缘。在经历了晚太古代优地槽阶段和早元古代冒地槽阶段后，本区基地固结。自青白口纪以来，该台拱一直是淮河台坳中的一次次级隆起，震旦纪更趋明显，早寒武世中期开始，拱起逐渐潜伏于水下，使淮南、淮北两地沟通，形成了同相沉积，而晚寒武世起，隆起又升出海面，造成海水南闭北畅。在此以后，随着海水的进退，使拱起范围时有变化，但一直处于古陆状态。晚侏罗世由于刘府深断裂的活动，沿断裂形成一些串珠火山岩盆地。古近纪以来，由于EW向怀远断裂的强烈活动，使台拱北部大规模陷落而成为槽地。② 淮南煤田位于淮南陷褶断带内。该带于侏罗纪后，由于新生的EW向颍上断裂的切割，断裂以北褶断带的大部和蚌埠台拱连成一体转而隆起，其南部则陷落构成合肥盆地的北部基地。燕山中期（晚侏罗世）剧烈的岩浆活动使得蚌埠台拱底部形成了一定规模的火山岩喷发带，喷发出的岩浆形成了由新生的颍上断裂构成的合肥盆地的北部基地，在此基地形成过程中，喷发出的岩浆很有可能侵入淮南煤田二叠系地层中，形成了淮南煤田北部局部区域的岩浆侵入现象。

对比淮北矿区和淮南矿区揭露的岩浆岩岩性、化学成分、年代等数据，可以得出它们应为同源同期产物。其证据有：① 两淮地区岩浆活动时期均为中燕山期，是一套以钙碱性为主的岩石序列，包括幔源型辉橄岩-辉长岩-闪长岩组合（晚侏罗世第一、二次侵入岩）和混熔过渡型闪长岩-花岗闪长岩组合（晚侏罗世第三、四次侵入岩）；② 燕山旋回的侵入岩以中性及中偏碱性为主，岩石化学成分演化趋势表现为 SiO_2 及全碱（Na_2O+K_2O）含量增高，即由基性、中基性（晚侏罗世）向中偏碱性、碱性或酸性（早白垩世）方向演化[1,6]。

5.2　淮南矿区侵入岩特征

5.2.1　朱集煤矿侵入岩地球化学特征

5.2.1.1　*侵入岩矿物学特征*

Yang 等[4]系统研究了朱集煤矿各煤层受岩浆侵入作用下煤中稀土元素的地球化学特征，并详细阐述了侵入岩的矿物学特征。以此研究成果为基础，结合《朱集井田勘探地质报告》，概述该井田内侵入岩的矿物学特征。

表 5-2 中的 4 个侵入岩样品的 X 射线衍射（XRD）图谱见图 5-3。结合偏光显微镜观察

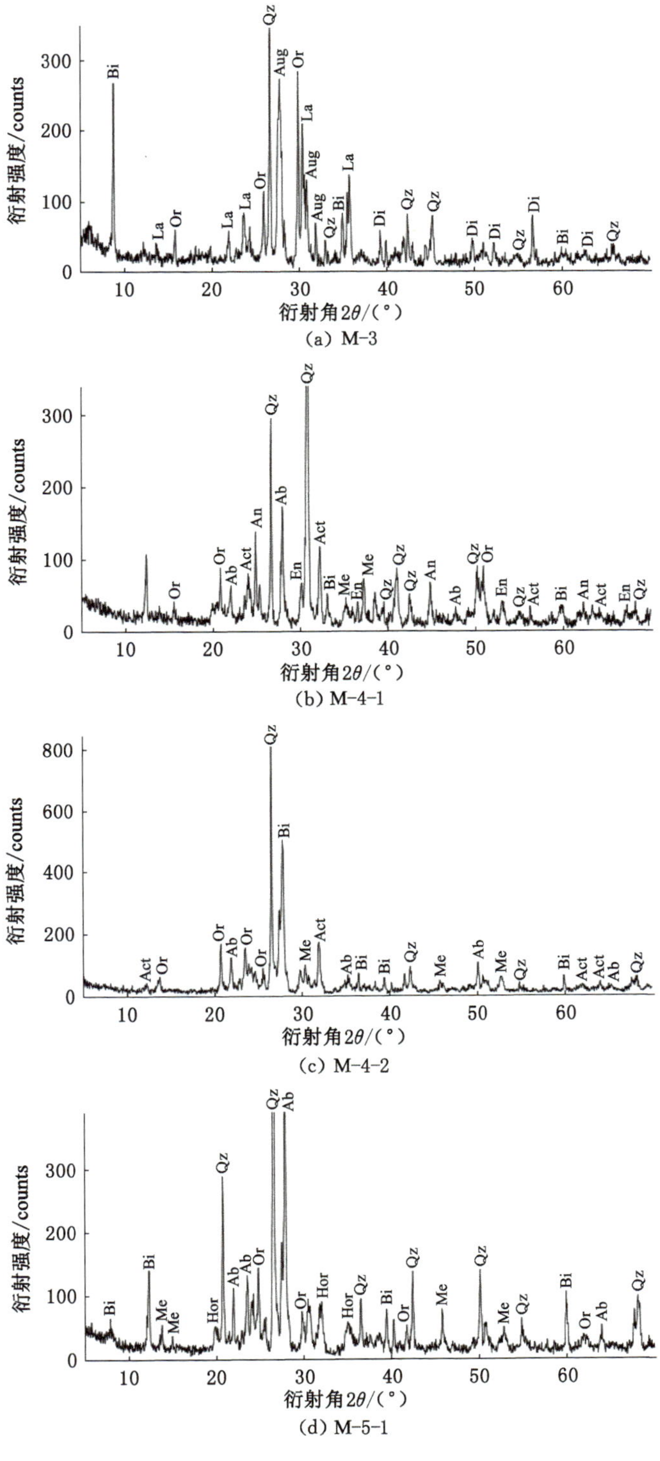

Qz—石英；Or—正长石；Me—微斜长石；Ab—钠长石；An—钙长石；
La—拉长石；Bi—黑云母；Act—阳起石；Hor—角闪石；Aug—普通辉石；Di—透辉石；En—顽火辉石。

图 5-3　侵入岩样品的 XRD 图谱[4]

的结果(图 5-4)可知，该井田侵入岩的主要造岩矿物以石英、长石和黑云母为主，含少量辉石和角闪石。井田内岩浆侵入煤层层位有所不同，但整体上可认为侵入至井田内晚古生代含煤地层内岩浆岩的岩性基本一致。个别侵入岩样品的矿物类型有所差异，这可能与岩浆和围岩发生混染作用有关。

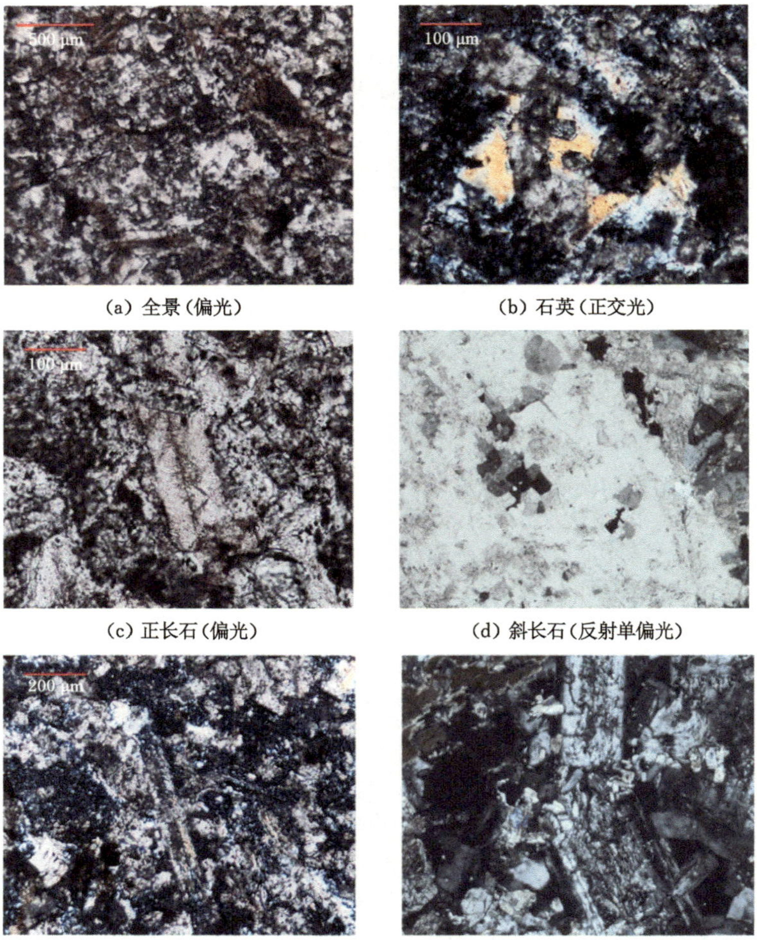

(a) 全景(偏光)　(b) 石英(正交光)

(c) 正长石(偏光)　(d) 斜长石(反射单偏光)

(e) 斜长石(正交光)　(f) 白云石(正交光)

图 5-4　朱集煤矿侵入岩中矿物的偏光显微镜图像

5.2.1.2　侵入岩岩性特征

根据《朱集井田勘探地质报告》可知，井田内岩浆侵入体多以岩床和岩脉形式侵入含煤地层，属于浅成相的侵入体，其 Rb、Sr 同位素年龄约为 110 Ma。由此推断，岩浆侵入年代为晚侏罗世(燕山中期)。

二氧化硅(SiO_2)是岩浆岩中最主要的化学成分，它是反映岩浆性质和直接影响岩浆岩矿物成分变化的重要因素，是岩石酸性程度的判别标志[4]。依据岩浆岩中 SiO_2 含量将岩浆岩划分为 4 大类：超基性岩(SiO_2含量小于 45%)、基性岩(SiO_2含量为 45%～53%)、中性岩(SiO_2含量为 53%～66%)和酸性岩(SiO_2含量大于 66%)。

沿含煤地层层序向上(从 3 煤层至 5 煤层),侵入岩岩性基本呈中性或碱性,不具有鲍文反应序列特征。由此推测侵入岩岩性主要以中性闪长玢岩和基性辉长岩为主。此外,井田内岩浆岩的里特曼组合指数 σ 均小于 3.3,属于钙碱性系列侵入岩。

5.2.2 潘三煤矿侵入岩地球化学特征

5.2.2.1 侵入岩矿物学特征

Chen 等[7]系统研究了潘三煤矿接触变质煤中蚀变矿物对岩浆侵入的响应机制,并利用偏光显微镜观察了侵入岩的矿物种类,得出侵入岩主要矿物成分为正长石,石英次之,含少量黄铁矿。其中,正长石结晶较好,呈板状,具半定向排列,含量 90%左右,有高岭土化;石英为它形粒状,含量 10%左右。此外,通过对潘三煤矿 P3-YJY-01 和 P3-YJY-03 钻孔所揭露的岩浆岩进行偏光显微镜下鉴定,得到了岩浆岩中的矿物类型(图 5-5)。

(a) 正长石(偏光)　(b) 斜长石(偏光)

(c) 辉石(偏光)　(d) 闪石(正交光)

图 5-5 潘三煤矿侵入岩中矿物的偏光显微镜图像

5.2.2.2 侵入岩岩性特征

根据苗林等[3]对潘三煤矿侵入岩中锆石的 $^{206}Pb/^{238}U$ 同位素测定(图 5-1)可知,岩浆侵入年代为晚侏罗世(燕山中期)。总结前人的研究结果,得出该井田侵入岩岩性主要为正长斑岩、正长煌斑岩和闪长玢岩,局部区域有花岗岩。此外,根据《潘三煤矿三维地震勘探报告》可知,岩浆侵入造成含煤地层岩石发生变质作用,煤层天然焦化,使煤与围岩间的波阻抗差异减小,从而导致地震时间剖面品质变差。通过对三维地震资料的解译,得出岩浆侵入致使 4 煤层部分区域不可采,并在岩浆接触变质作用下,正常煤变质为天然焦或高变质煤,亦有少量煤层直接遭受岩浆吞噬。

5.3 淮北矿区岩浆侵入的瓦斯地质特征

5.3.1 岩浆侵入对煤层瓦斯生成的影响

如前章节所述，由于受燕山期岩浆侵入影响的原始煤的煤阶相对较低且埋藏较深，岩浆岩快速增温的热演化作用和深成变质作用相互叠加，“叠加生烃”作用下煤层必然再次产气，“叠加生烃”不仅气量大且成烃速度快[8]。从印支运动早期，到距今 200 Ma 左右，淮北矿区(中组煤)煤层埋深达到 3 000 m 左右。俞启香[9]研究发现深成变质作用可以使淮北矿区中组煤层煤化作用程度达到气肥煤阶段，进入瓦斯生成的主要时期，称为“一次成气”，生成瓦斯量达到 212～229 m^3/t。此后受印支期构造运动影响，淮北矿区地层抬升，上覆地层剥蚀严重，“一次成气”生成的瓦斯向地表逸散较快。而燕山期岩浆活动在淮北矿区分为 4 期，岩浆的多次侵入必然引起煤层的多次生烃和多次产气。其间，卧龙湖煤矿环形岩床圈闭区岩浆岩热变质作用使 10 煤层煤化程度达到无烟煤阶段，二次产生大量瓦斯气体，称为“二次成气”，生成瓦斯量达到 399～419 m^3/t；海孜煤矿沿 5 煤层侵入的 120 m 左右巨厚岩床对其下伏的中组煤层(7、8 煤层)影响较大，其区域热变质作用使中组煤层煤化程度达到焦煤、贫煤甚至无烟煤阶段，二次产生大量瓦斯气体，生成瓦斯量达到 270～419 m^3/t[9-10]。

此外，卧龙湖和海孜煤矿的扫描电镜和有机显微照片显示，岩浆的热演化作用和深成变质作用叠加成烃的过程中形成大量的“热解气孔”，其孔径远大于深成变质作用下的气孔直径。这也为淮北矿区岩浆活动影响下煤层的产气过程提供了证据。

5.3.2 岩浆侵入对煤层储存瓦斯能力的影响

卧龙湖煤矿 CO_2 吸附法测定煤样微孔(孔径小于 2 nm)实验结果显示，岩浆岩的热演化作用，增加了环形岩床热演化区(距离岩床 5～60 m)煤的微孔孔容，微孔是吸附气孔，微孔孔容大小决定煤吸附瓦斯能力；液氮吸附法测 BET 比表面积结果显示，岩浆岩的热演化作用增大了热演化区煤的 BET 比表面积；高压吸附实验结果显示，岩浆岩的热演化作用增强了热演化区煤吸附瓦斯能力。以上实验结果表明，燕山期岩浆活动提高了卧龙湖煤矿环形岩床热演化区煤层吸附和储存瓦斯的能力。

海孜煤矿 CO_2 吸附法测定煤样微孔(孔径小于 2 nm)实验结果显示，120 m 左右巨厚岩床的热演化作用，增加了热演化区(巨厚岩床下 60～160 m)煤的微孔孔容；液氮吸附法测 BET 比表面积结果显示，巨厚岩床的热演化作用增大了热演化区煤的 BET 比表面积；高压吸附实验结果显示，岩浆岩的热演化作用增强了热演化区煤吸附瓦斯能力。以上实验结果表明，燕山期岩浆活动提高了海孜煤矿巨厚岩床热演化区煤层吸附和储存瓦斯的能力。

5.3.3 顶板岩床对煤层瓦斯的圈闭作用

为考察岩浆岩对瓦斯的圈闭作用，以卧龙湖煤矿环形岩床和海孜煤矿巨厚岩床为例进行分析和阐述。

5.3.3.1 卧龙湖煤矿环形岩床在水平方向对瓦斯的圈闭作用

卧龙湖煤矿岩浆岩产状多为岩床，南一采区沿 10 煤层顶板侵入的环形岩床及圈闭区分布平面图见图 5-6。

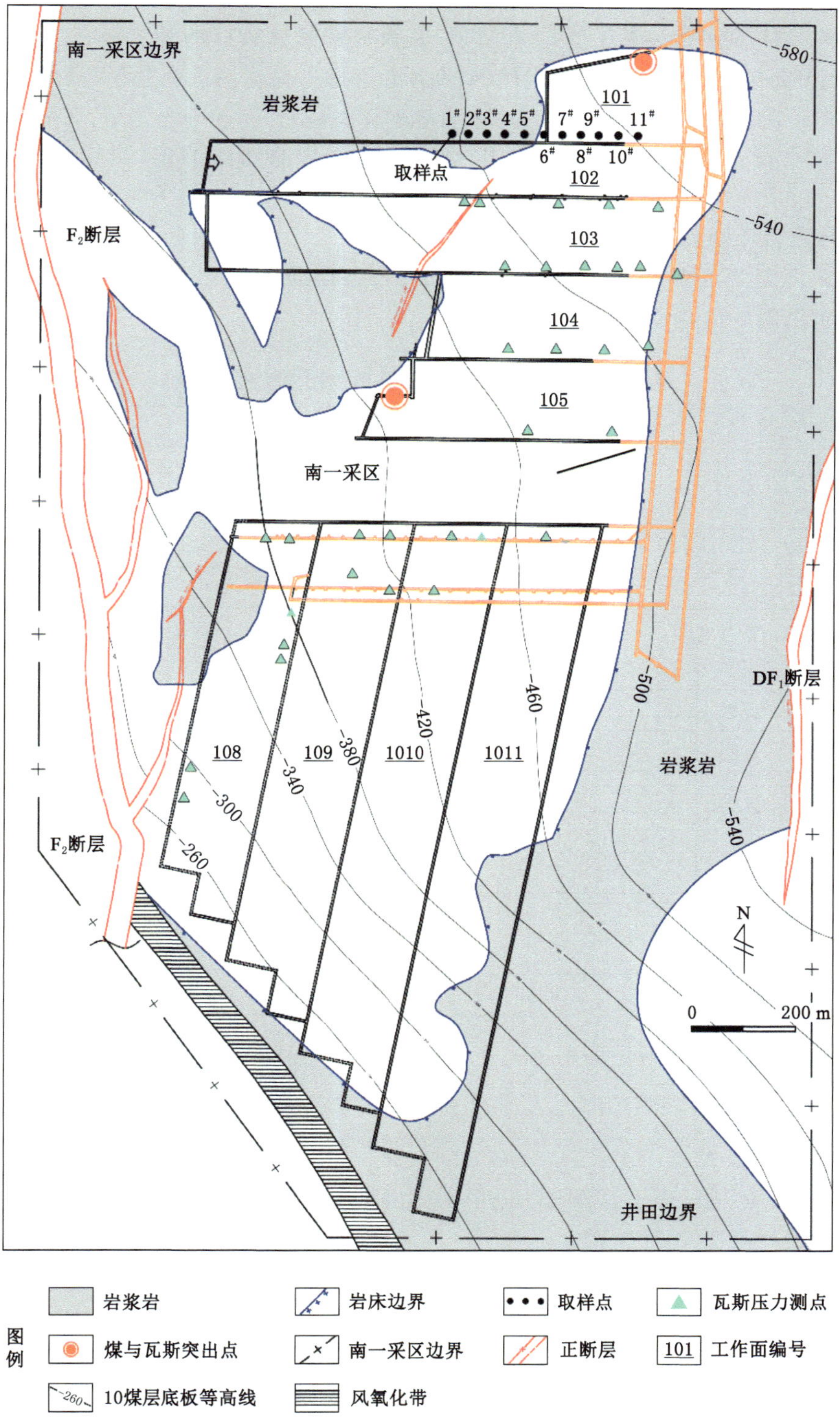

图 5-6 10 煤层环形岩床圈闭区及测压点分布平面图

岩浆岩自身较致密，硬度大，渗透率较低。一方面，研究区10煤层岩浆岩覆盖区以环形岩床（平均厚度4 m左右）形式覆盖在10煤层的顶板，像一个密封盖；另一方面，10煤层正常区域（环形岩床圈闭区，见图5-6）煤层顶、底板为密封性较好的泥岩。在这种圈闭条件下，10煤层环形岩床圈闭区形成了天然的“瓦斯封存箱”，使瓦斯得到保存和积累。

为了验证卧龙湖煤矿环形岩床在水平方向对10煤层瓦斯的圈闭作用，在南一采区环形岩床圈闭区进行了10煤层原始瓦斯压力和瓦斯含量的现场测定，测定方法参照国家标准[11-12]。

(1) 环形岩床圈闭区10煤层异常高压

南一采区10煤层环形岩床圈闭区在开拓和准备期间实测了10煤层原始瓦斯压力，压力测点布置见图5-6，测定结果见表5-3。

表5-3 环形岩床圈闭区10煤层瓦斯压力测定结果

标高/m	瓦斯压力/MPa	标高/m	瓦斯压力/MPa
−532.3	1.90	−457.1	1.45
−524.2	2.70	−482.7	2.20
−522.9	4.30	−450.0	2.16
−516.2	2.20	−449.0	0.45
−508.6	2.90	−443.5	1.10
−520.9	3.70	−438.3	0.60
−517.1	3.70	−414.3	1.80
−512.6	2.90	−417.5	1.80
−470.9	2.00	−406.0	1.25
−469.5	1.10	−404.7	0.90
−460.5	1.42	−388.0	0.65
−470.4	2.60	−387.0	1.10
−494.3	2.10	−393.0	0.40
−480.4	1.30	−377.0	0.65
−468.3	1.10	−300.0	0.70
−485.6	1.85	−282.0	0.52
−476.6	1.00	—	—

对表5-3中不同标高下瓦斯压力进行线性回归，得到了10煤层瓦斯压力与标高的关系，见图5-7。

由表5-3和图5-7可知，10煤层在标高−393.0 m时，实测瓦斯压力0.40 MPa，为最小值；在标高−522.9 m时，实测瓦斯压力4.30 MPa，为最大值。通过分析瓦斯压力和标高的关系分布特点，对10煤层瓦斯压力以标高−450 m为界进行分别考察，得到10煤层−450 m以浅和以深瓦斯压力梯度公式：

−450 m以浅：

$$p = -0.003H - 0.158 \tag{5-1}$$

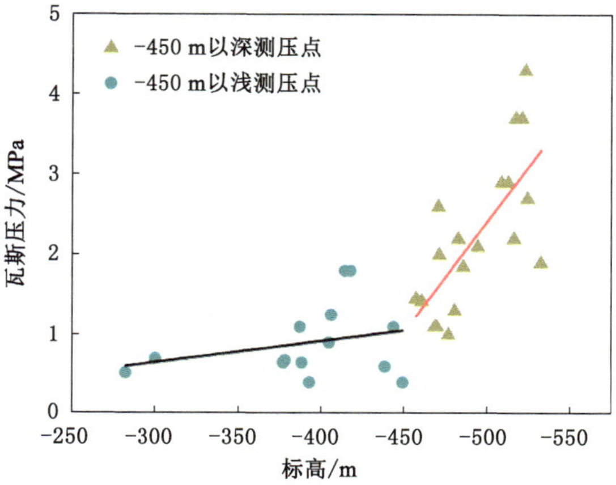

图 5-7　环形岩床圈闭区 10 煤层瓦斯压力与标高的关系

－450 m 以深：

$$p = -0.027H - 11.322 \tag{5-2}$$

式中　p——瓦斯压力，MPa；

H——标高，m。

由式(5-1)和式(5-2)可以看出，－450 m 以浅的 10 煤层瓦斯压力梯度较小，压力梯度为 0.003 MPa/m；－450 m 以深的 10 煤层瓦斯压力梯度为 0.027 MPa/m，远大于净水压力梯度 0.01 MPa/m。－450 m 以浅的 10 煤层，由于埋深较浅、存在露头，靠近煤层风氧化带(图 5-6)。在漫长的地质演化过程中，瓦斯通过煤层露头逸散到空气中，瓦斯压力降低，瓦斯压力梯度减小，小于净水压力梯度；由于受岩浆侵入的影响，南一采区 10 煤层存在环形岩床圈闭区，－450 m 以深 10 煤层基本被环形岩床覆盖或环抱。岩浆岩覆盖区顶板岩床圈闭作用加上正常区 10 煤层的顶底板为密封性较好的泥岩，使圈闭区形成天然的瓦斯封存箱，使瓦斯得到保存和积累，造成 10 煤层瓦斯压力异常升高。这种瓦斯压力梯度突然变大的现象在油气地质勘探领域通常被叫作异常高压(AHFP)[13-14]。异常高压常常和封存箱有关系，封存箱在沉积盆地中是一种重要而普遍的地质结构，它常常是大中型油、气田形成和保存的重要地质实体[15-16]。

(2) 环形岩床圈闭区 10 煤层瓦斯含量测定与分析

南一采区环形岩床圈闭区 10 煤层在开拓和准备期间采用直接法测定了原始瓦斯含量，测定结果见表 5-4。

表 5-4　环形岩床圈闭区 10 煤层瓦斯含量测定结果

环形岩床圈闭区取样点	标高/m	瓦斯含量/($m^3 \cdot t^{-1}$)
108 机巷底抽巷 6# 钻场 19# 孔	－311.0	4.20
108 风巷高抽巷 6# 钻场 1# 孔	－350.1	9.80
108 机巷 J5 点前 55 m	－360.2	12.30
108 机巷底抽巷 3# 钻场	－370.0	13.50

表 5-4(续)

环形岩床圈闭区取样点	标高/m	瓦斯含量/($m^3 \cdot t^{-1}$)
108 机巷底抽巷 4# 钻场	−365.2	17.50
108 机巷底抽巷 3# 钻场	−381.1	22.66
南一采区辅运上山 1# 孔	−398.8	11.60
南一采区辅运上山 2# 孔	−398.7	12.90
109 机巷底抽巷 6# 钻场 1# 孔	−402.7	23.80
109 机巷底抽巷 6# 钻场 2# 孔	−403.9	22.50
109 机巷底抽巷 10-72# 孔	−405.6	26.30

由表 5-4 可以看出，109 机巷底抽巷 10-72# 钻孔取样(标高−405.6 m)测得 10 煤层瓦斯含量为 26.30 m^3/t，为已测 10 煤层瓦斯含量的最大值，远大于消除煤与瓦斯突出含量临界值 8.00 m^3/t。108 机巷底抽巷 6# 钻场 19# 孔取样(标高−311.0 m)测得 10 煤层瓦斯含量为 4.20 m^3/t，为已测 10 煤层瓦斯含量的最小值。图 5-8 为环形岩床圈闭区−450 m 以浅 10 煤层瓦斯含量与标高的关系。

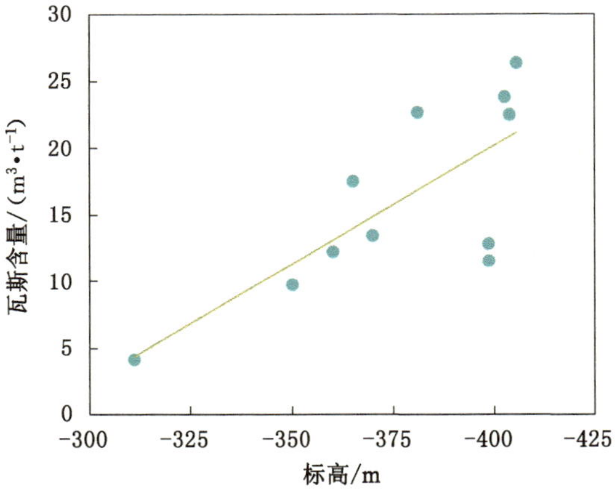

图 5-8 环形岩床圈闭区−450 m 以浅 10 煤层瓦斯含量与标高的关系

由图 5-8 可以看出，随着埋深的增加，环形岩床圈闭区 10 煤层瓦斯含量有快速增加的趋势，按照瓦斯含量和标高关系所得的瓦斯含量梯度，可以推测−450 m 以深的 10 煤层瓦斯含量有增加趋势。环形岩床圈闭区深部 10 煤层瓦斯含量会更大，验证了卧龙湖井田环形岩床对 10 煤层瓦斯具有圈闭作用。

5.3.3.2 海孜煤矿巨厚岩床对下伏煤层瓦斯的圈闭作用

如前章节所述，海孜煤矿中、西部沿 5 煤层顶板侵入的岩浆岩呈巨厚岩床分布(将 5 煤层吞噬)，沿走向绵延长度 6.5 km，平均厚度 120 m 左右。现场地勘钻孔完成的巨厚岩床岩芯取样结果见图 5-9。

由图 5-9 可以看出，巨厚岩床岩芯呈灰白色(表面为红色黏土)，斑状结构，斑晶石为斜长石和角闪石，含有暗色矿物，坚硬，具有明显的整体块状结构特征。其中最长岩芯 3.3 m。局部岩芯破碎，发育有裂隙，被方解石脉充填，主要由中性闪长岩组成。

图 5-9　巨厚岩床岩芯照片[17]

通过实验室岩芯力学指标测定，岩浆岩的平均单轴抗压强度为 144 MPa，原生结构面极少，岩性单一，地下水作用不明显。海孜煤矿岩浆岩平均渗透系数为 1.15×10^{-5} cm/s[17]，渗透系数较低，可知海孜煤矿巨厚岩床对下伏 7、8、9 和 10 煤层瓦斯具有圈闭作用。

为了验证海孜煤矿巨厚岩床对下伏煤层群瓦斯的圈闭作用，在岩床覆盖区和未覆盖区现场分别测定下伏煤层原始瓦斯含量，同时取原始瓦斯气样进行瓦斯（CH_4）组分测定。为了比较海孜煤矿巨厚岩床覆盖区和未覆盖区煤层瓦斯含量，在岩床覆盖区增加两个取样点，分别为 HZ13# 和 HZ14# 煤样，在岩床未覆盖区增加三个取样点，分别为 HZ15#、HZ16# 和 HZ17# 煤样，如图 5-10 所示。

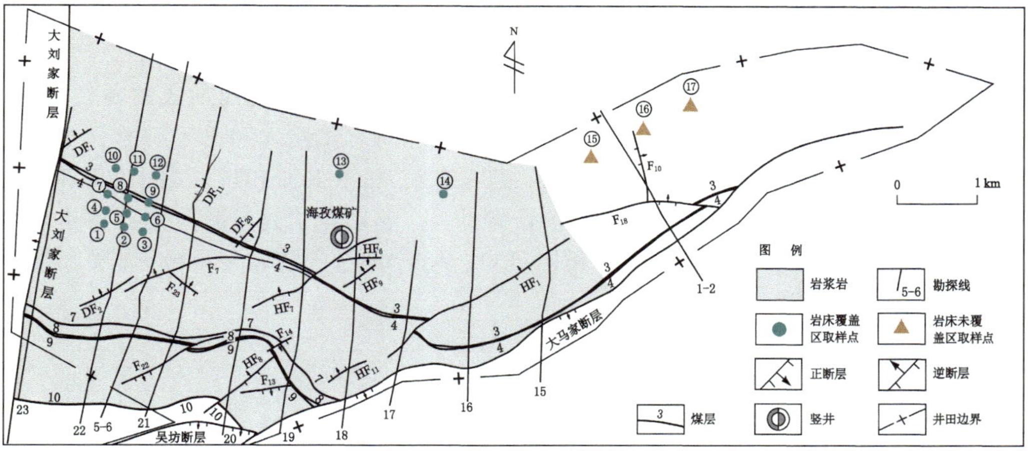

图 5-10　海孜煤矿取样点和岩浆岩分布平面示意图

对新增取样点补充测定瓦斯含量和气体组分考察，结果见表 5-5。

表 5-5　不同区域煤层瓦斯含量和气体组分对比[10]

取样点	煤样编号	煤层	标高/m	瓦斯含量/($m^3 \cdot t^{-1}$)	气体中 CH_4 组分/%
岩床覆盖区	HZ13#	8	−651.18	28.21	93.4
岩床覆盖区	HZ14#	8	−665.13	29.40	93.4

表 5-5(续)

取样点	煤样编号	煤层	标高/m	瓦斯含量/($m^3 \cdot t^{-1}$)	气体中 CH_4 组分/%
岩床未覆盖区	HZ15#	9	−666.60	2.12	73.1
岩床未覆盖区	HZ16#	8	−699.65	2.90	51.5
岩床未覆盖区	HZ17#	9	−650.00	8.90	94.5

由表 5-5 可以看出,巨厚岩床覆盖区 HZ13# 煤样测得的 8 煤层瓦斯含量为 28.21 m^3/t,为覆盖区两个测点瓦斯含量最小值;巨厚岩床未覆盖区 HZ17# 煤样测得的 9 煤层瓦斯含量为 8.90 m^3/t,为未覆盖区三个测点瓦斯含量最大值。由此可知巨厚岩床覆盖区下伏煤层瓦斯含量明显大于未覆盖区下伏煤层瓦斯含量。

巨厚岩床覆盖区煤样测得的瓦斯气体中 CH_4 组分平均为 93.4%;未覆盖区煤样测得的瓦斯气体中 CH_4 组分平均为 73.0%。以上既证明了岩浆活动对瓦斯具有生成作用,又说明了由于巨厚岩床的圈闭作用,覆盖区煤层保存了大量 CH_4 气体[18]。

5.4 两淮矿区岩浆侵入规律

研究岩浆侵入煤层的控制条件及活动规律,主要是研究岩浆侵入通道、选层侵入和扩散机制等方面[19]。这对于了解煤层中岩浆侵入的总体分布规律,评价岩浆侵入对煤层的破坏程度和对煤质的影响范围至关重要,是探测和预测岩浆侵入体的理论基础和重要依据。

5.4.1 岩浆侵入通道

前面章节对淮北矿区和淮南矿区内典型岩浆侵入煤矿床相关资料进行了总结与分析,认为岩浆侵入需要断裂的存在,断裂可作为通道。侵入前或侵入期间形成的断裂,对岩浆侵入和侵入后的分布起决定作用。侵入后形成的断裂,对岩浆侵入和侵入后的分布不起决定作用,但对先成侵入体起切割和改选作用。通常来说,张性和张扭性断裂,其开启程度较好,侧压较小,对岩浆运动的阻力较小,易于岩浆侵入。鉴别岩浆是沿断层侵入还是沿裂隙侵入,可根据岩墙两侧围岩的岩性是否相同,层位是否对应,产状是否一致,煤层底板等高线是否相连等标志确定。

5.4.2 岩浆选层侵入

岩浆沿断裂上升中,在沿层理面、层滑面和软弱层位易发生侧向顺层侵入。煤层属于软弱层,因而含煤地层中煤层是岩浆最易侵入的层位。

此外,岩浆侵入还与煤层顶底板的阻隔和屏蔽作用有关。岩浆侵入煤层可全部或部分熔蚀煤层,也可沿煤层中的裂隙穿插、切割,因而导致煤层中侵入体形态极其复杂和多样。岩浆主要沿煤层侵入,有时也可沿泥质岩和石灰岩侵入。岩浆侵入有挤压注入和熔蚀同化两种形式,对化学稳定性较强的岩层,以挤压注入作用为主,对化学性质差的煤层,则以熔蚀同化作用为主[20]。

5.4.3 岩浆侵入煤层的规律

总的来说,两淮矿区岩浆侵入煤层的规律可总结为:① 煤层厚度越大,侵入煤层中的侵入体厚度越大，分布面积越广，形态越复杂。② 夹石层的导热性和透气性较低，化学稳定性较高，可起隔热和屏蔽作用，限制了岩浆在煤层中的活动。因此，煤层中夹石层的有无、厚薄、性质和分布情况，控制着侵入体在煤层中的分布和对煤层的影响范围。③ 一般情况下，灰分较低、物性较软和变质程度较低的宽层或煤分层，因其抵抗熔蚀和侵入的能力较小，故岩浆易于侵入，影响范围也较大。④ 作为岩浆上升通道的断层越大，则岩浆来源越丰富，沿断层向煤层侵入的岩浆深入越远，分布面积越大；岩浆沿断层通道侧向侵入煤层，向煤层上山方向比向下山方向易于扩散。因此，上山方向煤层被岩浆破坏更严重[21]。

5.4.4　岩浆侵入分区

两淮矿区现场勘查与井下揭露表明，侵入体在煤层中的分布，具有明显的分区规律。根据距侵入中心的远近、侵入体的产状变化，以及对煤层破坏和煤质影响的程度，将煤层中岩浆侵入分为三区：① 上冲区，指岩浆通道及其附近的地区。② 扩散区，指岩浆离开侵入中心，向外围扩散的区域。③ 波及区，指扩散区外围，仅受岩浆高压热气波及的地区。需要指出的是，由上冲区到扩散区、波及区再到正常区，总是逐步过渡的。

参考文献

[1] 李曙光. 长江中下游中生代岩浆岩及铜铁成矿带的深部构造背景[J]. 安徽地质，2001，11(2)：118-122.

[2] DAI S F，REN D Y. Effects of magmatic intrusion on mineralogy and geochemistry of coals from the Fengfeng-Handan coalfield，Hebei，China[J]. Energy & fuels，2007，21(3)：1663-1673.

[3] 苗林，刘桂建，吴盾，等. 淮南煤田潘三井田西部岩浆岩侵入年代确定与意义[J]. 中国煤炭地质，2012，24(11)：4-6.

[4] YANG M，LIU G J，SUN R Y，et al. Characterization of intrusive rocks and REE geochemistry of coals from the Zhuji coal mine，Huainan coalfield，Anhui，China[J]. International journal of coal geology，2012，94：283-295.

[5] 魏振岱. 安徽省煤炭资源赋存规律与找煤预测[M]. 北京：地质出版社，2012.

[6] SUN R Y，LIU G J，ZHENG L G，et al. Geochemistry of trace elements in coals from the Zhuji mine，Huainan coalfield，Anhui，China[J]. International journal of coal geology，2010，81(2)：81-96.

[7] CHEN J，LIU G J，LI H，et al. Mineralogical and geochemical responses of coal to igneous intrusion in the Pansan coal mine of the Huainan coalfield，Anhui，China[J]. International journal of coal geology，2014，124：11-35.

[8] 杨起，潘治贵，翁成敏，等. 华北石炭二叠纪煤变质特征与地质因素探讨[M]. 北京：地质出版社，1988.

[9] 俞启香. 矿井瓦斯防治[M]. 徐州：中国矿业大学出版社，1992.

[10] 杨跃奎，程远平，王亮，等. 海孜矿中组煤层瓦斯赋存地质因素分析[J]. 煤矿安全，2011，42(4)：126-128，133.

[11] 国家矿山安全监察局.煤矿井下煤层瓦斯压力的直接测定方法:KA/T 1047—2007[S].[出版地不详:出版者不详],2007.

[12] 国家安全生产监督管理总局,国家煤矿安全监察局.煤层瓦斯含量井下直接测定方法:AQ 1066—2008[S].北京:煤炭工业出版社,2009.

[13] POLUTRANKO A J. Causes of formation and distribution of abnormally high formation pressure in petroleum basins of Ukraine[M]//LAW B E,ULMISHEK G F,SLAVIN V I. Abnormal pressures in hydrocarbon environments. [S. l. : s. n.], 1998:181-194.

[14] SU X B,LIN X Y,LIU S B,et al. Geology of coalbed methane reservoirs in the southeast Qinshui basin of China[J]. International journal of coal geology,2005,62(4):197-210.

[15] BARKER C. Aquathermal pressuring: role of temperature in development of abnormal-pressure zones: geological notes [J]. AAPG bulletin, 1972, 56(10): 2068-2071.

[16] 刘福宁.异常地层压力的预测及其在地质风险评价中的应用[J].石油勘探与开发,1992,19(6):9-14.

[17] 王亮.巨厚火成岩下远程卸压煤岩体裂隙演化与渗流特征及在瓦斯抽采中的应用[D].徐州:中国矿业大学,2009.

[18] 蒋静宇.岩浆岩侵入对瓦斯赋存的控制作用及突出灾害防治技术:以淮北矿区为例[D].徐州:中国矿业大学,2012.

[19] 郭春钢,裴海伦,邓海宾.七五井田许楼井上组煤岩浆岩侵入情况研究[J].山东煤炭科技,2021,39(1):165-167,171.

[20] 董智超.矿井岩浆岩侵入煤层危害性分析[J].山西建筑,2014,40(18):76-77.

[21] 张晓德.岩浆岩侵入煤层规律及应用[J].山东煤炭科技,2014(9):136-137,139.

第 6 章　岩浆接触变质煤元素特征研究

6.1　淮北矿区接触变质煤元素特征

本节对淮北矿区卧龙湖煤矿和海孜煤矿 23 个接触变质煤样进行了工业分析和元素分析。相关测试分析依托中国矿业大学煤矿瓦斯治理国家工程研究中心完成，使用仪器见图 6-1，分析结果见表 6-1。

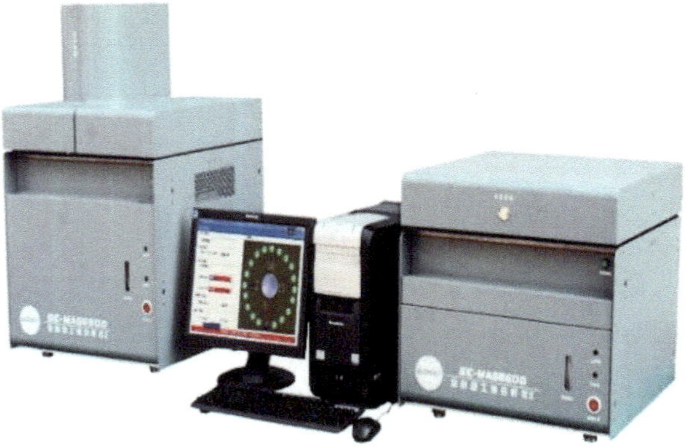

图 6-1　5E-MAG6600 型全自动工业分析仪

表 6-1　接触变质煤的工业分析和元素分析结果

煤样编号	与岩床距离/m	工业分析/%				元素分析/%					元素原子比		
		M_{ad}	A_d	V_{daf}	FC_d	$w(C)$	$w(H)$	$w(O)$	$w(N)$	$w(S)$	H/C	O/C	N/C
WL1#	0.2	3.6	35.0	6.9	58.4	93.3	3.5	2.6	0.50	0.10	0.449	0.021	0.005 0
WL2#	0.5	2.5	44.6	7.9	51.0	93.9	4.0	1.3	0.61	0.11	0.511	0.011	0.005 3
WL3#	1.2	3.2	33.5	9.1	60.6	93.5	4.0	1.4	0.60	0.40	0.511	0.011	0.005 2
WL4#	2.1	3.0	34.2	7.1	67.5	93.2	3.7	0.8	0.92	0.29	0.470	0.007	0.008 4
WL5#	4.8	1.9	40.9	14.5	50.2	91.7	4.4	3.5	0.30	0.09	0.573	0.018	0.002 8
WL6#	9.5	3.6	36.9	12.7	55.1	92.3	4.2	1.9	1.10	0.29	0.551	0.015	0.010 4
WL7#	22.8	3.7	27.7	9.7	65.7	93.3	4.0	1.5	0.81	0.29	0.517	0.012	0.007 0
WL8#	38.7	4.3	36.0	13.6	55.3	91.6	4.7	2.0	1.20	0.28	0.620	0.016	0.011 5
WL9#	56.3	4.2	24.7	12.3	66.1	92.3	4.4	1.8	1.11	0.30	0.574	0.015	0.010 3
WL10#	74.9	3.9	23.6	10.4	68.4	92.1	4.0	2.2	1.40	0.27	0.515	0.018	0.013 0

表 6-1(续)

煤样编号	与岩床距离/m	工业分析/%				元素分析/%					元素原子比		
		M_{ad}	A_d	V_{daf}	FC_d	w(C)	w(H)	w(O)	w(N)	w(S)	H/C	O/C	N/C
WL11#	95.1	5.0	33.9	16.0	55.5	91.2	4.5	2.9	0.91	0.36	0.591	0.024	0.008 5
HZ1#	60.0	1.5	45.6	10.0	49.6	92.0	3.4	3.4	0.84	0.40	0.440	0.027	0.007 8
HZ2#	70.0	1.6	36.4	10.2	60.3	91.5	3.5	3.8	0.81	0.42	0.460	0.031	0.007 6
HZ3#	80.0	1.7	38.8	10.5	55.7	91.4	3.3	4.1	0.85	0.38	0.440	0.034	0.008 0
HZ4#	90.0	2.6	20.5	11.2	70.1	90.7	3.3	4.4	1.22	0.51	0.430	0.036	0.011 5
HZ5#	100.0	2.4	20.0	11.6	70.3	90.3	4.2	3.8	1.22	0.51	0.550	0.032	0.011 6
HZ6#	110.0	2.3	22.5	11.2	72.1	90.0	3.6	4.7	1.19	0.50	0.480	0.039	0.011 3
HZ7#	120.0	2.5	18.7	11.8	70.5	89.4	4.0	4.7	1.25	0.55	0.540	0.040	0.012 0
HZ8#	130.0	2.5	21.5	12.9	67.7	89.8	4.4	4.1	1.23	0.56	0.590	0.034	0.011 7
HZ9#	140.0	2.6	20.1	12.2	68.0	88.9	4.7	4.6	1.22	0.56	0.630	0.038	0.011 5
HZ10#	160.0	3.0	11.4	15.6	73.4	89.8	3.6	4.8	1.23	0.59	0.490	0.040	0.011 7
HZ11#	180.0	2.7	10.6	16.4	73.6	88.9	4.7	4.7	1.25	0.42	0.630	0.040	0.012 0
HZ12#	200.0	2.5	9.2	17.6	73.5	88.3	4.9	5.0	1.30	0.33	0.670	0.042	0.013 6

注：S元素分析采用干燥基，其他元素分析采用干燥无灰基；元素原子比分析采用干燥基。

6.1.1 工业分析

接触变质煤样的工业分析结果与煤样距岩床距离的关系如图 6-2 所示。根据表 6-1 和图 6-2 可以得出，随着靠近岩床，卧龙湖煤矿 11 个煤样的挥发分(V_{daf})有减小的趋势，数据具有波动性[图 6-2(a)]，从 16.0%(WL11# 煤样，距离岩床 95.1 m)减小到 6.9%(WL1# 煤样，距离岩床 0.2 m)；海孜煤矿 12 个煤样的挥发分(V_{daf})有减小的趋势，数据拟合呈线性关系，相关性较大[图 6-2(b)]，从 17.6%(HZ12# 煤样，距离岩床 200.0 m)减小到 10.0%(HZ1# 煤样，距离岩床 60.0 m)。挥发分的减小说明岩浆岩的热演化作用使煤的变质程度提高。随着靠近岩床，卧龙湖煤矿煤样的水分(M_{ad})有先减小后增大的趋势，先由 5.0%(WL11# 煤样)减小到 1.9%(WL5# 煤样，距离岩床 4.8 m)，然后增大到 3.6%(WL1# 煤样)，数据具有波动性[图 6-2(c)]。这是因为岩浆岩的热演化作用使煤样的水分发生汽化，水分逐步变小，而岩床的圈闭作用使岩床覆盖区的 WL5# ～WL1# 煤样快速热演化后冷凝的水分得以保存。随着靠近岩床，海孜煤矿煤样的水分(M_{ad})由 3.0%(HZ10# 煤样，距离岩床 160 m)减小到 1.5%(HZ1# 煤样)，数据虽具有波动性，但和卧龙湖煤矿煤样的水分变化相比波动性较小[图 6-2(d)]。随着靠近岩床，卧龙湖煤矿煤样的灰分(A_d)有增大的趋势，由 23.6%(WL10# 煤样，距离岩床 74.9 m)增大到 44.6%(WL2# 煤样，距离岩床 0.5 m)，数据的波动性较大[图 6-2(e)]；海孜煤矿煤样的灰分(A_d)有增大的趋势，由 9.2%(HZ12# 煤样)增大到 45.6%(HZ1# 煤样)，数据的波动性相对较小[图 6-2(f)]。根据煤的国际分类标准[1]，卧龙湖煤矿和海孜煤矿岩床热演化区煤均属于灰分等级最大的高灰分煤($30\% \leqslant A_d < 50\%$)。这和岩浆的接触变质作用有关，卧龙湖煤矿岩浆沿顶板直接侵入 10 煤层，海孜煤矿部分岩浆沿裂隙或断层破碎带直接侵入 7 煤层。对比分析卧龙湖煤矿和海孜煤矿煤

样的工业分析结果与煤样距岩床距离的关系可知，岩浆岩的接触变质作用和热演化作用，使靠近岩床的煤的挥发分减小，水分减小，灰分增大，煤的变质程度增加。也可以说离岩浆岩越近，煤阶越高，这进一步解释了海孜煤矿 9 煤层煤种分带作用形成的原因。此外，相对于海孜煤矿煤样，卧龙湖煤矿煤样的挥发分、水分和灰分的波动性较大，尤其是距离岩床 0～5.0 m（岩浆覆盖区）范围内煤的挥发分、水分和灰分的梯度最大（图 6-2）。研究认为这与卧龙湖煤矿岩浆岩和 10 煤层发生接触变质作用规模较大有关，岩浆沿 10 煤层的顶板侵入，岩床覆盖区（接触变质区）的煤层均发生接触变质作用。而海孜煤矿煤样距离岩床较远，与岩床距离最近的 7 煤层 HZ1[#] 煤样距离岩床 60.0 m 左右。大部分煤层受巨厚岩床的热演化作用，仅部分区域煤层发生接触变质作用（岩浆顺裂隙和断层破碎带直接侵入 7 煤

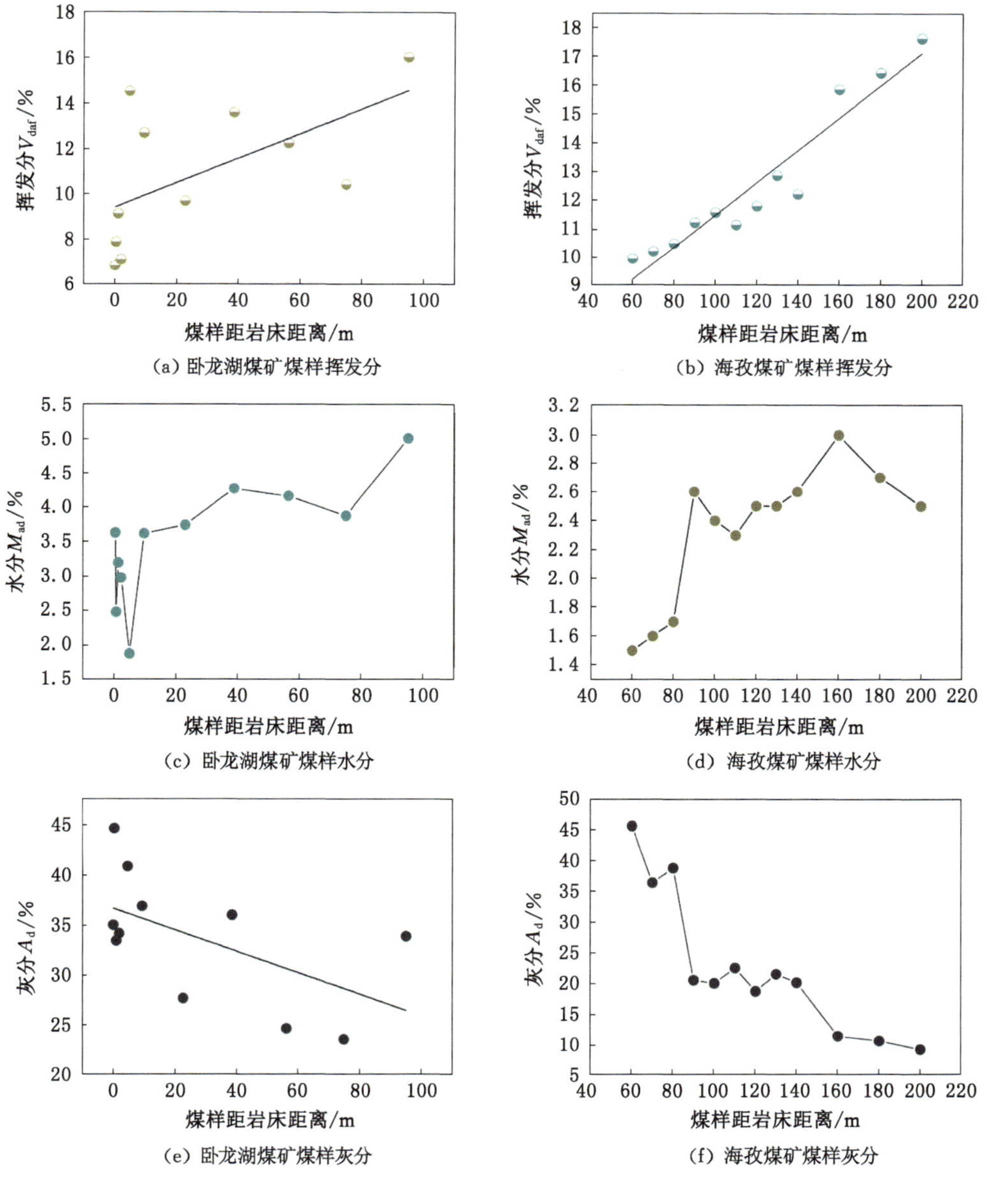

图 6-2　接触变质煤样的工业分析结果与煤样距岩床距离的关系

层)。海孜煤矿煤样的水分和灰分分布曲线也存在波动性,这不仅和岩浆侵入的多期性和不均衡性有关,还和深成变质作用与岩浆岩的热演化作用相互叠加有关。

6.1.2 元素分析

接触变质煤样的元素分析结果与煤样距岩床距离的关系如图 6-3 所示。根据表 6-1 和图 6-3 可以得出,随着靠近岩床,卧龙湖煤矿煤样的 C 元素含量有增大的趋势,数据波动性较大[图 6-3(a)]。岩浆岩的接触变质作用,使 C 元素含量由 91.2%(WL11# 煤样,距离岩床 95.1 m)增大到 93.9%(WL2# 煤样,距离岩床 0.5 m)。Schimmelmann 等[2-4]认为"接触变质作用"这一术语被定义为一种成熟度是具备一定条件的,需要满足 C 元素含量大于或等于 90%。随着靠近岩床,海孜煤矿煤样的 C 元素含量有增大的趋势,数据波动性较小[图 6-3(b)]。岩浆岩的热演化和接触变质作用,使 C 元素含量由 88.3%(HZ12# 煤样,距离岩床 200.0 m)增大到 92.0%(HZ1# 煤样,距离岩床 60.0 m)。HZ1# ~HZ6# 煤样的 C 元素含量大于或等于 90%,HZ7# ~HZ12# 煤样的 C 元素含量小于 90%,间接地说明了距离岩床较近的 HZ1# ~HZ6# 煤样发生了接触变质作用,距离岩床较远的 HZ7# ~HZ12# 煤样未发生接触变质作用。随着靠近岩床,卧龙湖煤矿煤样的 H 元素含量由 4.7%(WL8# 煤样,距离岩床 38.7 m)减小到 3.5%(WL1# 煤样,距离岩床 0.2 m)[图 6-3(c)];海孜煤矿煤样的 H 元素含量由 4.9%(HZ12# 煤样)减小到 3.3%(HZ3# 煤样,距离岩床 80.0 m;HZ4# 煤样,距离岩床 90.0 m)[图 6-3(d)]。卧龙湖煤矿煤样的 O 元素含量分布规律性不强,最大值为 3.5%(WL5# 煤样,距离岩床 4.8 m),最小值为 0.8%(WL4# 煤样,距离岩床 2.1 m)[图 6-3(e)];随着靠近岩床,海孜煤矿煤样的 O 元素含量由 5.0%(HZ12# 煤样)减小到 3.4%(HZ1# 煤样)[图 6-3(f)]。随着靠近岩床,卧龙湖煤矿煤样的 N 元素含量有波动性减小的趋势,由 1.40%(WL10# 煤样,距离岩床 74.9 m)减小到 0.30%(WL5# 煤样)[图 6-3(g)];海孜煤矿煤样的 N 元素含量有减小的趋势,数据可分成两部分,距离岩床较近的 HZ1# ~HZ3# 煤样(属于 7 煤层)N 元素含量较小,最小值为 0.81%(HZ2# 煤样,距离岩床 70.0 m),距离岩床较远的 HZ4# ~HZ12# 煤样(属于 8、9 和 10 煤层)的 N 元素含量较大,最大值为 1.30%(HZ12# 煤样)[图 6-3(h)]。国际上,一些研究者[5-7]同样发现,随着靠近岩浆岩,煤的 H 和 N 元素含量有减小的趋势,C 和 O 元素含量变化无规律性。

图 6-4 表明了接触变质煤样的 S 元素含量与煤样距岩床距离的关系。根据表 6-1 和图 6-4 可以得出,卧龙湖煤矿煤样的 S 元素含量较低,平均为 0.25%。总体上说,卧龙湖煤矿靠近岩床煤样的 S 元素含量小于远离岩床煤样的 S 元素含量,其中 WL1# 煤样(距离岩床 0.2 m)的 S 元素含量最小(0.10%),但 WL3# 煤样(距离岩床 1.2 m)的 S 元素含量最大(0.40%)[图 6-4(a)]。卧龙湖煤矿 WL1# ~WL5# 煤样(距离岩床 0~5.0 m)的 S 元素含量的波动性反映了煤样发生接触变质作用。随着靠近岩床,海孜煤矿煤样的 S 元素含量有先增大后减小的趋势,先由 0.33%(HZ12# 煤样,距离岩床 200.0 m)增大到 0.59%(HZ10# 煤样,距离岩床 160.0 m),然后减小到 0.38%(HZ3# 煤样,距离岩床 80.0 m)[图 6-4(b)]。海孜煤矿煤样的 S 元素含量分布曲线在岩床热演化范围边界附近(距离岩床 160.0 m)被分成两部分,HZ10# 煤样的 S 元素含量值是最大值,类似曲线的拐点,说明 S 元素含量的分布受岩浆岩热演化作用的影响较大。即在热演化范围内,靠近岩床,海孜煤矿煤样的 S 元素含量有减小的趋势。

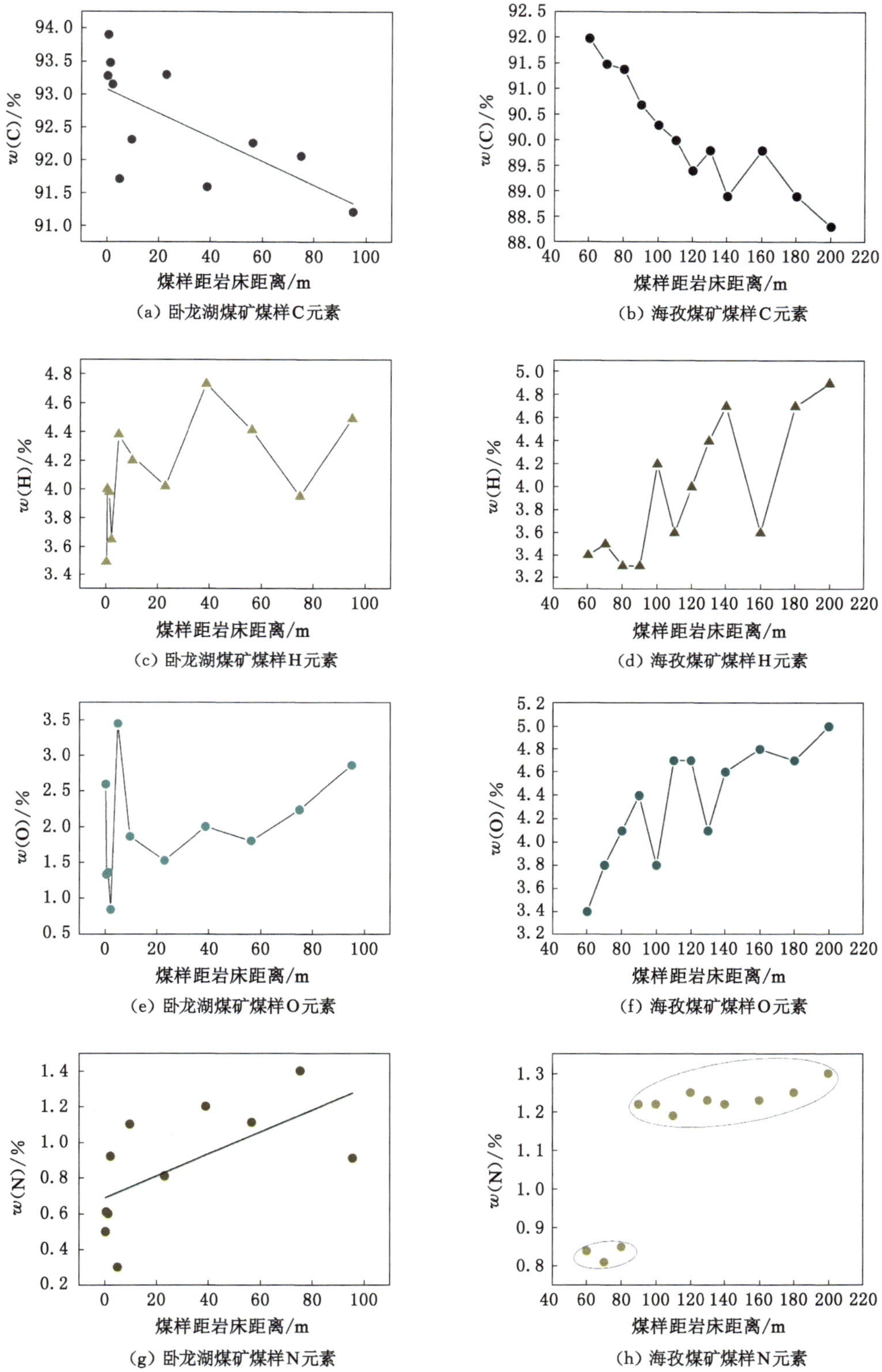

(a) 卧龙湖煤矿煤样C元素

(b) 海孜煤矿煤样C元素

(c) 卧龙湖煤矿煤样H元素

(d) 海孜煤矿煤样H元素

(e) 卧龙湖煤矿煤样O元素

(f) 海孜煤矿煤样O元素

(g) 卧龙湖煤矿煤样N元素

(h) 海孜煤矿煤样N元素

图 6-3　接触变质煤样的元素分析结果与煤样距岩床距离的关系

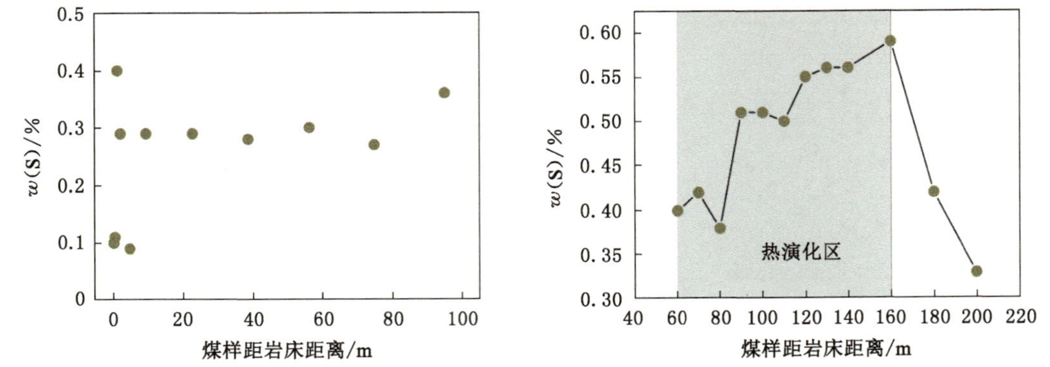

(a) 卧龙湖煤矿煤样S元素　　(b) 海孜煤矿煤样S元素

图 6-4　接触变质煤样的 S 元素含量与煤样距岩床距离的关系

图 6-5 为接触变质煤样的元素原子比与煤样距岩床距离的关系。根据表 6-1 和图 6-5 可以得出，随着靠近岩床，卧龙湖煤矿煤样的元素原子比数值有减小的趋势，不过在岩浆覆盖区(距离岩床 0～5.0 m)煤样的元素原子比的波动性比较大[图 6-5(a)]。这可能是岩浆侵入的接触变质作用和不均衡性造成的。随着靠近岩床，海孜煤矿煤样的元素原子比有波动性减小的趋势[图 6-5(b)]。这可能是岩浆岩热演化作用造成的。海孜煤矿煤样(距离岩床 60.0～200.0 m)元素原子比的波动性小于卧龙湖煤矿煤样(距离岩床 0～5.0 m)元素原子比的波动性，说明岩浆岩接触变质作用对煤的元素变化特别是对元素原子比变化的影响要大于热演化作用的影响[8]。

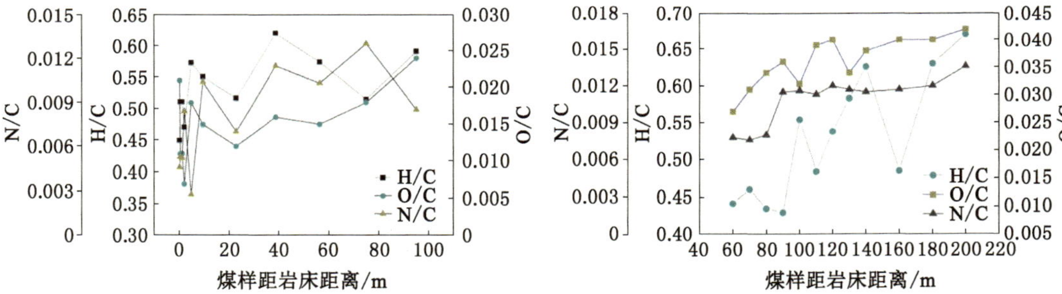

(a) 卧龙湖煤矿煤样元素原子比　　(b) 海孜煤矿煤样元素原子比

图 6-5　接触变质煤样的元素原子比与煤样距岩床距离的关系

6.2　淮南矿区接触变质煤元素特征

在淮南矿区朱集煤矿 4 煤层开采工作面的煤与侵入体接触面附近采集了一系列间距较近的样本[包括受热影响的热变质煤(TAC)和未受热影响的煤(UC)](图 6-6)，然后对其进行了工业分析和元素分析[9]。其中，元素分析是按干燥无灰基进行的，C、H、N、S 含量根据相关标准[10-11]测定，O 含量采用差分法计算；元素原子比 H/C、N/C 和 O/C 是按干燥无灰基计算的。工业分析和元素分析结果见表 6-2 和表 6-3。

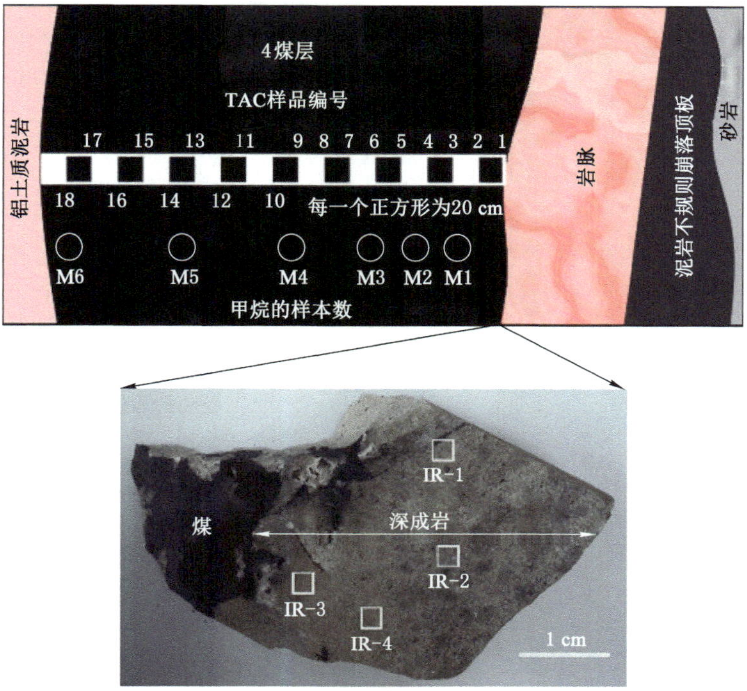

图 6-6　接触变质带附近煤样品的采集图

表 6-2　热变质煤(TAC)的工业分析和元素分析结果(未经酸处理)

样品编号	距侵入体距离/m	工业分析/%			元素分析/%					元素原子比		
		M_{ad}	A_{ad}	V_{daf}	$w(C)$	$w(H)$	$w(N)$	$w(S)$	$w(O)$	H/C	O/C	N/C
TAC-1	0.05	0.73	44.56	18.78	94.31	2.23	1.65	0.43	1.38	0.28	0.01	0.015
TAC-2	0.25	0.61	40.71	22.23	94.52	1.65	1.71	0.39	1.73	0.21	0.01	0.016
TAC-3	0.45	0.67	38.46	24.78	93.76	2.36	1.70	0.53	1.65	0.30	0.01	0.016
TAC-4	0.65	0.71	42.97	20.56	94.90	1.89	1.66	0.40	1.15	0.24	0.01	0.015
TAC-5	0.85	0.98	45.54	22.48	95.65	1.02	1.63	0.42	1.28	0.13	0.01	0.015
TAC-6	1.05	0.74	35.21	25.12	94.28	1.26	2.68	0.52	1.26	0.16	0.01	0.024
TAC-7	1.25	0.61	33.58	25.46	93.70	3.05	1.79	0.41	1.05	0.39	0.01	0.016
TAC-8	1.45	0.77	37.45	27.38	94.56	2.18	1.61	0.30	1.35	0.28	0.01	0.015
TAC-9	1.65	0.89	41.21	25.08	93.43	3.41	1.75	0.54	0.87	0.44	0.01	0.016
TAC-10	1.85	0.89	37.41	26.34	93.30	3.30	1.82	0.48	1.10	0.42	0.01	0.017
TAC-11	2.05	0.97	34.89	24.93	93.65	2.95	1.79	0.43	1.18	0.38	0.01	0.016
TAC-12	2.35	0.78	23.56	41.67	87.96	4.76	1.34	0.62	5.32	0.65	0.05	0.013
TAC-13	2.65	1.11	20.03	35.83	88.61	4.89	1.41	0.45	4.64	0.66	0.04	0.014
TAC-14	2.95	1.45	22.25	38.14	87.42	5.23	1.39	0.51	5.45	0.72	0.05	0.014
TAC-15	3.25	1.73	20.64	34.05	84.40	5.78	1.48	0.71	7.63	0.82	0.07	0.015
TAC-16	3.55	1.42	19.28	33.87	86.36	5.24	1.33	0.83	6.24	0.73	0.05	0.013
TAC-17	3.85	1.58	16.23	36.21	87.28	4.87	1.28	0.55	6.02	0.67	0.05	0.013
TAC-18	4.15	1.82	17.54	37.98	85.10	5.40	1.32	0.68	7.50	0.76	0.07	0.013

表 6-3 热变质煤(TAC)的工业分析和元素分析结果(经酸处理后)

样品编号	与侵入体距离/m	工业分析/%			元素分析/%					元素原子比			ΔV/%	ΔA/%
		M_{ad}	A_{ad}	V_{daf}	w(C)	w(H)	w(N)	w(S)	w(O)	H/C	O/C	N/C		
TAC-1	0.05	0.27	14.11	5.35	92.62	2.39	1.67	0.42	2.90	0.310	0.024	0.015	−13.43	−30.45
TAC-2	0.25	0.10	12.24	7.93	93.13	1.70	1.67	0.51	3.00	0.219	0.024	0.015	−14.30	−28.47
TAC-3	0.45	0.27	14.72	10.93	92.10	2.85	2.03	0.63	2.39	0.371	0.019	0.019	−13.85	−23.74
TAC-4	0.65	0.41	12.55	8.56	93.13	1.90	1.30	0.54	3.14	0.244	0.025	0.012	−12.00	−30.42
TAC-5	0.85	0.59	14.48	8.98	94.08	1.08	1.58	0.59	2.67	0.138	0.021	0.014	−13.50	−31.06
TAC-6	1.05	0.67	14.98	10.36	92.40	1.30	2.34	0.69	3.27	0.169	0.027	0.022	−14.76	−20.23
TAC-7	1.25	0.24	11.18	9.60	92.35	3.24	1.70	0.51	2.19	0.421	0.018	0.016	−15.86	−22.40
TAC-8	1.45	0.67	8.78	17.17	91.85	2.00	1.55	0.33	4.27	0.261	0.035	0.014	−10.21	−28.67
TAC-9	1.65	0.98	21.24	23.03	87.87	3.13	1.57	0.48	6.95	0.428	0.059	0.015	−2.05	−19.97
TAC-10	1.85	0.79	27.03	24.84	89.71	3.11	1.70	0.38	5.10	0.415	0.043	0.016	−1.50	−10.38
TAC-11	2.05	0.71	25.44	22.84	90.27	2.79	1.72	0.30	4.92	0.371	0.041	0.016	−2.09	−9.45
TAC-12	2.35	0.68	10.52	34.47	84.31	4.43	1.26	0.52	9.48	0.630	0.084	0.013	−7.20	−13.04
TAC-13	2.65	0.81	4.70	22.46	83.28	4.48	1.27	0.31	10.65	0.646	0.096	0.013	−13.37	−15.33
TAC-14	2.95	1.19	15.65	35.92	84.03	4.92	1.30	0.38	9.37	0.703	0.084	0.013	−2.22	−6.60
TAC-15	3.25	1.41	18.12	32.27	81.56	5.29	1.34	0.66	11.14	0.779	0.102	0.014	−1.78	−2.52
TAC-16	3.55	1.27	13.21	32.11	82.85	4.85	1.22	0.55	10.53	0.702	0.095	0.013	−1.76	−6.07
TAC-17	3.85	1.24	8.89	34.02	85.20	4.45	1.23	0.40	8.72	0.627	0.077	0.012	−2.19	−7.34
TAC-18	4.15	1.17	13.48	36.62	81.55	4.68	1.19	0.54	12.04	0.689	0.111	0.013	−1.36	−4.06

注:① 因采用四舍五入取值,元素分析列数据存在合计不为100%的情况。

② ΔV 为原始挥发分(V_o)测定值与酸脱矿后挥发分(V_{acid})测定值之间的差值;ΔA 为原始灰分(A_o)测定值与酸脱矿后灰分(A_{acid})测定值之间的差值。

6.2.1 工业分析

由表 6-2 可以看出,受侵入体热效应影响的部分煤样(TAC-1~TAC-11)的灰分很高,达到 39.3%(平均值),反映出这些煤样中的矿物含量比周围煤样(TAC-15~TAC-18)中的矿物含量明显增加。以往的研究表明,在受热影响的煤层内部和附近会形成新的矿物,尤其是碳酸盐。煤的灰分通常会从煤层的未改变部分向侵入部分增加[12]。一般来说,这种增加不是由于侵入时全部或部分熔融岩石的侵入,而是由于溶液中和气相中物质的引入。最重要的新增物质是二氧化碳,它可能部分来自伴随侵入的挥发分中的二氧化碳,部分来自碳质物质与水的反应,这种反应在侵入的温度下很容易发生。大量的二氧化碳可以将煤和侵入体中的许多矿物转化为碳酸盐,方解石尤其常见。因此,可以得出结论,增加的矿物在很大程度上是方解石。此外,Rimmer 等[5]的研究证实了 TAC 富含方解石,并指出方解石含量与原始挥发分(V_o)测定值和酸脱矿后挥发分(V_{acid})测定值之间的差值(ΔV)有很好的相关性。因此,对 TAC 需要进行酸处理(使用盐酸),以掌握挥发分和灰分的固有变化(表 6-3)。

图 6-7 显示了酸处理后煤样的挥发分和灰分的变化与煤样距侵入体距离的关系。在此基础上，划分出三个影响区，即热变质区（TMZ）、过渡区（TZ）和环境区（AZ）。一般来说，侵入对煤的成分（挥发分和灰分）有影响，其影响距离与侵入体的厚度有关。在案例中，侵入体的影响距离可估算为 3.25 m，即侵入体厚度的 1.35 倍。煤的 V_o 从环境区（AZ）的 35% 以上下降到热变质区（TMZ）的约 20%[图 6-7(a)]。伴随这些趋势的是 A_o 的显著增加，从环境区（AZ）的约 15% 增加到热变质区（TMZ）的 40% 左右[图 6-7(b)]。此外，从 ΔV 和 ΔA 的分布可以看出，在 TMZ 中，酸处理后煤的 ΔA 和 ΔV 约为 AZ 中的 4 倍和 5 倍，相应的临界值均为 30%。值得注意的是，TZ 内的一些样本（如样本 TAC-13，拐点）出现了一些轻微偏差。虽然这与样本组中观察到的总体趋势并无偏差，但这表明煤层的二热性和可塑性可能会导致此类热气孔内的热扩散或热辐射不均匀。

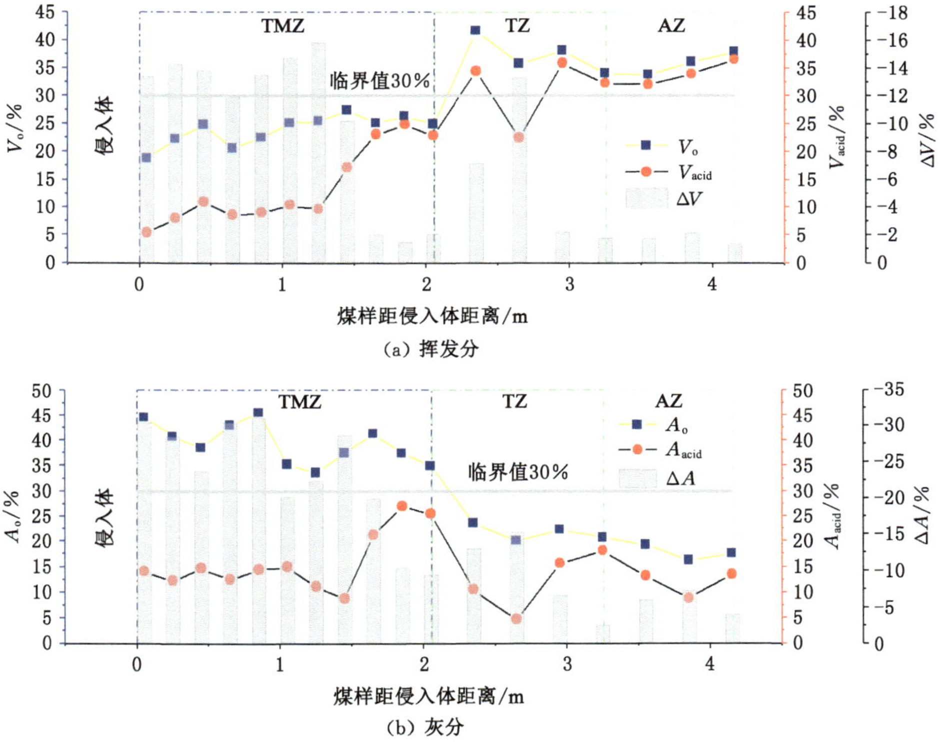

图 6-7　酸处理后煤样的挥发分和灰分的变化与煤样距侵入体距离的关系

6.2.2　元素分析

随着接近侵入体，煤样的 C 含量从略高于 85% 逐渐增加到约 94%，但在接触带附近出现反转（TAC-1 煤样的 C 含量小于 TAC-2 煤样的 C 含量）；酸处理后，煤样的 C 含量下降，但仍保持增加趋势[图 6-8(a)]。在逐渐接近侵入体时，煤样的 H 含量从约 5% 下降到略高于 2%，与 C 含量呈平行趋势[图 6-8(b)]；酸处理对 H 含量的影响并不明显。

随着接近侵入体，煤样的 N 含量从整体上看有明显的增加趋势，但从 TAC-12 煤样到 TAC-1 煤样，N 含量的变化很不规则；酸处理后，这种不规则性有所减弱[图 6-8(c)]。随着

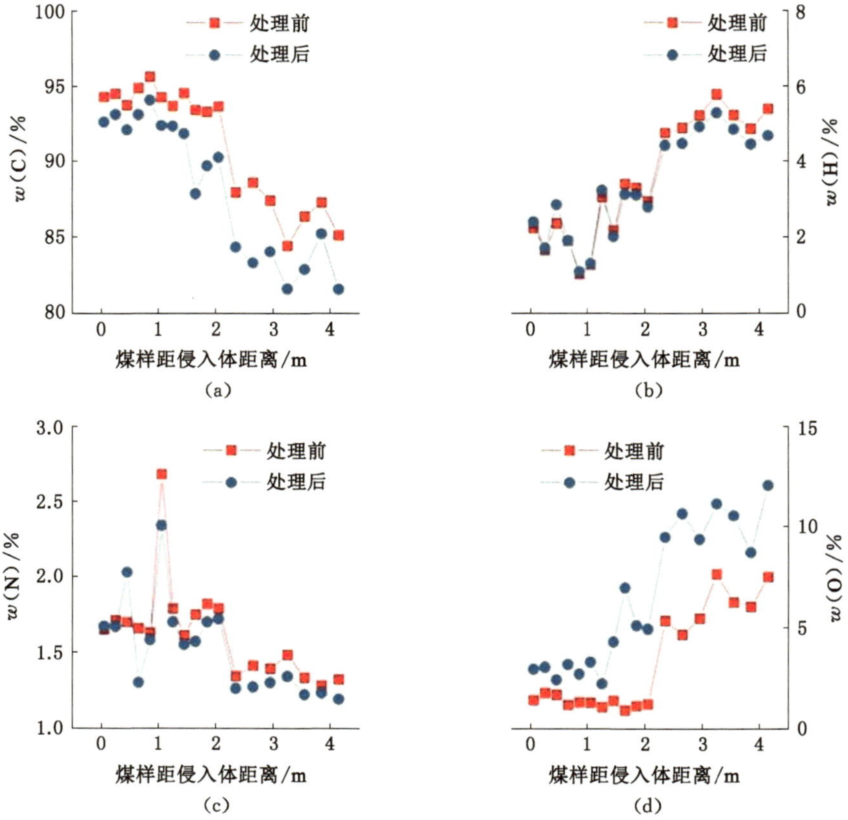

图 6-8　酸处理前后煤样的元素含量与煤样距侵入体距离的关系

靠近侵入体，煤样的 O 含量从约 7%下降到略高于 1.3%；酸处理后，这种趋势没有明显变化，但含量略有增加[图 6-8(d)]。酸处理后煤样的 H/C 和 O/C 在靠近侵入体处也有明显下降(注意接触带附近 H/C 的反转)，而 N/C 的变化则有些复杂(图 6-9)。

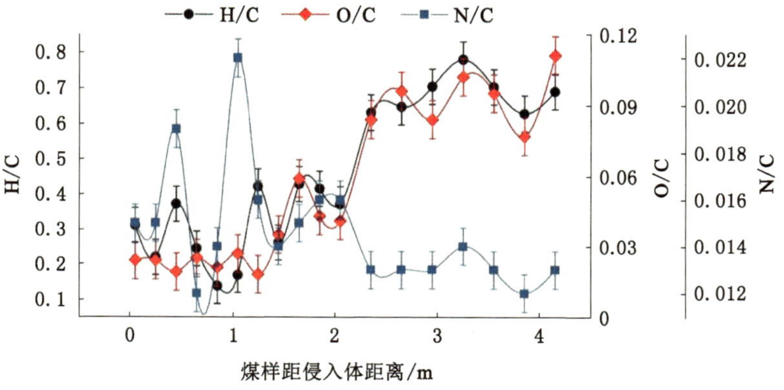

图 6-9　酸处理后煤样的元素原子比与煤样距侵入体距离的关系

6.3　接触变质煤化学结构演化分析

本节以朱集煤矿为例，重点阐述了朱集煤矿岩浆侵入对煤化学结构的改造作用。依次采用 X 射线衍射(XRD)和傅里叶变换红外光谱(FTIR)探讨了接触带两侧不同煤阶煤纳米级结构特征。对比前人研究成果，说明了岩浆接触变质作用对煤内部结构的改造与深成变质作用、区域热变质作用和动力变质作用的相似性与差异性。对天然不同煤阶煤样品进行室内热模拟分析，对比阐述了煤晶参数(L_a)随热作用的演化规律及温度对煤结构变化的响应，并推测出岩浆侵入时的温度。

6.3.1　接触变质煤晶核结构的 X 射线衍射特征

X 射线衍射测试是在中国科学技术大学理化实验中心完成的，所使用的仪器为飞利浦公司的 X'Pert PRO 型 X 射线衍射仪，Cu-Ka 靶，管压为 65 kV，X 射线管电流为 55 mA。20 g 脱矿物的粉末状煤样品被装入在铝支架上的一个矩形共振空腔内，采用步进式扫描，步距为 $2\theta=0.1°$，扫描速度 2°/min，扫描范围 $2\theta=10°\sim70°$。

6.3.1.1　不同煤阶煤衍射峰峰形与峰位演化特征

接触带两侧不同煤阶煤的 X 射线衍射图谱见图 6-10。其煤晶核参数(L_a、L_c)及芳环层面网间距(d_{002}、d_{100})等数据列于表 6-4。

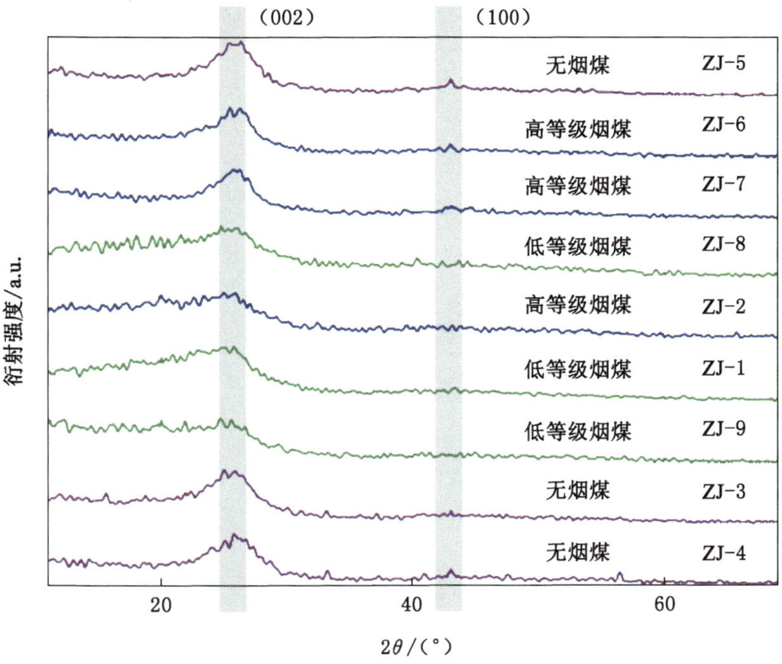

图 6-10　不同煤阶煤的 X 射线衍射图谱

表 6-4 不同煤阶煤的 X 射线衍射分析数据

样品	煤阶	H/C	d_{002}/Å	d_{100}/Å	f_a	I_{26}/I_{20}	L_c/Å	L_a/Å	L_a/L_c
ZJ-1	低等级烟煤	0.061	3.761 5	2.248 5	0.736 7	2.996 2	13.30	23.74	1.78
ZJ-2	高等级烟煤	0.058	3.669 2	2.218 6	0.768 3	3.217 2	13.67	24.18	1.77
ZJ-3	无烟煤	0.040	3.503 9	2.117 8	0.894 5	4.170 6	20.50	28.64	1.40
ZJ-4	无烟煤	0.014	3.489 2	2.099 6	0.923 3	4.467 6	23.30	37.70	1.62
ZJ-5	无烟煤	0.037	3.498 8	2.086 0	0.878 2	4.245 7	21.40	29.83	1.39
ZJ-6	高等级烟煤	0.048	3.534 3	2.149 9	0.866 8	3.974 9	18.87	26.18	1.39
ZJ-7	高等级烟煤	0.056	3.625 8	2.201 4	0.786 9	3.551 5	14.93	24.51	1.64
ZJ-8	低等级烟煤	0.061	3.763 0	2.246 0	0.736 7	3.252 9	13.20	23.50	1.78
ZJ-9	低等级烟煤	0.077	3.768 0	2.342 7	0.726 5	2.848 6	12.90	22.93	1.78

注：I_{26}/I_{20}为峰位强度比。

图 6-10 表明，对于远离接触带的低等级烟煤样品（ZJ-1、ZJ-8 和 ZJ-9），其衍射曲线的(100)峰几乎不显示，而(002)衍射峰的强度弱，峰形宽而缓，呈一级缓隆起；与低等级烟煤样品相比，高等级烟煤样品（ZJ-2、ZJ-6 和 ZJ-7）衍射曲线的(100)衍射峰开始显现，但依旧不明显，而(002)衍射峰的强度表现较强。紧靠接触带两侧的煤样品，因受到高温和挤压作用，变质程度最高，形成热变质无烟煤（ZJ-3、ZJ-4 和 ZJ-5），其(100)衍射峰趋于明显，且(002)峰强度增强，峰形变的尖锐且窄。不同煤阶煤(002)和(100)峰峰形特征表明，在未受岩浆热演化作用的低等级烟煤中，其自身氧和氢元素含量较高，含有大量的脂肪族和杂原子结构，而芳香族结构不甚发育，因此，低等级烟煤中有机碳原子排列呈各向异性且有序化程度低，表现出(002)衍射峰强度弱，呈宽而缓的峰形。

对于接受到一定岩浆热变质作用而形成的高等级烟煤，其煤的成分和化学结构发生变化，主要表现在脂肪族化合物、脂环族化合物和杂环化合物含量减少，稠合度大的芳香族化合物相对增多，(002)衍射峰强度增大，峰形锐而窄。接触带两侧所形成的无烟煤则主要由稠环芳烃组成，衍射图谱表现出具类石墨化特征，但仍然不具备类石墨的三维结构的衍射特点。此外，我们发现不同煤阶煤的 XRD 图谱中(002)峰低角度方向上均出现了不对称弥散低峰（λ 峰），且它随煤阶增高衍射强度逐渐降低。因此，该峰可作为判别煤变质程度高低的特征峰。研究结果还表明，随着煤阶增高，(002)衍射峰的峰位向高角度方向偏移，(100)衍射峰的峰位则略微向低角度方向偏移。

6.3.1.2 不同煤阶煤晶核参数的演化特征

芳碳率为芳碳原子数与总碳原子数之比，它不仅代表了煤芳构化的程度，还是一个重要的煤结构参数。前人利用煤的工业分析和元素分析数据，推导出芳碳率的计算方法，具体过程如下。

Van Krevelen 等[13]根据 Riley 的实验结果，推测煤的挥发分是由芳烃以外的物质转变而来的，并提出煤的干燥无灰基挥发分 V_{daf} 计算公式：

$$V_{daf} = 100 \times \frac{M - 12.4C_a}{M} \tag{6-1}$$

式中 M——煤的相对分子质量；

C_a——芳碳原子数。

若将式(6-1)右边的分子、分母同除 C(C 指碳原子数),并将 $M_C=1\ 200/w(\text{C})$(M_C 指每一个碳原子对应的相对分子质量,称为单碳相对分子质量)代入,则可求出芳碳率 f_a[14]:

$$f_a=\frac{(100-V_{daf})\times 1\ 200}{1\ 240w(\text{C})} \tag{6-2}$$

Cai 等[15]调查研究了石油沥青质 X 射线衍射图谱与其化学结构之间的关系,得出含碳物质的芳碳率 f_a 可表示为:

$$f_a=\frac{C_{ar}}{C_{ar}+C_{al}}=\frac{A_{002}}{A_{002}+A_{\lambda}} \tag{6-3}$$

式中　C_{ar}——芳香族碳原子数;

C_{al}——脂肪族碳原子数;

A_{002},A_{λ}——(002)和 λ 衍射峰的峰面积。

Yoshizawa 等[16]采用定量计算法得出煤阶与 X 射线衍射数据之间的联系,即:煤阶=(002)衍射峰强度/λ 衍射峰强度。

由式(6-3)可知,要准确获得芳碳率 f_a 必先精确解算出(002)和 λ 衍射峰的峰面积。根据高斯函数拟合原理,依照 Lu 等[17]对煤 XRD 图谱拟合方法,得到不同煤阶煤在 10°～36°范围内衍射峰的拟合结果(图 6-11)。由此获知(002)和(100)衍射峰峰面积、半峰宽参数值,进而按照式(6-3)计算出不同煤阶煤芳碳率 f_a 值(表 6-4)。

根据表 6-4 中计算出的各煤结构参数结果,可以总结出以下规律:

(1) 芳香环层片的平均直径 L_a 随煤阶增高而增大。由图 6-12 可见,煤的 H/C 值在 0.07～0.04 间,L_a 缓慢增加;到无烟煤以后(H/C 值小于 0.04),L_a 急剧增大。

(2) 芳香环层片的堆砌高度 L_c 亦随煤阶增高而增大。对于低等级烟煤,L_c 仅为 13.0 Å 左右,芳香环层片的堆砌层数约为 3～4 层[14];随着煤阶增高,堆砌层数和高度逐渐增大,到无烟煤阶段,L_c 可达 20.0 Å 以上,堆砌层数约为 5～7 层。

(3) 层间距 d_{002} 随煤阶增高而逐渐减小。由图 6-12 可见,平行堆砌芳香环层片的层间距 d_{002} 最大时(对低等级烟煤)可达 3.768 0 Å 以上;随煤阶增高,d_{002} 逐渐减小到无烟煤的范围(3.489 2～3.503 9 Å),其极限值为理想石墨的层间距(3.354 0 Å)。这说明高煤阶煤虽未有石墨般完美的晶体结构,但逐渐拥有"类石墨"结构。

(4) 芳碳率 f_a 随煤阶增高而逐渐增大。由图 6-12 可见,随着煤的 H/C 值减小,f_a 逐渐增大,特别是 H/C 值小于 0.02(对应 ZJ-4 样品)后,f_a 已接近 1 或等于 1,表明煤的芳构化程度递增呈现出无烟煤结构特征。

(5) 杨起等[18-20]对深成变质煤化学结构的研究表明,煤晶核 L_a/L_c 比值一般在 1 左右;对构造应力变质煤化学结构的研究表明,煤晶核 L_a/L_c 比值一般小于 1;对不同煤田区域岩浆热变质煤化学结构的研究表明,煤晶核 L_a/L_c 比值一般大于 1。本次对岩浆接触变质煤化学结构的研究表明,煤晶核 L_a/L_c 比值都大于 1。这说明煤的变质类型不同致使煤的化学结构亦不完全相同,但是接触变质煤与区域岩浆热变质煤晶核 L_a/L_c 值演化关系一致,因此这两种岩浆热变质作用导致煤的物理化学结构演化是类似的。此外,由 L_a/L_c 值大于 1 得出,岩浆接触变质作用使得煤的芳香环层片直径的增大程度比其芳香环层片堆砌高度的要高,进而推测出接触变质煤的煤晶核的形状应为扁圆形。

基于不同煤阶煤 XRD 实验结果,可以得出,低等级烟煤拥有明显的聚合特征且属于"开放

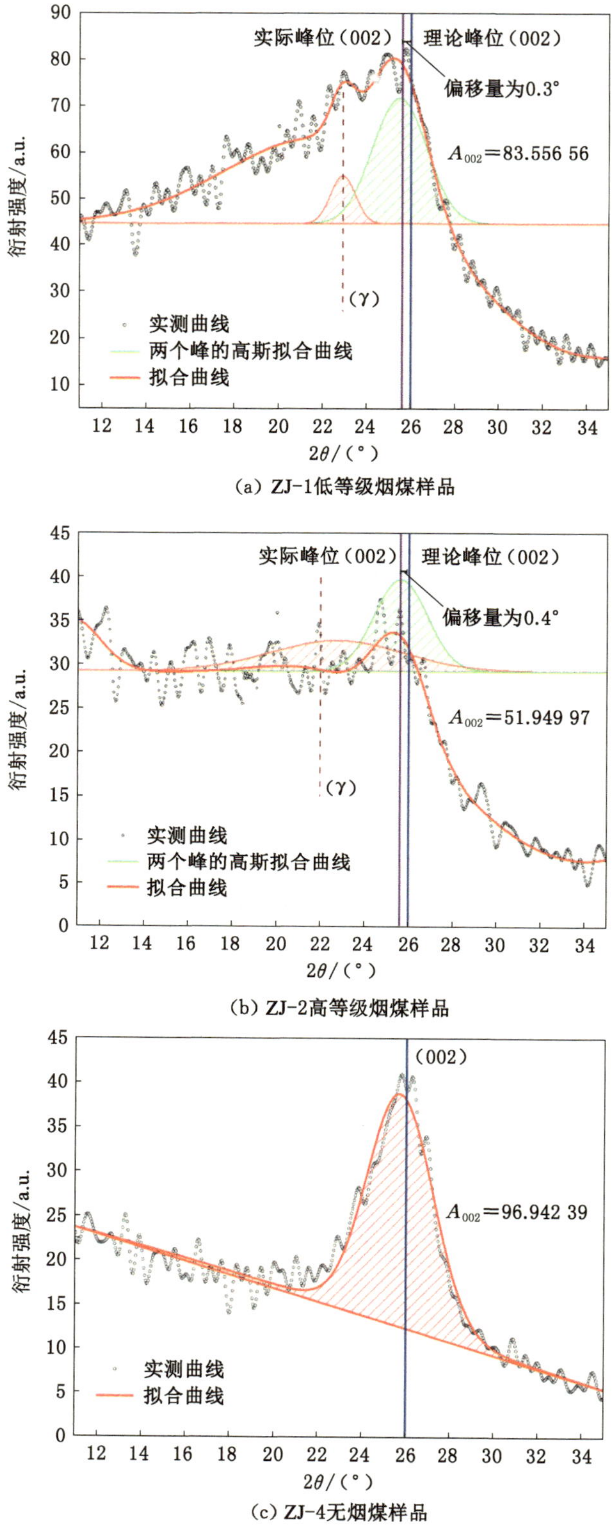

(a) ZJ-1低等级烟煤样品

(b) ZJ-2高等级烟煤样品

(c) ZJ-4无烟煤样品

图 6-11 不同煤阶煤在 10°～36°范围内衍射峰拟合图

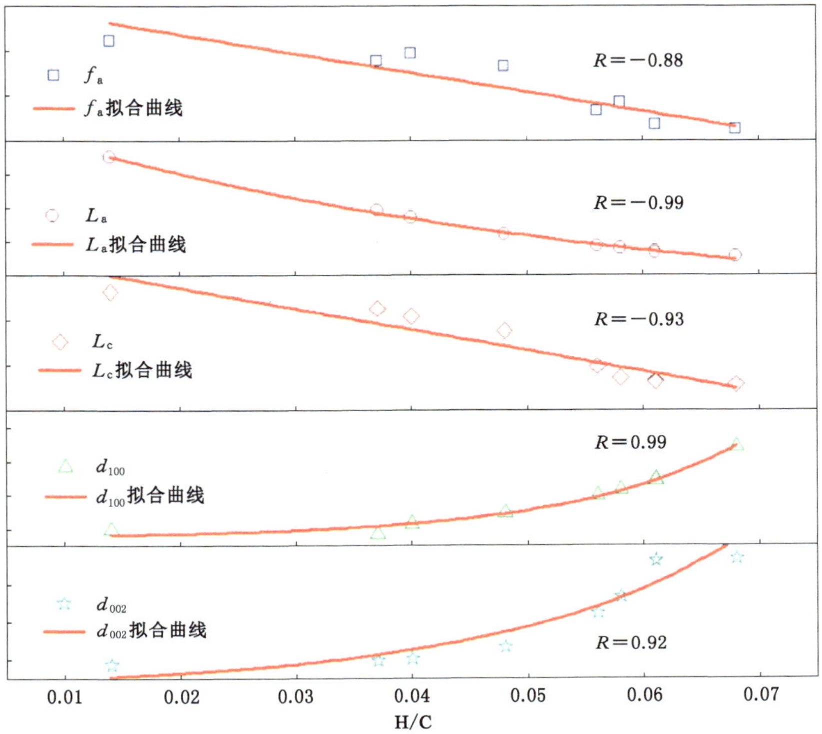

图 6-12　煤结构参数与 H/C 值的相关性图

结构”。由于岩浆侵入作用使得接触带两侧煤的变质程度加深，至高等级烟煤阶段，煤中桥键结构变得愈不稳定，这是因为芳香核缩合程度增高，形成了“流体”结构。随之而来的无烟煤阶段，煤在岩浆短促的强烈热作用下，煤晶核逐渐呈现三维结构，并具有“类石墨”结构特征[21]。

6.3.1.3　煤热解固态产物煤晶核参数的演化特征

基于上述讨论能够得出，不论煤经历何种变质作用（深成变质作用、区域岩浆热变质作用、接触变质作用和动力变质作用），总归有，随着煤变质程度加深，煤晶核的大小和方向排列规则化程度增大而芳香结构单元的层片间距 d_{002} 减小，即 L_a、L_c 增大而 d_{002} 减小。

为了验证上述结论，我们选取了不同产地不同成煤时代的煤样进行原位热解，并利用飞利浦 X'Pert PRO 型 X 射线衍射仪对其不同温度下的固态产物进行晶格参数测定。表 6-5 给出了这 5 件原煤样品的工业分析和元素分析测试结果。实验操作条件为：Cu 靶辐射，管压 50 kV，管流 100 mA，扫描速度 2°/min，扫描范围 10°～60°，加热速率 10 ℃/min，并在 100 ℃、200 ℃、300 ℃、400 ℃、500 ℃、600 ℃、700 ℃、800 ℃和 900 ℃下保持 20 min，接着记录每个温度点下 X 射线衍射数据。各煤样品的原煤样和热解固态产物 XRD 图谱见图 6-13（图中 λ 代表 X 射线的波长，Int. 表示衍射强度）。该图表明：(1) 当热解温度达到 500 ℃时，煤热解固态产物的 XRD 图谱中 λ 衍射峰强度显著减小。(2) 在热解温度区间 [25,500] 内，(002) 衍射峰峰位未有明显变化，而当热解温度超过 500 ℃时，其峰位向高衍射角度偏移。此外，在高热解温度（>500 ℃）下，(002) 衍射峰呈现对称形态。(3) 随着热解温度的升高，(100) 衍射峰峰宽变得越来越狭窄，与此同时，(004) 衍射峰强度逐渐增大。

表 6-5　不同煤阶煤的工业分析和元素分析数据

煤样	工业分析/%			元素分析/%					元素原子比	
	M_{ad}	A_{ad}	V_{daf}	C	H	O	N	S	H/C	O/C
贵州煤样	1.8	21.3	17.5	91.4	3.1	4.2	0.2	1.0	0.41	0.03
湖北煤样	1.2	12.4	35.0	85.8	5.0	8.1	0.3	0.7	0.70	0.07
淮南煤样	1.9	21.6	40.7	80.1	4.5	10.5	1.4	0.3	0.67	0.10
开滦煤样	1.2	13.2	33.5	78.5	5.6	13.7	1.2	0.3	0.85	0.13
山西煤样	2.3	19.9	36.5	71.1	6.1	19.8	1.6	0.4	1.03	0.21

注：元素分析和元素原子比分析均采用干燥无灰基。

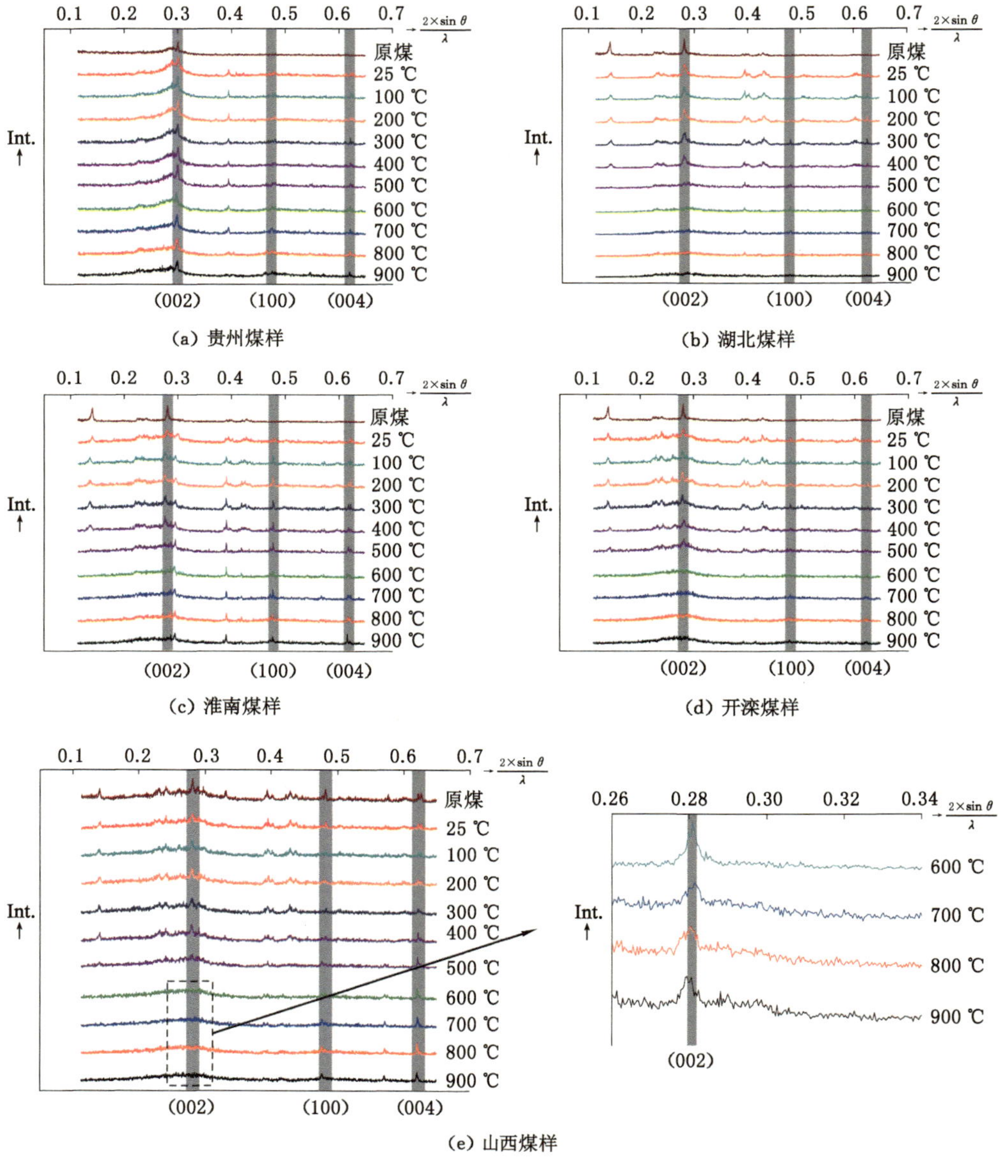

(a) 贵州煤样　(b) 湖北煤样　(c) 淮南煤样　(d) 开滦煤样　(e) 山西煤样

图 6-13　各煤样品的原煤样及热解固态产物 X 射线衍射图谱

以开滦样品为例，利用 Origin 高斯函数拟合，获得该样品 300 ℃、600 ℃和 900 ℃特征峰峰位和半峰宽参数值[图 6-14(a)～(c)]。按照式(6-1)～式(6-3)，从各煤样品 XRD 图谱中解算出相应的煤晶核参数，结果列于表 6-6。根据此表中数据，得到煤晶核参数随着热解温度的增高而变化的过程[图 6-14(d)～(f)]。

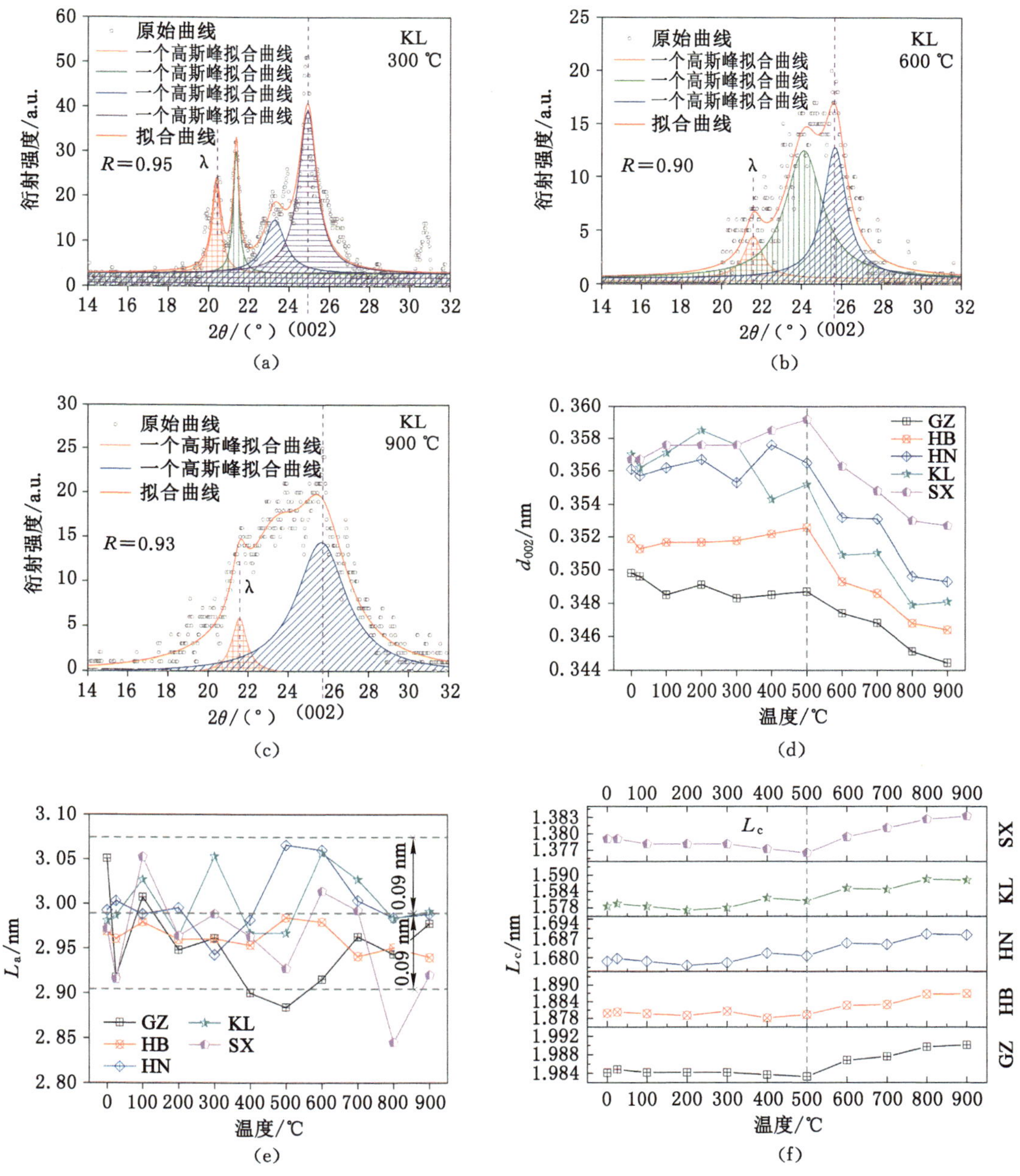

GZ—贵州煤样；HB—湖北煤样；HN—淮南煤样；KL—开滦煤样；SX—山西煤样。

图 6-14　开滦煤样的高斯函数拟合图以及各煤样品的原煤样及热解固态产物煤晶核参数的演化规律

表 6-6　各煤样品的原煤样及热解固态产物的煤晶核参数统计

煤样		▲/(°)		▼/nm		
		$2\theta_{002}$	$2\theta_{100}$	d_{002}	L_c	L_a
贵州煤样	原煤	26.15	46.16	0.349 8	1.984 1	3.050 7
	25 ℃	26.17	44.64	0.349 6	1.984 8	2.917 2
	100 ℃	26.26	45.93	0.348 5	1.984 2	3.007 3
	200 ℃	26.21	45.09	0.349 1	1.984 2	2.947 9
	300 ℃	26.27	45.28	0.348 3	1.984 2	2.961 1
	400 ℃	26.26	44.38	0.348 5	1.983 7	2.899 8
	500 ℃	26.24	44.14	0.348 7	1.983 3	2.883 9
	600 ℃	26.35	44.61	0.347 4	1.986 8	2.915 2
	700 ℃	26.40	45.30	0.346 8	1.987 6	2.962 5
	800 ℃	26.54	45.02	0.345 1	1.989 7	2.943 1
	900 ℃	26.59	45.51	0.344 4	1.990 1	2.977 3
湖北煤样	原煤	25.99	45.38	0.351 8	1.879 7	2.968 1
	25 ℃	26.04	45.26	0.351 2	1.880 1	2.959 8
	100 ℃	26.00	45.53	0.351 6	1.879 6	2.978 7
	200 ℃	26.00	45.25	0.351 6	1.879 2	2.959 1
	300 ℃	26.00	45.26	0.351 7	1.880 5	2.959 8
	400 ℃	25.96	45.16	0.352 1	1.878 1	2.952 8
	500 ℃	25.93	45.60	0.352 5	1.879 3	2.983 7
	600 ℃	26.19	45.53	0.349 3	1.882 6	2.978 7
	700 ℃	26.25	44.98	0.348 6	1.882 8	2.940 4
	800 ℃	26.40	45.12	0.346 8	1.886 6	2.950 0
	900 ℃	26.43	44.96	0.346 4	1.886 8	2.939 0

煤样		▲/(°)		▼/nm		
		$2\theta_{002}$	$2\theta_{100}$	d_{002}	L_c	L_a
淮南煤样	原煤	25.66	45.72	0.356 1	1.678 6	2.992 2
	25 ℃	25.69	45.87	0.355 7	1.679 6	3.003 0
	100 ℃	25.65	45.66	0.356 2	1.678 6	2.987 9
	200 ℃	25.61	45.76	0.356 7	1.677 2	2.995 1
	300 ℃	25.72	45.01	0.355 3	1.678 1	2.942 4
	400 ℃	25.54	45.57	0.357 6	1.681 6	2.981 5
	500 ℃	25.63	46.72	0.356 5	1.680 6	3.065 6
	600 ℃	25.88	46.64	0.353 2	1.685 2	3.059 6
	700 ℃	25.89	45.87	0.353 1	1.684 7	3.003 0
	800 ℃	26.17	45.60	0.349 6	1.688 5	2.983 7
	900 ℃	26.19	45.66	0.349 3	1.688 2	2.987 9
开滦煤样	原煤	25.58	45.56	0.357 1	1.578 6	2.980 8
	25 ℃	25.65	45.64	0.356 2	1.579 6	2.986 5
	100 ℃	25.58	46.20	0.357 1	1.578 6	3.027 0
	200 ℃	25.47	45.31	0.358 5	1.577 2	2.963 2
	300 ℃	25.54	46.55	0.357 6	1.578 1	3.052 9
	400 ℃	25.80	45.36	0.354 3	1.581 6	2.966 7
	500 ℃	25.73	45.36	0.355 2	1.580 6	2.966 7
	600 ℃	26.07	46.60	0.350 9	1.585 2	3.056 6
	700 ℃	26.03	46.20	0.351 3	1.584 7	3.027 0
	800 ℃	26.31	45.59	0.347 9	1.588 5	2.983 0
	900 ℃	26.29	45.70	0.348 1	1.588 2	2.990 8

煤样		▲/(°)		▼/nm		
		$2\theta_{002}$	$2\theta_{100}$	d_{002}	L_c	L_a
山西煤样	原煤	25.61	45.43	0.356 7	1.379 1	2.971 7
	25 ℃	25.61	44.61	0.356 7	1.379 1	2.915 2
	100 ℃	25.54	46.54	0.357 6	1.378 1	3.052 1
	200 ℃	25.54	45.31	0.357 6	1.378 1	2.963 2
	300 ℃	25.54	45.66	0.357 6	1.378 1	2.987 9
	400 ℃	25.47	45.30	0.358 5	1.377 2	2.962 5
	500 ℃	25.42	44.78	0.359 2	1.376 5	2.926 7
	600 ℃	25.64	46.01	0.356 3	1.379 4	3.013 1
	700 ℃	25.76	45.71	0.354 8	1.381 2	2.991 5
	800 ℃	25.88	43.53	0.353 2	1.382 6	2.844 4
	900 ℃	25.92	44.67	0.352 7	1.383 2	2.919 2

▲:(002)和(100)衍射峰峰位参数；

▼:煤晶核结构参数

图 6-14(d)表明，随着热解温度的增高，各煤样品热解产物的层片间距 d_{002} 演化规律可分为两个阶段。其一，当热解温度从 25 ℃升至 500 ℃时，湖北、淮南、山西煤样热解产物的 d_{002} 值显著增加，而贵州和开滦煤样热解产物的 d_{002} 值则有明显减小的趋势。其二，热解温度在[500，900]区间内，各煤样品热解产物的 d_{002} 值均表现为显著减小的趋势。

图 6-14(e)表明，随着煤热解温度的增高，各煤样品热解产物的芳香环层片的直径 L_a 未有明显变化，而是在[2.86，3.06]区间内波动，波幅为 0.09 nm。这与上文所得结果不尽相同，而与 Lu 等[17]的研究结果相符。我们推测，由于煤内部结构的复杂性、多样性和不均一性，单纯的热作用并不能改变煤的芳香环层片直径的大小，而只有经历外界力作用(煤深成变质作用过程中地应力作用，岩浆接触变质作用过程中岩浆挤压、剪切等外生力作用，区域热变质作用过程中地热作用和动力变质作用过程中构造应力作用)，煤的芳香环层片直径才会发生本质的变化。

图 6-14(f)表明，随着热解终温的升高，各煤样品热解产物的芳香环层片的堆砌高度 L_c 增大，这与上文所得结论一致。众所周知，煤宏观物理性质与煤密度密切相关。煤物理化学结构决定了煤密度的大小。因此，密度代表了煤物理化学性质的总体特征。自然状态下煤的成分比较复杂，总体上煤的密度随煤化程度的加深而提高，进而煤的结构愈趋于紧密化，这使得煤芳香环层片的堆砌层数增加，最终导致煤芳香环层片堆砌高度增大。而不同类型的热作用能够导致煤相对密度增高，进而促进芳香环层片堆砌高度增大。

6.3.2　接触变质煤官能团结构的傅里叶变换红外光谱特征

傅里叶变换红外光谱测试是在中国科学技术大学理化实验中心完成的，所使用的仪器为 Nicolet model 8700 型傅里叶变换红外光谱分析仪。煤样品检测波数范围为 400～4 000 cm^{-1}，分辨率为 8 cm^{-1}。

6.3.2.1　不同煤阶煤红外光谱峰形与峰位演化特征

接触带两侧的煤在岩浆热作用下其内部化学结构发生了不同程度的改变，因此不同煤阶煤的有机构成中，不同化学基团对红外光选择性吸收。随着煤阶的增高，煤的结构组成形态不断变化，红外光谱特征谱带的吸收强度亦发生规律性变化。总体来说，到无烟煤阶段，高度稠合的芳香结构导致强散射背景，取代基的吸收基本消失，光谱呈现为简单的平缓曲线(图 6-15)。

通常以 1 500 cm^{-1}处为界将煤的红外光谱图分成高频区和低频区，前者反映了大多数特征化学键和官能团，包括 X—H 伸缩振动区(4 000～2 500 cm^{-1})，其中 X 可以是 O、N、C 和 S 原子，主要包括 O—H、N—H、C—H 和 S—H 键的伸缩振动；三键和累积双键区(2 500～1 900 cm^{-1})，主要包括炔键—C≡C—、腈键—C≡N、丙二烯键—C ═C ═C—、烯酮基—C ═C ═O—、异氰酸酯基—N ═C ═O 等的非对称伸缩振动；双键伸缩振动区(1 900～1 500 cm^{-1})，主要包括 C ═C、C ═O 等的伸缩振动和芳香环的骨架振动；后者代表了分子振动和转动的特征吸收峰，主要包括 C—H、N—H 的变形振动，C—O、C—X(卤素)等的伸缩振动，以及 C—C 单键骨架振动等。

根据红外光谱学和有机化学原理，本次研究中煤的红外光谱主要存在三种类型的吸收峰：(1) 脂肪族结构吸收峰，主要有 1 380 cm^{-1}、1 460～1 450 cm^{-1}、1 745～1 730 cm^{-1}和

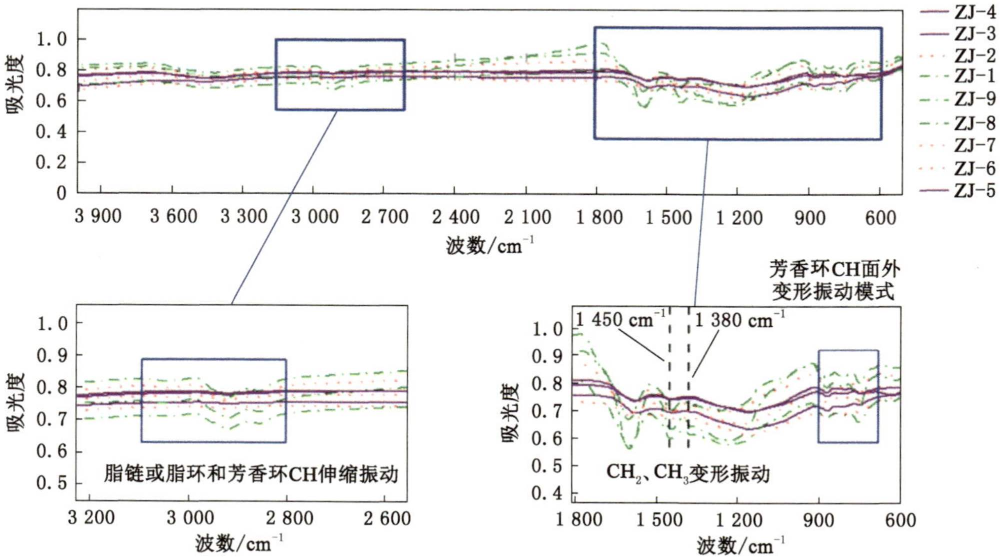

图 6-15　不同变质程度煤的红外光谱图

2 800～3 000 cm^{-1}；(2) 芳香结构吸收峰，主要有 900～700 cm^{-1}、1 615～1 585 cm^{-1}、2 940～2 950 cm^{-1} 和 3 035 cm^{-1} (3) 含氧官能团吸收峰，主要有 1 300～1 000 cm^{-1}、1 721～1 695 cm^{-1}、1 745～1 730 cm^{-1} 和 3 419～3 359 cm^{-1}。依据前人[22-24]对煤红外光谱峰位归宿问题的研究成果，本研究的不同煤阶煤红外光谱特征峰归属详见表 6-7。

表 6-7　煤的红外光谱各吸收峰的归属

峰位/cm^{-1}	官能团	衍射峰强度		
		低等级烟煤	高等级烟煤	无烟煤
3 419～3 359	OH 伸缩振动	中	强	弱
3 080～3 035	芳香环 CH 伸缩振动	中	强	弱
2 975～2 955	脂链上的 CH_3 不对称伸缩振动	中	强	弱
2 940～2 950	芳香环 CH_3 伸缩振动	弱	强	中
2 925～2 919	脂链或脂环中 CH_2 不对称伸缩振动	中	强	弱
2 900	脂链或脂环中 CH 伸缩振动	中	强	弱
2 863	脂链或脂环中 CH_2 对称伸缩振动	中	强	弱
2 848	CH_2 伸缩振动	强	中	弱
1 745～1 730	脂肪族中 C═O 伸缩振动(油脂、酸、酮、醛)	强	中	弱
1 721～1 695	芳香族中 C═O 伸缩振动(羰基/羧基团)	强	中	弱
1 615～1 585	芳香环 C═C 伸缩振动	中	强	弱
1 500～1 450	C—C 单键骨架振动	弱	中	强
1 460～1 450	脂链中的 CH_3、CH_2 变形振动	中	弱	弱
1 380	脂链中的 CH_2 剪式振动和 CH_3 变形振动	中	弱	弱
1 300～1 000	酚、醚的 C—O 伸缩振动，C—C 伸缩及 OH 面外弯曲振动	强	中	弱
900～700	芳香环面外 CH 变形振动	强	中	弱

表 6-7(续)

峰位/cm^{-1}	官能团	衍射峰强度		
		低等级烟煤	高等级烟煤	无烟煤
880～860	芳烃中同一芳核上独立氢原子面外变形振动	中	强	弱
849	芳烃中同一芳核上两个相邻的氢原子面外变形振动	中	强	弱
776～730	芳烃中同一芳核上两个以上相邻的氢原子面外变形振动	中	强	中
730～720	烷基侧环数$(CH_2)_n$，$n>4$	中	弱	弱

按照上述三种类型吸收峰的顺序，对比分析图 6-15 可获得如下结论。

1. 不同煤阶煤的脂肪族结构特征谱带演化

在红外光谱高频区能够甄别煤脂肪族基团振动对称性的强弱，即基团振动的对称性越强，表明振动过程中化学键的偶极矩越小，则红外光谱吸收度越低。

CH_2和 CH_3的不对称变形振动体现在 1 450 cm^{-1}特征谱带上，CH_3的对称变形振动则体现在 1 380 cm^{-1}特征谱带上。不同煤阶煤的 1 380 cm^{-1}处吸收峰强度都比 1 450 cm^{-1}处的弱，而随着煤阶的增高，两者吸收峰强度都逐渐减弱。

2 925 cm^{-1}特征谱带和 2 863 cm^{-1}特征谱带分别对应于烷基的 CH_2不对称和对称伸缩振动。CH_3不对称伸缩振动产生上述谱带高波数(2 950～2 940 cm^{-1})一侧肩峰信号。复合谱峰信号强度在不同变质程度煤中依次表现为：高等级烟煤＞低等级烟煤＞无烟煤。

2. 不同煤阶煤的芳香结构特征谱带演化

据前人研究成果可知，880 cm^{-1}(独立的氢原子状态)、849 cm^{-1}(两个相邻的氢原子状态)和 776 cm^{-1}(两个以上相邻的氢原子状态)的吸收谱带代表了芳香环 CH 面外变形振动。此三种吸收峰强度在高等级烟煤阶段最高，减弱于低煤阶煤和高煤阶无烟煤中，这是因为即使对于高芳构化程度的无烟煤而言，其红外光谱仍有较强的背景散射致使以上三种吸收峰的信号存在。芳香环 CH 的伸缩振动相当弱，不同煤阶煤的吸收谱带为 3 080～3 035 cm^{-1}，信号仅见于高等级烟煤谱图，吸收峰强度变化与芳香环 CH 的面外变形振动所反映的结构变化内容一致。

1 615 cm^{-1}吸收谱带代表了芳香环 C ═C 的伸缩振动，多种因素制约着其吸收峰的强度，高谱带区域叠加有含氧官能团的吸收信号，随着煤中碳含量逐渐增加而煤中含氧结构组分减少，1 615 cm^{-1}吸收峰漂移至低谱带区域；此外，尽管 Kastner 等[25]研究表明，吸收峰强度应随煤的芳构化与稠合程度而加强，但对于本次研究的煤样品，则表现出在高等级烟煤阶段其信号强度最高，在无烟煤阶段，其信号强度反而变弱的现象，这可能是由于无烟煤内稠合体系的强散射背景而使信号被覆盖。

3. 不同煤阶煤的含氧官能团结构特征谱带演化

OH 伸缩振动产生于 3 419～3 359 cm^{-1}的频带，最大吸收峰位于 3 400 cm^{-1}附近。Ibarra 等[23]研究表明，酚羟基的吸收程度受控于煤中存在 OH 及源于吸水产生氢键的数量。从低等级烟煤至无烟煤，其吸收信号在高等级烟煤阶段具有高强度反应，而在无烟煤阶段消失。

酚、酮、醚类的 C ═O 伸缩振动以及 OH 面外弯曲振动产生于 1 300～1 000 cm^{-1}的宽阔频带，低等级烟煤阶段吸收强度最大，下凹的波谷特别明显，往高煤阶逐渐减弱。含氧官能团极性较强，振动时偶极矩变化大，一般说来会产生很强的吸收，但由于其通常在煤结构中数量相对较少，因而共振吸收亦极为有限[19-20]。1 721 cm^{-1}特征谱带以肩峰形式存在，归属于羰基伸缩振动，其吸收强度随煤阶的增高而迅速减弱。

6.3.2.2 不同煤阶煤官能团的演化特征

煤的结构参数有很多，包括芳香环上取代脂肪侧链的取代指数，每个结构单元的芳香氢、芳香碳、脂肪碳、环烷碳和总碳原子数，每个结构单元的总环数、芳香环数、环烷环数和杂环数，以及每个结构单元的相对分子质量等。然而，能用红外光谱解析出来的参数主要类型有：(1) 代表煤芳香化程度的参数；(2) 反映煤脂肪族结构的参数；(3) 指示煤芳构化程度的参数。基于以往研究中常用到的参数，本书选取具有代表性的 4 种参数加以说明。

1. 单碳环数

单碳环数是基本结构单元中平均每个碳原子所占环数，用 $2\frac{R'}{C}$ 表示，它指示了煤芳香化程度。其主要推导过程如下。

对于饱和脂肪烃，C、H 原子数之间的关系可写成：

$$H=2C+2 \tag{6-4}$$

式中 C,H——每个结构单元中的碳、氢原子数。

每含一个环，则氢原子数减少两个；而每有一个饱和碳原子被一个芳碳原子取代，则氢原子数减少一个。若每一个结构单元中含有 R 个环，C_a个芳碳原子，则式(6-4)可写成：

$$H=2C+2-2R-C_a \tag{6-5}$$

式(6-5)适用于不含双键(烯烃)和三键(炔烃)的所有烃类物质。

上式除以总碳原子数 C，并代入芳碳率 $f_a=\frac{C_a}{C}$，经整理后可得：

$$2(\frac{R-1}{C})=2-f_a-\frac{H}{C} \tag{6-6}$$

式(6-6)反映了环缩合度指数与芳碳率之间的相互关系。

结合前人对聚合物的研究成果，式(6-6)可写成：

$$2(\frac{R'}{C})=2-f_a-\frac{H}{C} \tag{6-7}$$

式(6-7)反映了单碳环数与芳碳率之间的相互关系。

2. 脂氢率

脂氢率是煤的脂肪族结构所含总氢原子数与煤中总氢原子数之比，用 H_{al}/H 表示，它反映了煤中脂肪族氢化程度。为了高精度测试出煤中脂肪氢的含量，常采用^{1}H NMR 法测定。因^{1}H NMR 法能详细给出煤及其衍生物中氢分布的信息：芳香氢的化学位移 δ 为$(6\sim10)\times10^{-6}$；与芳香环侧链 α 位碳原子相连的氢原子的化学位移 δ 为$(2\sim4)\times10^{-6}$；与芳香环侧链β位以远的碳原子相连的氢原子的化学位移 δ 为$(0.2\sim2)\times10^{-6}$。由于^{1}H NMR 法需要在溶液状态下进行，测定条件较红外光谱的苛刻，故本书利用煤红外光谱数据计算出 H_{al}/H 值。其计算公式为：

$$\frac{H_{al}}{H}=\frac{A_{2920}}{H} \tag{6-8}$$

式中 A_{2920}——2 920 cm^{-1}谱带的峰面积。

3. CH_2/CH_3

此参数指示脂肪族侧链的长度及其演化程度。其可由红外光谱数据解析获得。其计算公式为：

$$\frac{CH_2}{CH_3}=\frac{A_{2920}}{A_{2955}} \tag{6-9}$$

式中　A_{2920}，A_{2955}——2 920 cm^{-1}和 2 955 cm^{-1}谱带的峰面积。

4. 芳构化程度

Suggate 等[26]提出了用 900～700 cm^{-1}与 3 000～2 815 cm^{-1}的峰面积之比指示煤的芳构化程度。其计算公式为：

$$\frac{A_{ar}}{A_{al}}=\frac{A_{900\sim700}}{A_{3000\sim2815}} \tag{6-10}$$

国内外众多学者在研究煤红外光谱参数时多采用高斯/洛伦茨函数拟合法。Ibarra 等[23]系统地给出了不同变质程度煤红外光谱参数的求解过程。依据前人的研究成果，本书基于 Peakfit 软件，采用洛伦茨函数法获得各特征峰的峰面积，进而精确地解算出 H_{al}/H、CH_2/CH_3和 A_{ar}/A_{al}三个参数值。详细的求解过程参见图 6-16。求解出的各参数值列于表 6-8 中。

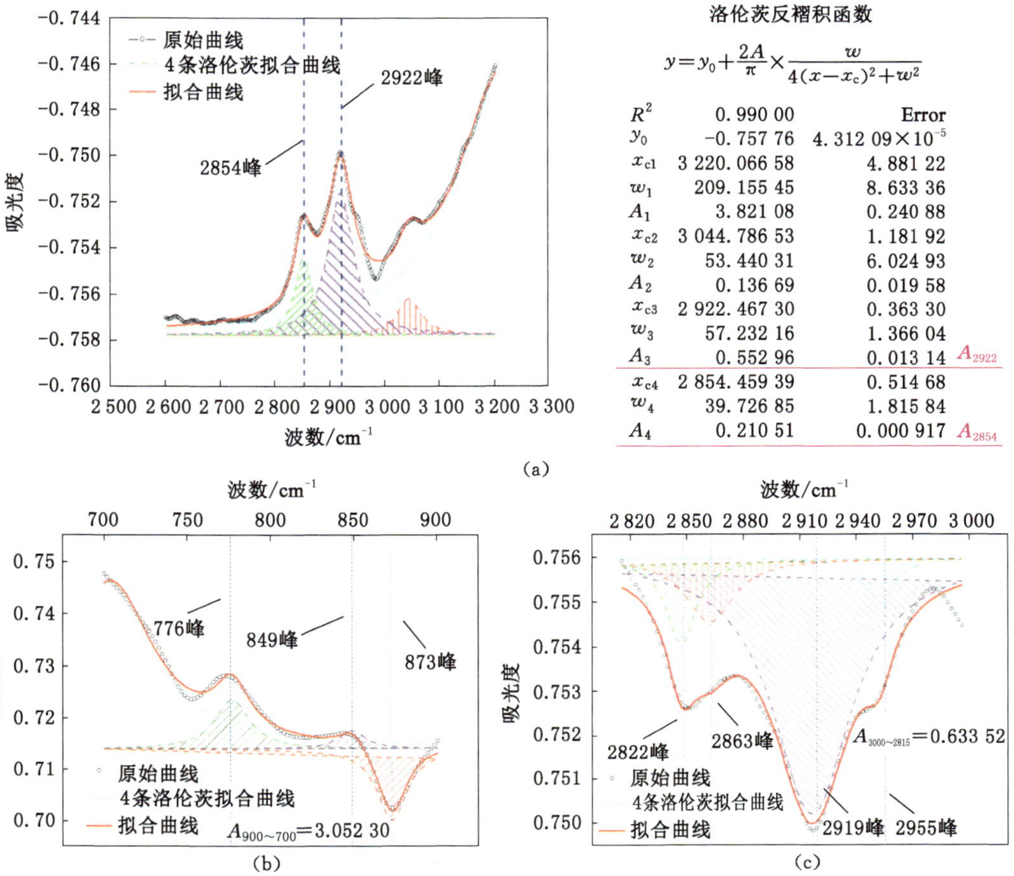

图 6-16　3 200～2 620、900～700 和 3 000～2 815 cm^{-1}频带的红外光谱拟合图(以 ZJ-4 无烟煤为例)

表 6-8 红外光谱参数统计

样品编号	煤阶	f_a	H_{al}/H	R'/C	CH_2/CH_3	A_{ar}/A_{al}
ZJ-1	低等级烟煤	0.758	0.631	0.543	1.57	0.349
ZJ-2	高等级烟煤	0.836	0.421	0.584	4.69	1.305
ZJ-3	无烟煤	0.932	0.219	0.624	2.41	3.761
ZJ-4	无烟煤	0.942	0.157	0.636	2.63	4.818
ZJ-5	无烟煤	0.893	0.284	0.611	3.47	2.810
ZJ-6	高等级烟煤	0.888	0.328	0.603	3.37	2.246
ZJ-7	高等级烟煤	0.781	0.561	0.557	4.45	0.488
ZJ-8	低等级烟煤	0.752	0.648	0.540	1.83	0.343
ZJ-9	低等级烟煤	0.750	0.696	0.530	1.48	0.385

分析表 6-8 中的数据得到如下结论：

(1) 从低等级烟煤到高等级烟煤，CH_2/CH_3 值逐渐增大，而随着煤阶至无烟煤，其值逐渐减小(表 6-8 和图 6-17)。首先，CH_2/CH_3 值的演化规律映射出脂肪族结构整体演化趋势，即随着煤化程度增加，煤的芳香缩合程度增加，脂肪族结构成分减少。这是由于岩浆热变质作用促使接触带两侧煤变质程度加深的过程中，使煤脱氧、富碳过程加剧，伴随着侧链和小分子结构的剥离，烷基化作用和脂肪族结构至无烟煤阶段逐渐减弱和减少。其次，杨起[19-20]利用核磁共振得出煤的脂肪族结构成分在煤化作用递减过程中，亚甲基、次甲基比甲基以更快的速率减少。因此，我们认为，低变质程度煤亚甲基伸缩振动强度较甲基的高，因而脂肪族结构成分有增多的趋势，而随着变质程度加深，煤的脱氢、去氧、富碳过程加剧，亚甲基和甲基总量上都有所减少，使得在无烟煤阶段，其伸缩振动信号减弱，致使脂肪族结构成分降低。

(2) 随着煤阶的增高，A_{ar}/A_{al} 值逐渐增大(图 6-17)，这反映出煤芳构化程度加深。这是因为远离岩浆侵入体的煤未受强烈的岩浆热演化作用，因而其芳构化程度低，由于存在大量的桥键和侧链结构，致使其有机碳原子呈现出无定向性。距侵入体越近，煤受到的岩浆热作用和应力作用越强，使得煤化程度逐渐增加。至高等级烟煤阶段，芳构化程度逐渐增高，桥键和侧链结构逐渐消弱；岩浆侵入时所附加的应力作用使得靠近接触带煤内部有机碳原子排列定向程度增加。对于紧邻接触带两侧的煤不仅受到岩浆热演化作用使得其碳含量增加，还因岩浆侵入时的应力作用使其内部有序化程度进一步增加，整体结构呈现出“类石墨”结构。

(3) 图 6-17 表明，随着煤阶增高，煤的脂氢率(H_{al}/H)逐渐减小，由此我们可以推测出，煤的脂肪氢含量减少的速率比氢原子总量减少的快。前人利用^{1}H NMR 法获得了煤的氢原子分布信息，结果表明，随着煤化程度增加，煤的芳香氢和与芳香环侧链 α 位碳原子相连的氢逐步增加，而 β 位以远的氢逐渐减少，这说明随煤化程度增加，在煤的总氢原子含量减少的趋势下，煤的芳香氢含量相对增加，必然使得煤的脂肪氢含量更快地减少，这较好地印证了本次研究结果。

6.3.2.3 煤热解固态产物官能团的演化特征

众所周知，岩浆接触或侵入煤层，使煤层遭到破坏、变形和改造。当然，诸多因素(岩体

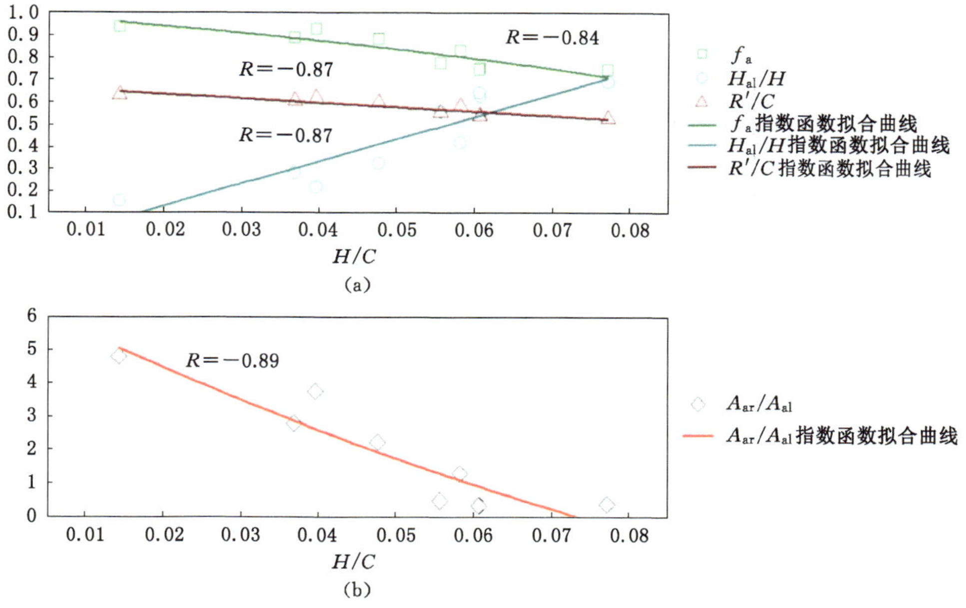

图 6-17　红外光谱参数与煤阶的相关性

的产状、岩体的大小、岩体侵入的层位和次数及岩浆的成分等)制约岩浆侵入对煤变质程度的提高。但是，接触变质作用使煤在深成变质作用的基础上发生异常的叠加变质作用，使煤阶高于同一区域、同一时代、同一埋深的深成变质煤的煤阶，这个“异常作用”有两个根本要素：温度和压力。其中，温度对煤阶的提升占主导地位。因此，探讨接触岩体和岩脉等热源岩浆体的温度至少于何值时，才能使煤内部化学结构发生质变具有实际意义。

以往的研究通常采用人工模拟实验和岩体侵入温度测定，以及通过石英包裹体均一法测温分析，获得侵入岩体的温度。本书采用原位红外光谱测试技术，对前文所述的不同煤阶煤样品持续增温，获得不同温度点下红外光谱数据。在此基础上，剖析温度效应对煤内部化学结构的影响，进而推测岩浆侵入时的温度。

详细实验步骤及仪器参数如下。

本书利用 Nicolet model 8700 型傅里叶变换红外光谱分析仪在 400～4 000 cm^{-1} 的波数范围内，采用 KBr 和煤样混合压片进行红外光谱测定，增温速率 2 ℃/min，得到 5 种煤样的原煤样品、不同终温(100 ℃、200 ℃、300 ℃、400 ℃和 500 ℃)下热解所得固体产物的红外光谱图(图 6-18)。主要分析参数有：以 $A_{2920+2860}/A_{1600}$ 和 $A_{1380+1460}/A_{1600}$ 表示煤中脂肪族和芳香族基团的比值；以 A_{1700}/A_{1600} 表示含氧官能团或 O/C 原子比的变化；以 A_{1380}/A_{2920} 和 A_{1380}/A_{1460} 表示残留脂肪族结构中 CH_3 的相对富集程度，即甲基化程度。采用红外光谱半定量分析法获得了上述参数值(表 6-9)。

由图 6-18 可以看出，当热解温度达到 300 ℃时，煤的红外光谱衍射强度显著降低，煤内部化学结构发生转折性改变，这暗示了煤内部物质组成与自身的变质程度无关，而与外在温度条件有关。随着热解温度的增加，下述特征峰衍射强度表现出相应的变化：(1) 3 450 cm^{-1} 处羟基吸收峰强度逐渐减弱，表明煤羟基减少；(2) 2 925 cm^{-1}、1 450 cm^{-1}、1 380 cm^{-1} 脂链或脂环 CH_x 吸收峰均表现出不同程度的下降趋势，这与前文所得规律不一致，即高等级烟

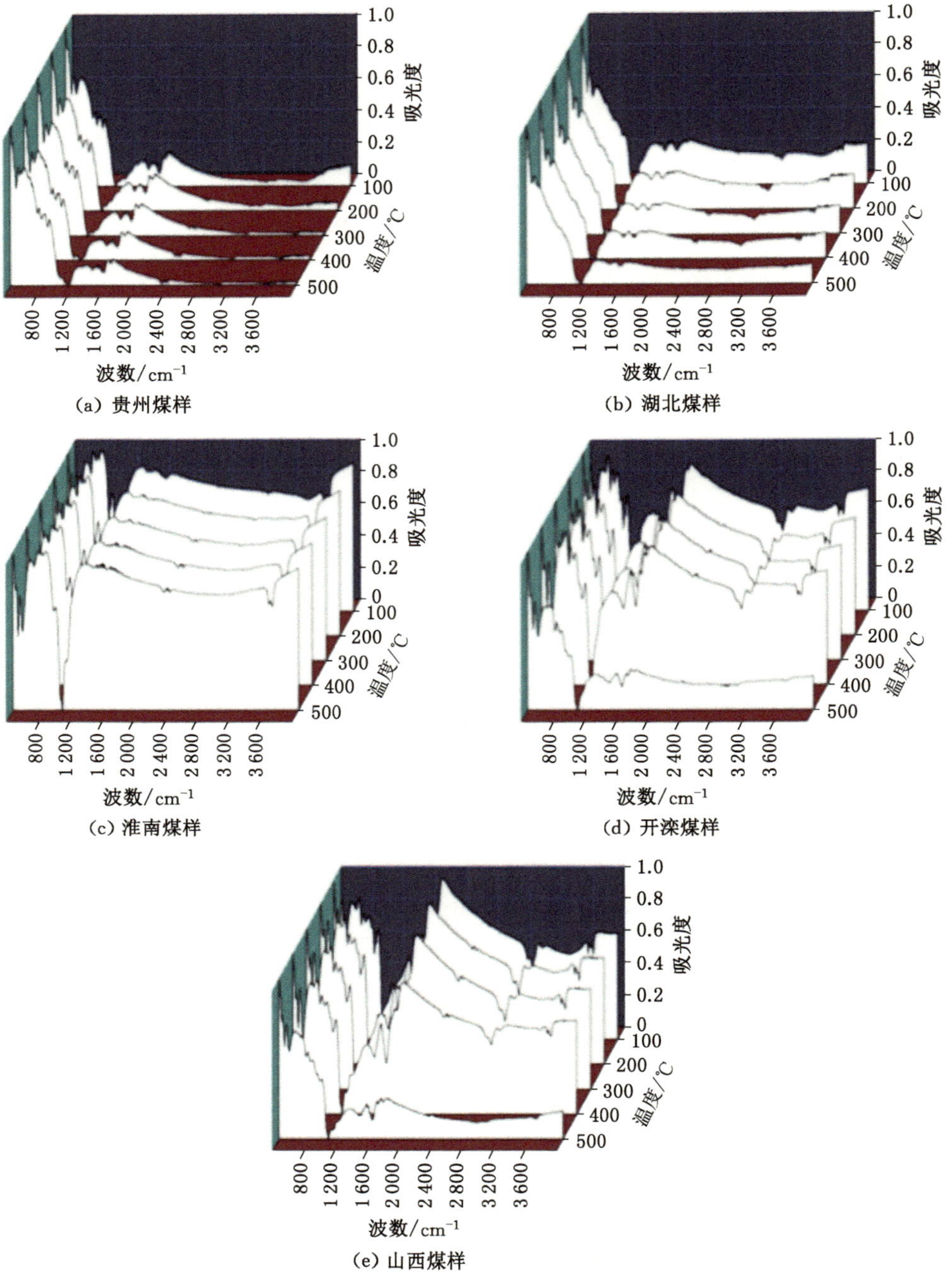

图 6-18　各煤样品的热解固态产物红外光谱图

煤＞低等级烟煤＞无烟煤，这说明在高温的驱使下，煤自身元素组成发生改变（脱氢、去氧）且与煤阶无关；(3) 3 035 cm^{-1}和 900～700 cm^{-1}处芳香环中氢的吸收峰随温度的增加而明显减弱，这主要是因为煤在热解过程中，氢原子以 H_2O 及烷烃气体的形式脱离出去，总体含量降低，使得芳香环氢变形振动强度减弱。但是，这并不意味着无烟煤内芳构化程度比高、低等级烟煤的低，而恰恰相反。

表 6-9　各煤样品的原煤样及热解固态产物红外光谱半定量分析结果

煤样		结构参数					煤样		结构参数				
		P_1	P_2	P_3	P_4	P_5			P_1	P_2	P_3	P_4	P_5
贵州煤样	原煤	3.431	1.965	0.885	1.062	0.585	开滦煤样	原煤	2.947	1.687	0.760	0.912	0.502
	100 ℃	3.396	1.941	0.880	1.063	0.592		100 ℃	2.916	1.667	0.756	0.913	0.508
	200 ℃	3.322	1.894	0.867	1.066	0.599		200 ℃	2.852	1.626	0.745	0.915	0.514
	300 ℃	3.195	1.817	0.842	1.072	0.606		300 ℃	2.743	1.561	0.723	0.920	0.520
	400 ℃	2.980	1.693	0.794	1.087	0.612		400 ℃	2.559	1.454	0.682	0.934	0.526
	500 ℃	2.617	1.492	0.699	1.127	0.619		500 ℃	2.247	1.281	0.600	0.968	0.532
湖北煤样	原煤	3.219	1.843	0.830	0.997	0.546	山西煤样	原煤	2.668	1.528	0.688	0.826	0.455
	100 ℃	3.186	1.821	0.825	0.997	0.552		100 ℃	2.641	1.510	0.684	0.827	0.461
	200 ℃	3.116	1.777	0.813	1.000	0.559		200 ℃	2.583	1.473	0.674	0.829	0.466
	300 ℃	2.997	1.705	0.790	1.005	0.565		300 ℃	2.484	1.413	0.655	0.833	0.472
	400 ℃	2.796	1.588	0.745	1.020	0.572		400 ℃	2.317	1.316	0.617	0.845	0.477
	500 ℃	2.455	1.399	0.656	1.057	0.578		500 ℃	2.035	1.160	0.543	0.877	0.483
淮南煤样	原煤	3.134	1.766	0.812	0.954	0.541							
	100 ℃	3.007	1.721	0.776	0.931	0.555							
	200 ℃	2.976	1.701	0.771	0.932	0.562							
	300 ℃	2.910	1.660	0.760	0.934	0.568							
	400 ℃	2.799	1.592	0.738	0.939	0.575							
	500 ℃	2.611	1.483	0.695	0.953	0.581							

$P_1=A_{2920+2860}/A_{1600}$；
$P_2=A_{1380+1460}/A_{1600}$；
$P_3=A_{1700}/A_{1600}$；
$P_4=A_{1380}/A_{1460}$；
$P_5=A_{1380}/A_{2920}$

根据红外光谱半定量分析数据，我们可以得出，随着煤热解终温的增加，$A_{2920+2860}/A_{1600}$和 $A_{1380+1460}/A_{1600}$有明显下降趋势，这说明热解过程中煤固态产物缩合芳香环不断增大，芳香率逐渐提高，煤的相对成熟度亦加深；A_{1380}/A_{1460}和 A_{1380}/A_{2920}的增加表明了热解固态产物脂肪族结构中 CH_3 相对富集趋势；A_{1700}/A_{1600}逐渐增加在一定程度上表明煤中 O/C 原子比随温度的增高而降低，从而印证了热解过程是一个脱氢、去氧、富碳的过程[27]。

杨文宽[28]根据热平衡理论阐述了岩浆余热对地温和有机质的改造作用，推测了岩浆活动时间及侵入时的温度，着重指出了岩浆作用改造盆地热结构的重要性。马野牧等[29]通过对粤东地区典型的花岗岩-泥质围岩接触带剖面的热变质矿物和泥质围岩的镜质体反射率的测定，揭示了岩浆侵入体的热效应。结合前人的研究成果，采用类比方法推测淮南煤田二叠纪早期含煤岩系中岩浆侵入体的温度。随着能源消耗日益严重，朱集煤矿和潘三煤矿都步入深部开采阶段，由地温所带来的一系列问题严重影响了井下安全生产。其中，岩浆侵入所带来的热效应必将促进区域地温的升高。前人研究表明，淮南矿区平均地温梯度为 2.6 ℃/100 m，按开采深度 900 m 计算，常年井下温度约为 20～40 ℃，并非属于高地温区，但朱集煤矿和潘三煤矿常年井下实际温度约为 40～60 ℃，如此高温与岩浆侵入有着紧密联系。然而，有关淮南煤田岩浆岩岩体温度的报道较少。Chen 等[30]研究表明，接触带剖面中煤层整体上表现出高成熟度特征。本书采用 Barker 等[31-34]提出的利用 easy R_o方法恢复围岩地层经历的最高古地温，其计算方法为：

$$T_{peak} = [\ln R_o + 1.19]/0.00782 \tag{6-11}$$

式中 T_{peak}——岩石经历的最高古地温，℃；

R_o——镜质体反射率，%。

杨起等[18]对华北石炭～二叠纪煤样（长焰煤—无烟煤序列）的煤质分析数据与镜质体反射率（R_o）进行了数理统计，得出当煤岩组分以镜质组为主时，两者之间具有良好的相关性。淮南煤田朱集井田接触带两侧煤样品的镜质体反射率及其经历的最高古地温的计算结果见表 6-10。

表 6-10 淮南煤田朱集井田接触带两侧煤样品的镜质体反射率及其经历的最高古地温

样品编号	w(C)/%	V_{daf}/%	R_{o1}/%	R_{o2}/%	R_{o3}/%	T_{peak}/℃
ZJ-1	85.58	32.99	1.28	1.01	1.14	168.93
ZJ-2	89.48	22.68	1.95	1.69	1.82	228.75
ZJ-3	90.52	12.79	2.13	2.34	2.23	254.73
ZJ-4	92.69	9.75	2.50	2.54	2.52	270.37
ZJ-5	91.05	15.96	2.22	2.13	2.18	251.83
ZJ-6	89.26	18.14	1.91	1.99	1.95	237.57
ZJ-7	87.30	29.52	1.58	1.24	1.41	196.11
ZJ-8	85.15	33.83	1.21	0.95	1.08	162.02
ZJ-9	82.36	36.17	0.73	0.80	0.76	117.08

注：$R_{o1}=-13.4306+0.1719w(\mathrm{C})$；$R_{o2}=3.1825-0.0659V_{daf}$；$R_{o3}=(R_{o1}+R_{o2})/2$。

接触带两侧煤样品的镜质体反射率（R_o）平均值为 1.68，标准差为 0.57，除距接触带较远的 ZJ-1、ZJ-8 和 ZJ-9 煤样品外，剩余样品具有较高的成熟度。岩浆活动造就了接触带内煤的高成熟度特征，而 ZJ-1、ZJ-8 和 ZJ-9 煤样品代表的演化程度主要受深成变质作用控制。根据表 6-10 中 R_o的计算结果，紧邻接触带煤层经历的最高古地温约为 270 ℃，而远离接触带煤层的最高古地温约为 170 ℃，这说明岩浆接触热演化作用的范围呈现局限性。杨起[19]根据京西燕山期房山花岗闪长岩体西接触带车厂南石英脉中石英包裹体均一法测温结果，分别得出了燕山期房山花岗闪长岩体的温度为 644～726 ℃和脉岩形成温度为 231～400 ℃。结合煤热解固态产物红外光谱特征分析，推测出淮南煤田二叠纪早期含煤岩系中岩浆侵入体的温度至少为 300 ℃。

6.3.3 小结

本节以朱集井田岩浆侵入所形成的煤质分带为基础，对所形成的不同煤阶煤样品进行了 X 射线衍射和傅里叶变换红外光谱分析，得出如下结论：

（1）不同煤阶煤的煤晶参数（d_{002}、L_a和 L_c）随距侵入体距离的减少而相应变化。其中，芳香环层片的平均直径 L_a和芳香环层片的堆砌高度 L_c随距侵入体距离的减少而增大；而层间距 d_{002}却逐渐减小。

（2）对天然不同煤阶煤样品的热解固体产物的 XRD 分析，得出煤晶参数（d_{002}和 L_c）随温度的增加而表现出与接触变质煤相似的变化规律，而 L_a 基本保持不变，这与前者的研究结果不一致。结合前人研究结果，发现了岩浆侵入时所附加的应力作用对煤横向结构演化具有控制作用。

(3) 不同煤阶煤中芳香族、脂肪族和含氧官能团随煤化程度的加深而表现出的总体变化趋势为：芳香环缩合程度增大，桥键、侧链和含氧官能团减少。对天然不同煤阶煤热解固态产物的 FTIR 分析，得出当温度大于 300 ℃时，煤的内部物质组成发生质的变化，结合前人对岩浆岩岩体温度的研究成果，进而推测出淮南煤田二叠纪早期含煤岩系中岩浆侵入体的温度至少为 300 ℃。

6.4　接触变质煤元素受岩浆侵入的响应规律

分析区内煤中有机元素含量变化的直接原因，不外乎受煤化作用条件的影响。煤中碳元素含量与氢元素含量之间关系，呈现出截然不同的两个分布区域，第一个区域显示的是深成变质煤中有机元素的分布轨迹，第二个区域展示出岩浆热变质-接触变质煤中有机元素之间的关系。可以看出深成变质煤系列，碳含量或煤化程度增高，氢含量并没有确定的演化趋势，但氧含量却呈相关性极高的线性规律降低；就岩浆热变质-接触变质煤系列来看，碳含量或煤化程度增高，氢含量趋于增高，氧含量趋于降低，但两两关系较为离散。与精煤挥发分相比较，氢含量和氧含量显示出与碳含量之间相同的热演化趋势，且氧含量演化趋势明确，氢含量规律性不明显[35-36]。

煤中有机元素含量的高低受煤岩显微组分和煤化作用程度的双重影响，元素原子比则与有机质大分子化学结构密切相关。一般而言，惰质组富碳、富氧而贫氢，壳质组富氢而相对贫碳、贫氧，镜质组居于两者之间[37]。为此，在相似煤阶前提下，元素原子比的离散来源于煤岩显微组分组成的差异，显微组分组合又受控于泥炭沼泽环境条件，表明研究区深成变质煤中 H/C、O/C、N/C 和 S/C 原子比的高度离散性指示了泥炭沼泽环境条件的复杂多变。

煤化作用的实质是煤中有机质富碳和脱氢、脱杂原子(氧、氮和硫)的过程，在此过程中，煤中有机质两种方向截然不同的化学反应，一是缩聚作用，二是降解作用[36,38]。缩聚作用在使芳香稠环体系增大而富碳的同时，通过降解作用致使边基侧链及部分大分子结构降解，生成油、气、水等小分子物质排除，从而脱除煤有机质中的氢和杂原子。显然，煤中存在于小分子化合物中的元素相对容易脱除，而赋存在稠环芳香体系中的元素难以脱除。因此，含量或原子比的分布在两个变质系列煤中能够被截然区分的元素，如研究区煤中的氢、氧和硫，可能多赋存在有机质化学结构的边基侧链中；不能够被截然区分的元素，如研究区煤中的氮，则可能多赋存在方向稠环体系中。

参考文献

[1] Classification of coals：ISO 11760：2018[S]. [S. l.：s. n.]，2018.

[2] SCHIMMELMANN A，MASTALERZ M，GAO L，et al. Dike intrusions into bituminous coal，Illinois basin：H，C，N，O isotopic responses to rapid and brief heating [J]. Geochimica et cosmochimica acta，2009，73(20)：6264-6281.

[3] SCHIMMELMANN A, LIS G P. Nitrogen isotopic exchange during maturation of organic matter[J]. Organic geochemistry, 2010, 41(1): 63-70.

[4] SCHIMMELMANN A, LANGE C B, BERGER W H, et al. Extreme climatic conditions recorded in Santa Barbara basin laminated sediments: the 1835-1840 Macoma event[J]. Marine geology, 1992, 106(3/4): 279-299.

[5] RIMMER S M, YOKSOULIAN L E, HOWER J C. Anatomy of an intruded coal, Ⅰ: effect of contact metamorphism on whole-coal geochemistry, Springfield (No. 5) (Pennsylvanian) coal, Illinois basin[J]. International journal of coal geology, 2009, 79(3): 74-82.

[6] SAGHAFI A, PINETOWN K L, GROBLER P G, et al. CO_2 storage potential of South African coals and gas entrapment enhancement due to igneous intrusions [J]. International journal of coal geology, 2008, 73(1): 74-87.

[7] STEWART A K, MASSEY M, PADGETT P L, et al. Influence of a basic intrusion on the vitrinite reflectance and chemistry of the Springfield (No. 5) coal, Harrisburg, Illinois[J]. International journal of coal geology, 2005, 63(1/2): 58-67.

[8] 蒋静宇. 岩浆岩侵入对瓦斯赋存的控制作用及突出灾害防治技术：以淮北矿区为例[D]. 徐州：中国矿业大学，2012.

[9] WU D, HU G Q, ZHANG F, et al. Influence of igneous intrusion on coal and gas by means of element geochemistry and vitrinite reflectance method: a case from the Huainan coalfield, northern China[J]. Energy sources, part A: recovery, utilization, and environmental effects, 2020, 46(1): 7116-7138.

[10] Standard test methods for instrumental determination of carbon, hydrogen, and nitrogen in laboratory samples of coal: ASTM D5373—2008[S]. [S. l. : s. n.], 2008.

[11] Standard test method for forms of sulfur in coal: ASTM D2492—2002 [S]. [S. l. : s. n.], 2002.

[12] STACH E, MACKOWSKY M T, TEICHMÜLLER M, et al. Stach's textbook of coal petrology[M]. 3rd ed. Berlin: Gebruder borntraeger, 1982.

[13] VAN KREVELEN D W, HOFTYZER P J. Practical evaluation of the [η]-M relationship. Ⅲ. Estimation of the exponent A[J]. Journal of applied polymer science, 1967, 11(11): 2189-2200.

[14] 虞继舜. 煤化学[M]. 北京：冶金工业出版社，2000.

[15] CAI M F, SMART R B. Quantitative analysis of *N*-methyl-2-pyrrolidinone in coal extracts by TGA-FTIR[J]. Energy & fuels, 1993, 7(1): 52-56.

[16] YOSHIZAWA N, MARUYAMA K, YAMADA Y, et al. XRD evaluation of KOH activation process and influence of coal rank[J]. Fuel, 2002, 81(13): 1717-1722.

[17] LU L, SAHAJWALLA V, KONG C, et al. Quantitative X-ray diffraction analysis and its application to various coals[J]. Carbon, 2001, 39(12): 1821-1833.

[18] 杨起，潘治贵，翁成敏，等. 华北石炭二叠纪煤变质特征与地质因素探讨[M]. 北京：地质出版社，1988.

[19] 杨起.中国煤变质作用[M].北京:煤炭工业出版社,1996.
[20] 杨起.煤变质作用研究[J].现代地质,1992,6(4):437-443.
[21] MAPELLI C, CASTIGLIONI C, MERONI E, et al. Graphite and graphitic compounds: vibrational spectra from oligomers to real materials [J]. Journal of molecular structure,1999,480/481(1/2/3):615-620.
[22] SOLOMON P R, CARANGELO R M. FT-i. r. analysis of coal: 2. aliphatic and aromatic hydrogen concentration[J]. Fuel,1988,67(7):949-959.
[23] IBARRA J,MUÑOZ E,MOLINER R. FTIR study of the evolution of coal structure during the coalification process[J]. Organic geochemistry,1996,24(6/7):725-735.
[24] WU D, LIU G J, SUN R Y, et al. Investigation of structural characteristics of thermally metamorphosed coal by FTIR spectroscopy and X-ray diffraction [J]. Energy & fuels,2013,27(10):5823-5830.
[25] KASTNER J, PICHLER T, KUZMANY H, et al. Resonance Raman and infrared spectroscopy of carbon nanotubes [J]. Chemical physics letters, 1994, 221 (1/2): 53-58.
[26] SUGGATE R P, DICKINSON W W. Carbon NMR of coals: the effects of coal type and rank[J]. International journal of coal geology,2004,57(1):1-22.
[27] 谢克昌.煤的结构与反应性[M].北京:科学出版社,2002.
[28] 杨文宽.岩浆余热对地温和有机质影响的定量估计[J].石油实验地质,1982,4(3):191-199.
[29] 马野牧,陆现彩,张雪芬,等.花岗岩侵入体-泥质围岩热传输过程的数值模拟及其地质意义:以粤东典型接触带剖面为例[J].高校地质学报,2013,19(2):307-315.
[30] CHEN J, LIU G J, LI H, et al. Mineralogical and geochemical responses of coal to igneous intrusion in the Pansan coal mine of the Huainan coalfield, Anhui, China[J]. International journal of coal geology,2014,124:11-35.
[31] BARKER C E, PAWLEWICZ M J. Calculation of vitrinite reflectance from thermal histories and peak temperatures: a comparison of methods [M]. Washington, DC: American Chemical Society,1994.
[32] BARKER C E, ELDERS W A. Vitrinite reflectance geothermometry and apparent heating duration in the Cerro Prieto geothermal field[J]. Geothermics,1981,10(3/4):207-223.
[33] BARKER C E, PAWLEWICZ M J. An empirical determination of the minimum number of measurements needed to estimate the mean random vitrinite reflectance of disseminated organic matter[J]. Organic geochemistry,1993,20(6):643-651.
[34] BARKER C E, LEWAN M D, PAWLEWICZ M J. The influence of extractable organic matter on vitrinite reflectance suppression: a survey of kerogen and coal types [J]. International journal of coal geology,2007,70(1/2/3):67-78.
[35] 郗朋.煤系黄铁矿表面理化性质及其抑制规律的量子化学研究[D].北京:中国矿业大学(北京),2017.

[36] 张俊虎，梁椿豪，邓存宝，等. 煤系岩石化学结构对瓦斯吸附性能的影响[J]. 煤矿安全，2023，54(2)：15-21.

[37] 郭国鹏. 接触变质带煤的物理化学结构及瓦斯赋存特征研究[D]. 焦作：河南理工大学，2012.

[38] 孙德忠，曲延林. 绥滨盆地煤中有机元素组成及其影响因素研究[J]. 中国煤炭地质，2013，25(8)：7-10，37.

第 7 章　岩浆接触变质煤的微纳孔隙结构定量表征

7.1　煤物理结构表征与研究进展

煤储层作为一种双重孔隙介质，其性质与砂岩类、页岩类储层有着较大的区别，煤储层既是煤层气(俗称瓦斯，主要成分是甲烷)的生气层又是储集层[1]，煤储层所表现的吸附性[2]、含气性[3]、渗透性[4]等储层特征均与孔裂隙的发育程度和结构特征有关。煤物理结构(孔裂隙结构)的定量表征是研究煤的孔隙率和流体的扩散或渗流过程的基础[5]。近几十年来，国内外学者从不同的角度对煤的复杂孔裂隙结构进行了深入的研究，相关研究成果主要集中在以下三个方面。

7.1.1　微观孔裂隙尺度煤物理结构特征研究

根据《煤裂隙描述方法》(MT/T 968—2005)，描述裂隙类型，煤岩类型，煤岩成分，测量、描述并记录裂隙规模、走向、倾向、倾角、长度、高度、裂口宽度、密度等参数，记录裂隙充填矿物及程度，连通性和发育程度，作为宏观裂隙统计结果的内容。也可使用反射偏光显微镜对煤的形貌进行宏观观测，观察特定成因类型的、尺度较大的孔隙和裂隙，测量、统计面密度、间距等裂隙参数，可进行定性和半定量研究；识别矿物质和微小低等生物方面，只能在抛光面上识别，获得信息量少。Nie 等[6]利用 SEM 分析了不同煤质与孔隙结构的关系。康志勤等[7]利用显微 CT 和扫描电镜分别分析了煤样的孔隙、裂隙结构和显微构造。

煤中裂隙的发育程度和空间分布特征对煤层的渗透性和连通性起着决定性作用。煤层内裂隙可分为两种，即外生裂隙和内生裂隙，共同构成煤层瓦斯渗流和产出的重要通道[8]。目前，关于煤储层中裂隙的类型与划分标准有很多，其中按照地质成因可以将其划分为构造裂隙和非构造裂隙[9]，构造裂隙是煤体在地层应力的作用下发生变形而产生的裂隙，非构造裂隙是由于风化、溶蚀、压实等因素作用而形成的裂隙；按照力学性质可划分为剪切裂隙、扩张裂隙和拉张裂隙。裂隙的发育特征包括裂隙的发育程度和裂隙的展布规律，其发育程度通常用裂隙基本参数(长度、开度、密度)来描述，其展布规律主要指裂隙在平面上的分布形式与分布状态[10]。此外，一些研究学者还通过大量现场实测、储层特征描述以及地质力学测试等方法研究了煤的裂隙形态与发育特征[11-12]。

7.1.2　微纳米级孔隙尺度煤物理结构研究

微纳米级尺度是影响煤储层中气体运移的主要孔径范围[13]，深入认识煤的多尺度孔隙结构和孔径分布已成为当前研究的热点方向[14]。基于对煤的孔裂隙系统的认识，不同的学者根据不同的研究目的或从不同的研究角度对煤的孔裂隙系统进行了分类。最具代表性的是由国际纯粹与应用化学联合会(IUPAC)于 1972 年制定的孔径分类方案(微孔<2 nm;中孔:2～50 nm;大孔>50 nm)和苏联学者霍多特[15]提出的十进制孔隙分类方案(微孔<10 nm;小孔:10～100 nm;中孔:100～1 000 nm;大孔>1 000 nm),前者在国外文献中使用较多,而后者为广大国内研究者所采用。另外,郝琦[16]和张慧[17]分别根据孔隙成因对孔隙进行了分类;桑树勋等[18]根据固-气作用机理将孔隙分为吸收孔隙(<2 nm)、吸附孔隙(2～10 nm)、凝聚吸附孔隙(10～100 nm)和渗流孔隙(>100 nm);傅雪海等[19]基于孔隙的分形特征对煤的孔径进行了分类。姜波等[20]采用低温氮气吸附法与透射电子显微镜相结合的方法,将构造煤中纳米孔径划分为 4 类,即过渡孔(15～100 nm)、微孔(5～15 nm)、亚微孔(2.5～5 nm)和极微孔(<2.5 nm)。根据裂隙宽度大小,姚艳斌等[21]将镜下观察的煤中微裂隙按裂隙开度分为 4 类,即 A 型较大微裂隙(宽度≥5 μm 且长度≥10 mm)、B 型中等微裂隙(宽度≥5 μm 且长度<10 mm)、C 型中等微裂隙(宽度<5 μm 且长度≥300 μm)、D 型较小微裂隙(宽度<5 μm 且长度<300 μm)。基于对孔径的系统分类和深入了解,认为孔径分布是分析气体吸附能力、吸附导致的微变形、气体流动与吸附耦合行为等的主要参数之一,因此准确测量孔径分布是煤孔隙结构分析的关键。程远平等[22-23]对以往的孔隙分类方法进行全面回顾,并基于最新的煤中甲烷赋存和运移特性的研究成果,提出了一种新的针对煤和甲烷系统的孔隙分类方法,将煤中孔隙结构划分为不可达孔(<0.38 nm)、填充孔(0.38～1.50 nm,吸附相扩散)、扩散孔(1.50～100 nm,游离相扩散)和渗流孔(>100 nm) 4 类。如何有效识别和分析煤中孔裂隙结构成为诸多学者现阶段研究的重点。目前,现有的煤微观孔裂隙结构研究手段和分析方法主要分为流体侵入技术和光电辐射技术两种[24]。

① 流体侵入技术。流体侵入技术是将非润湿性流体(如汞)或吸附性气体(如 CO_2 和 N_2)在压力作用下注入样品内部,通过记录流体或气体的注入量和压力间的数据,运用多分子层吸附理论方法(BET 理论)来获取孔裂隙结构关于孔径分布、比表面积及孔容等方面的信息。常用的流体侵入技术包括高压汞注入法(MIP)[25]、低温氮气吸附法(LTN_2GA)[26]、低温二氧化碳吸附法($LTCO_2GA$)[27]。通过对比传统压汞实验(MIP)与恒速压汞实验(CMP)在测孔方面的差异性,Yao 等[28]提出了恒速压汞实验是一种有效分析煤孔径分布的方法,可以提供更详细的大孔分布信息。Zhao 等[29]利用核磁共振低温测孔法研究了煤的孔隙结构,认为由于煤体具有弹性和可压缩性,在高压汞注入过程中,会在一定程度上破坏煤体结构,给测试结果带来偏差。此外,MIP 无法测量孔径<3 nm 的孔隙[30]。通过对低阶煤样进行 LTN_2GA 和瓦斯等温吸附实验,林海飞等[31]解释了孔隙结构与瓦斯吸附性能的关系。李祥春等[32]利用 $LTCO_2GA$ 和 LTN_2GA 研究了不同煤阶煤样的孔隙结构。李阳等[33]联合运用 MIP、$LTCO_2GA$ 及 LTN_2GA 方法分别测试了构造煤的孔隙分布特征,总结了其不同尺度孔隙结构的演化规律。采用吸附性气体测量煤的孔隙结构,一方面保证了样品结构的完整性,但是要求实验环境温度必须很低且样品需要干燥处理[34];另一方面,受到 N_2 和 CO_2 自身分子动力学直径(0.364 nm 和 0.33 nm)以及仪器精度的限制[27],采用此类方法只能识别孔径小于 10 nm 的微孔和介于 10～100 nm 的小孔[28],无法准确识别中孔、大孔的信息,这也是目前诸多学者在研究煤体结构方面更注重多种手段相结合的原因。常用来解释气体吸附数据的理论模型主要有 Barrett-Joyner-Halenda(BJH)、Dubinin-Astakhov(D-A)、Horvath-Kawazoe(H-K)、Saito-Folev(S-F)和 Density functional theory(DFT)。每个模型

都有其适用条件。BJH 适用于分析中孔特征；D-A 适用于分析微孔的多峰分布；H-K 适用于分析缝状的微孔；S-F 适用于分析具有椭圆截面的微孔；DFT 具有更广泛的适用范围。煤是一种非均质的多孔介质，采用单一的理论模型无法获得全孔径范围内的孔径分布。

② 光电辐射技术。光电辐射技术主要有光电成像技术和辐射探测技术。其中，光电成像技术包括扫描电子显微镜（SEM）、场发射扫描电子显微镜（FESEM）、透射电子显微镜（TEM）、原子力显微镜（AFM）；辐射探测技术包括微米 CT 扫描技术（micro-CT）、低场核磁共振（NMR）、聚焦离子束扫描电镜（FIB-SEM）、小角 X 射线散射（SAXS）。

在光电成像技术分析煤结构方面，Nie 等[6]利用 SEM 分析了不同煤质与孔隙结构的关系。王超勇等[35]将 FESEM 和 MIP 得到的孔隙结果与分形理论相结合，系统分析了孔隙结构特征与表面分形维数和结构分形维数的关系。卢双舫等[36]应用 TEM 揭示了煤岩构造变形与动力变质作用之间的内在联系。TEM 利用电子透过介质成像，分辨率通常高于 SEM，可达 0.2 nm[37]。姚素平等[38]应用 AFM 快速化、定量化检测不同变质程度煤中各类纳米级孔隙结构、孔径分布和孔隙率，为煤层气吸附机理研究提供了更为深入的理论依据。Liu 等[39]分析了 AFM 实验的有效性和局限性，建立了煤纳米孔参数与煤阶之间的关系。该方法在多孔介质孔隙定量分析中具有很好的应用前景。

辐射探测技术中的 NMR 和 micro-CT 技术以其独特的快速化和无损化特点，已被证明是一种用于精确测量煤体吸附性能和渗流空间的有效方法，常被用于孔隙和裂隙的分析。Zhou 等[40]通过显微光度计、MIP 和 NMR 研究了不同类型煤的孔径分布、孔隙率和渗透率之间的关系。宋党育等[41]结合 CT 扫描技术与压汞实验结果，对煤中孔裂隙进行了精细定量研究。Wang 等[42-45]从微观尺度出发，将 micro-CT 技术与图像可视化处理软件 Avizo 相结合，通过三维重构定量分析了不同变质程度煤的孔裂隙在三维空间的结构特征，以此为基础先后开展了不同变质程度煤的复杂空间结构中气体渗流特性、煤体变形与输水行为等研究。随着空间分析的精准化，具有更高表征精度的 Nano-CT 技术在煤纳米孔研究中将有更广阔的应用前景。三维尺度的、精细的孔隙结构表征，可以为煤层气体赋存、运移的模拟研究提供科学基础。此外，李明等[46]利用聚焦离子束（FIB-SEM）研究了不同尺度的烟煤和无烟煤的三维孔隙-裂隙网络结构。聂百胜等[47]对煤样进行 SEM、SAXS 和液氮吸附测试，研究了煤的孔隙结构对煤层气体的赋存机理和扩散运移规律的影响。

以上测孔实验手段以其独特的优势被广泛应用在微观孔裂隙结构分析方面，然而，每种分析方法都存在各自的局限性，比如，SEM、FESEM、TEM 在有限的观察窗口均只能提供关于孔裂隙表面形貌的二维图像信息，无法对孔裂隙结构进行精细化刻画[48]；而辐射探测技术虽然弥补了光电成像技术的不足，但受制于仪器自身的分辨率，micro-CT 技术只能识别微米级以上的大孔和裂隙，缺乏对纳米尺度孔隙信息的获取[27]，FIB-SEM 无法对大孔和裂隙精准分析且实验条件苛刻，样品刻蚀过程易受损[49]，小角 X 射线散射（SAXS）可识别开放孔和封闭孔的孔径范围为 2～100 nm[50]，但破坏了煤的原生孔裂隙系统。因此，在分析多孔介质材料结构时需要对实验手段从优择取，达到快速精准分析的目的。

7.1.3　微观孔裂隙结构孔隙网络模型研究

孔隙网络模型（pore network model，PNM）是一种能够真实反映多孔介质内部复杂孔隙空间的简化模型，它不仅是研究流体在微观孔裂隙结构中渗流特性的重要手段，也是建立连接微观结构特征与宏观渗流特性的桥梁。随着计算机技术的不断进步与发展，目前孔隙网络模型的构建主要依据于三维数字岩芯，是一种具有真实孔隙空间的拓扑结构，主要建立和提取的方法有：中轴线算法[51]、最大球算法[52]、多向扫描算法[53]和Voronoi多面体算法[54]。孔隙网络模型在微观孔隙尺度上为研究多孔介质中流体的流动特性提供了重要方法，其内在建模算法虽然在一定程度上提高了模型构建的准确性，但是对于不规则的孔隙空间仍与真实情况存在偏差。因此，在构建不规则孔隙空间的孔隙网络模型过程中，综合不同方法实现优势互补，能够最大限度地保证模型构建的准确性。

综上所述，孔隙的微观结构可能对每一个煤地层都是独特的。总的来说，它非常复杂，不易被观察到。煤孔隙空间几何形状的实验研究的主要障碍是孔隙尺寸范围很广，从近分子（几纳米）到宏观（毫米数量级）不等。煤的孔隙成因及其发育特征是煤体结构、煤层生气、储气及渗透性能的直接反映，因此，关于煤孔隙结构精确刻画仍然是今后瓦斯地质学领域的热点研究方向。

7.2 淮北矿区接触变质煤孔隙结构的流体侵入法表征

7.2.1 压汞法

压汞实验在中国矿业大学分析测试中心完成。采用美国麦克公司生产的9510型压汞仪测试煤样孔隙，压力范围：0～450 MPa，可测孔径范围：3～10 000 nm。选用代表煤样共6个，包括卧龙湖煤矿3个煤样和海孜煤矿3个煤样。选用卧龙湖煤矿10煤层WL1#煤样（接触变质区）、WL6#煤样（热演化区）和WL10#煤样（正常区）；选用海孜煤矿HZ1#煤样（7煤层，热演化区）、HZ6#煤样（8煤层，热演化区）和HZ12#煤样（10煤层，正常区）。按照十进制孔径分类方法，所测煤样不同孔隙的进汞和退汞的孔容、比表面积及其占比见表7-1～表7-3。

表7-1 接触变质煤样不同孔径孔隙的进汞和退汞的孔容及其占比

煤样	参数	进汞				退汞			
		微孔	小孔	中孔	大孔	微孔	小孔	中孔	大孔
WL1#	孔容/($cm^3 \cdot g^{-1}$)	0.007 0	0.005 8	0.004 6	0.012 7	0.002 6	0.003 0	0.001 7	0.002 0
	占比/%	23.26	19.27	15.28	42.19	27.96	32.26	18.28	21.51
WL6#	孔容/($cm^3 \cdot g^{-1}$)	0.025 1	0.011 9	0.001 4	0.005 5	0.020 5	0.011 5	0.003 0	0.000 9
	占比/%	57.18	27.11	3.19	12.53	57.10	32.03	8.36	2.51
WL10#	孔容/($cm^3 \cdot g^{-1}$)	0.014 9	0.009 8	0.005 4	0.010 0	0.012 6	0.006 7	0.002 5	0.002 0
	占比/%	37.16	24.44	13.47	24.94	52.94	28.15	10.50	8.40
HZ1#	孔容/($cm^3 \cdot g^{-1}$)	0.014 4	0.007 2	0.007 1	0.004 6	0.008 7	0.005 9	0.021 0	0.001 8
	占比/%	43.24	21.62	21.32	13.81	23.26	15.78	56.15	4.81

表 7-1(续)

煤样	参数	进汞				退汞			
		微孔	小孔	中孔	大孔	微孔	小孔	中孔	大孔
HZ6#	孔容/($cm^3 \cdot g^{-1}$)	0.020 3	0.009 6	0.003 8	0.009 9	0.014 7	0.008 9	0.002 1	0.001 7
	占比/%	46.56	22.02	8.72	22.71	53.65	32.48	7.66	6.20
HZ12#	孔容/($cm^3 \cdot g^{-1}$)	0.018 6	0.009 4	0.006 0	0.001 3	0.013 8	0.008 6	0.002 2	0.002 6
	占比/%	52.69	26.63	17.00	3.68	50.74	31.62	8.09	9.56

注:① 本次试验微孔测定范围为 3～10 nm,下同。

② 因采用四舍五入取值,占比数据存在合计不为 100%的情况,下同。

表 7-2　接触变质煤样不同孔径孔隙的进汞和退汞的比表面积及其占比

煤样	参数	进汞				退汞			
		微孔	小孔	中孔	大孔	微孔	小孔	中孔	大孔
WL1#	比表面积/($m^2 \cdot g^{-1}$)	8.286	0.989	0.065	0.012	3.308	0.596	0.027	0.004
	占比/%	88.60	10.58	0.70	0.13	84.07	15.15	0.69	0.10
WL6#	比表面积/($m^2 \cdot g^{-1}$)	20.786	2.559	0.030	0.003	17.003	2.344	0.044	0.002
	占比/%	88.91	10.95	0.13	0.01	87.68	12.09	0.23	0.01
WL10#	比表面积/($m^2 \cdot g^{-1}$)	15.094	1.648	0.084	0.011	10.011	1.393	0.038	0.002
	占比/%	89.65	9.79	0.50	0.07	87.48	12.17	0.33	0.02
HZ1#	比表面积/($m^2 \cdot g^{-1}$)	12.775	1.358	0.057	0.008	6.720	1.217	0.033	0.002
	占比/%	89.98	9.56	0.40	0.06	84.30	15.27	0.41	0.03
HZ6#	比表面积/($m^2 \cdot g^{-1}$)	17.657	1.875	0.057	0.007	11.448	1.853	0.036	0.003
	占比/%	90.11	9.57	0.29	0.04	85.82	13.89	0.27	0.02
HZ12#	比表面积/($m^2 \cdot g^{-1}$)	16.506	1.915	0.079	0.017	10.774	1.754	0.032	0.003
	占比/%	89.14	10.34	0.43	0.09	85.76	13.96	0.25	0.02

表 7-3　接触变质煤样不同类型孔隙的进汞和退汞的孔容及其占比

煤样	参数	进汞			退汞		
		吸附孔	渗透孔	渗流孔	吸附孔	渗透孔	渗流孔
WL1#	孔容/($cm^3 \cdot g^{-1}$)	0.012 8	0.004 6	0.012 7	0.005 6	0.001 7	0.002 0
	占比/%	42.53	15.28	42.19	60.22	18.28	21.51
WL6#	孔容/($cm^3 \cdot g^{-1}$)	0.037 0	0.001 4	0.005 5	0.032 0	0.003 0	0.000 9
	占比/%	84.29	3.19	12.53	89.13	8.36	2.51
WL10#	孔容/($cm^3 \cdot g^{-1}$)	0.024 7	0.005 4	0.010 0	0.019 3	0.002 5	0.002 0
	占比/%	61.6	13.47	24.94	81.09	10.50	8.40
HZ1#	孔容/($cm^3 \cdot g^{-1}$)	0.021 6	0.007 1	0.004 6	0.014 6	0.021 0	0.001 8
	占比/%	64.86	21.32	13.81	39.04	56.15	4.81

表 7-3(续)

煤样	参数	进汞			退汞		
		吸附孔	渗透孔	渗流孔	吸附孔	渗透孔	渗流孔
HZ6#	孔容/($cm^3 \cdot g^{-1}$)	0.029 9	0.003 8	0.009 9	0.023 6	0.002 1	0.001 7
	占比/%	68.58	8.72	22.71	86.13	7.66	6.20
HZ12#	孔容/($cm^3 \cdot g^{-1}$)	0.028 0	0.006 0	0.001 3	0.022 4	0.002 2	0.002 6
	占比/%	79.32	17.00	3.68	82.36	8.09	9.56

1. 压汞法测试曲线

6 个代表煤样在不同压力下进(退)汞实验时的累计进(退)汞量如图 7-1 所示。由图 7-1 可以看出:① 6 个煤样的进汞与退汞曲线均不重合,相同压力下进汞阶段压入孔隙的汞量小于退汞阶段的压出汞量,即退汞曲线高于进汞曲线。② WL1# 煤样(距离岩床 0.2 m)和 WL6# 煤样(距离岩床 9.5 m)的累计进(退)汞量接近,均小于 WL10# 煤样(距离岩床 74.9 m)的累计进(退)汞量。③ 海孜煤矿 3 个代表煤样的累计进(退)汞量大小关系是 HZ1# 煤样(距离岩床 60.0 m)<HZ6# 煤样(距离岩床 110.0 m)<HZ12# 煤样(距离岩床 200.0 m);卧龙湖煤矿代表煤样累计进(退)汞量的最大值(WL10# 煤样)小于海孜煤矿代表煤样累计进(退)汞量的最大值(HZ12# 煤样)。累计进(退)汞时所测压汞量代表煤样的总孔容。

2. 孔容分布

6 个代表煤样在进(退)汞实验时所测不同孔径对应的累计进(退)汞量如图 7-2 所示。由图 7-2 可以看出:① 6 个煤样在同一孔径条件下,进汞曲线低于退汞曲线,即进汞时所测的孔容要小于退汞时所测的孔容。② 进汞曲线相对于退汞曲线,压汞量连续均匀,所测孔隙较全面(测出孔径范围:3~100 000 nm),退汞曲线一般只能测到小于 10 000 nm 的孔径。③ 在相同孔径条件下,卧龙湖煤矿煤样进、退汞所测孔容的差异比海孜煤矿煤样进、退汞所测孔容的差异要大,反映了燕山期岩浆活动对卧龙湖煤矿煤的孔容变化影响较大。

6 个代表煤样在进(退)汞实验时所测不同孔径对应的阶段进(退)汞量如图 7-3 所示。由图 7-3、表 7-1 和表 7-3 可以看出:① 接触变质区 WL1# 煤样 3~1 000 nm 的孔隙进汞量分布相对均匀,1 000~100 000 nm 孔径(大孔)对应的孔容大于 3~1 000 nm 孔径(微孔、小孔和中孔)对应的孔容(进汞),大孔孔容为 0.012 7 cm^3/g,占总孔容的 42.19%。② 热演化区 WL6# 煤样的微孔(3~10 nm)发育最充分,微孔孔容(进汞)为 0.025 1 cm^3/g,占总孔容的 57.18%。③ 正常区 WL10# 煤样的微孔和大孔较发育,微孔和大孔孔容(进汞)分别为 0.014 9 cm^3/g 和 0.010 0 cm^3/g,分别占总孔容的 37.16%和 24.94%。④ 如果把微孔和小孔看成吸附孔,WL1#、WL6# 和 WL10# 煤样的吸附孔孔容分别为 0.012 8 cm^3/g、0.037 0 cm^3/g 和 0.024 7 cm^3/g,分别占总孔容的 42.53%、84.29%和 61.60%。卧龙湖煤矿 3 个代表煤样吸附孔孔容的大小顺序为:WL6# 煤样>WL10# 煤样>WL1# 煤样。⑤ HZ1# 和 HZ6# 煤样均位于热演化区,其微孔较发育,微孔孔容分别为 0.014 4 cm^3/g 和 0.020 3 cm^3/g,分别占总孔容的 43.24%和 46.56%。⑥ HZ12# 煤样位于正常区,其微孔孔容为 0.018 6 cm^3/g,占总孔容的 52.69%。⑦ HZ1#、HZ6# 和 HZ12# 煤样的吸附孔孔容分别为 0.021 6 cm^3/g、0.029 9 cm^3/g 和 0.028 0 cm^3/g,分别占总孔容的 64.86%、68.58%和 79.32%。海孜煤矿 3 个代表煤样微孔和吸附孔孔容的大小关系为:HZ6# 煤样>HZ12#

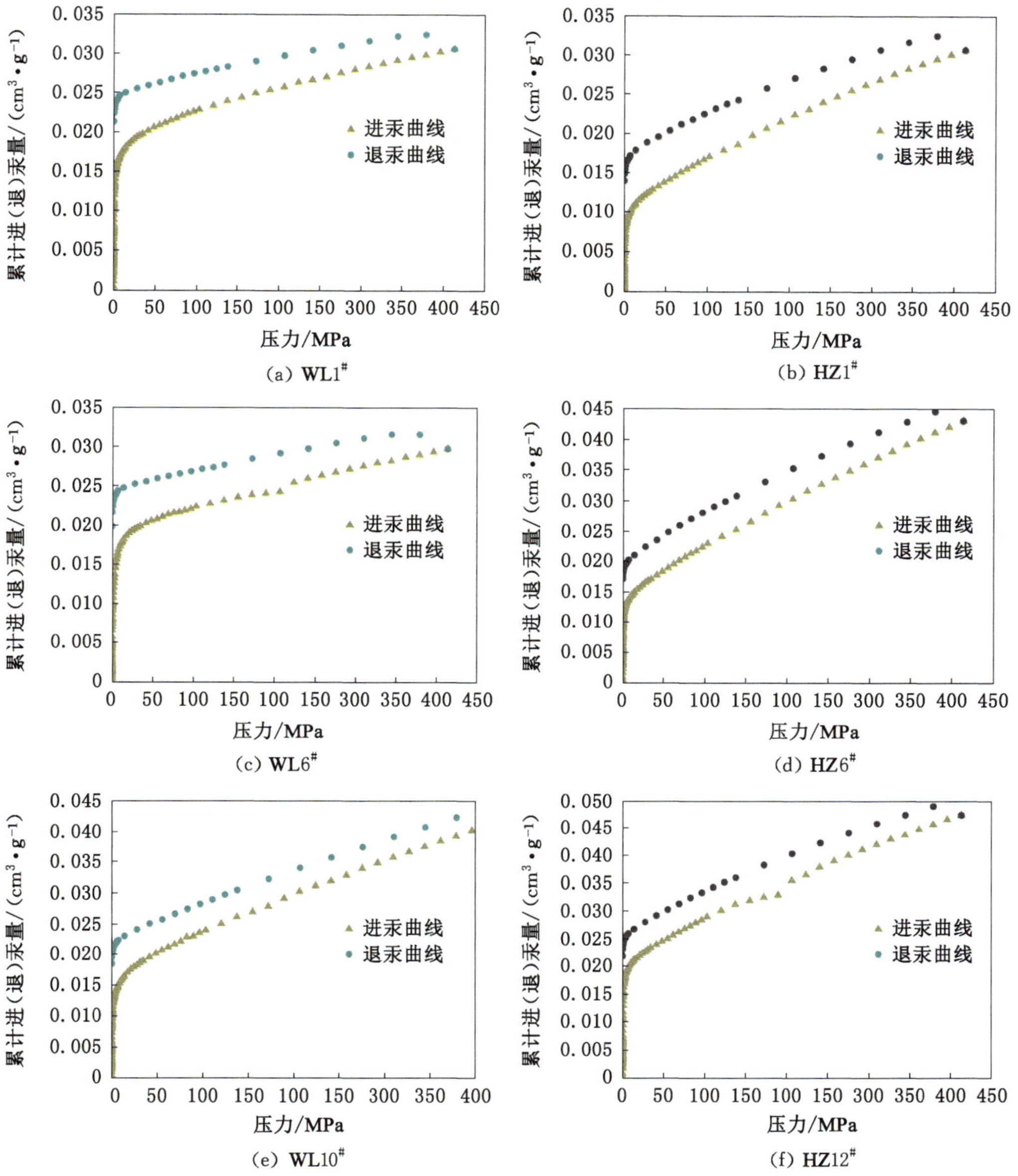

图 7-1　不同压力下各煤样累计进(退)汞量

煤样＞HZ1# 煤样。

由于受燕山期岩浆侵入影响的原始煤的煤阶相对较低，深成变质作用叠加区域岩浆热变质作用下，“叠加生烃”不仅生成气量大而且成烃速度快，叠加成烃的同时形成大量“热解气孔”，其孔径远大于深成变质作用下的气孔孔径。这可以很好地解释 WL1# 煤样中大孔较发育的现象。对比分析图 7-3(a)～(c)，可知岩浆岩的接触变质作用降低了卧龙湖煤矿煤样中微孔和小孔的孔容，微孔和小孔是吸附气孔，发育情况决定着煤吸附瓦斯能力的强弱。因此，可知接触变质作用降低了靠近岩床的煤的吸附能力。

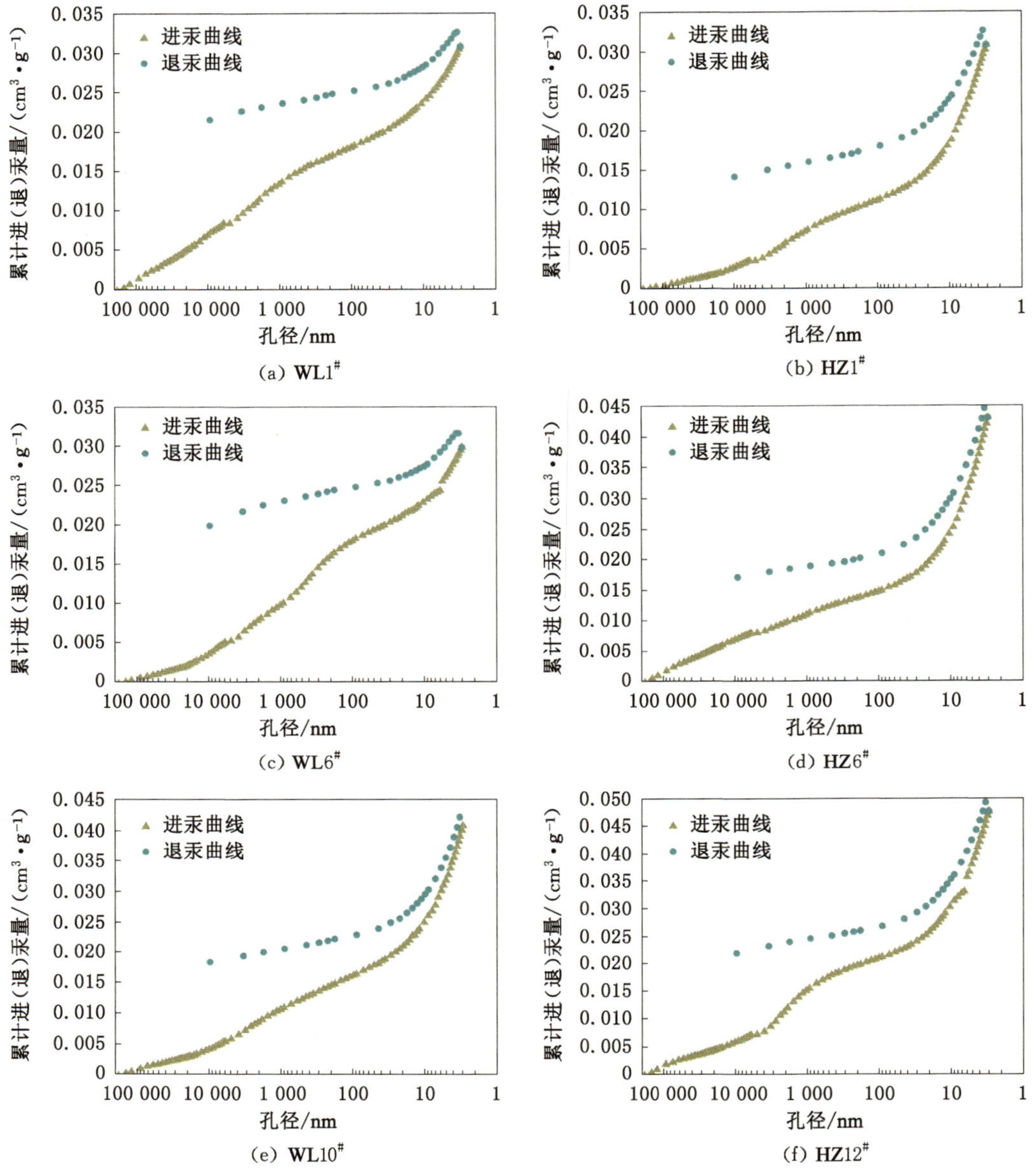

图 7-2 不同煤样孔径与累计进(退)汞量的关系

3. 比表面积分布

6 个代表煤样在进(退)汞实验时所测不同孔径对应的累计比表面积如图 7-4 所示。由图 7-4 和表 7-2 可以看出:① 接触变质区 WL1# 煤样的微孔(3～10 nm)比表面积(进汞)为 8.286 m^2/g,占总比表面积的 88.60%。② 热演化区 WL6# 煤样的微孔比表面积(进汞)为 20.786 m^2/g,占总比表面积的 88.91%。③ 正常区 WL10# 煤样的微孔比表面积(进汞)为 15.094 m^2/g,占总比表面积的 89.65%。卧龙湖煤矿 3 个代表煤样的微孔比表面积(进汞)的大小关系为:WL6# 煤样 >WL10# 煤样 >WL1# 煤样。④ 热演化区 HZ1# 煤样的微孔比表面积(进汞)为 12.775 m^2/g,占总比表面积的 89.98%。⑤ 热演化区 HZ6# 煤样的微

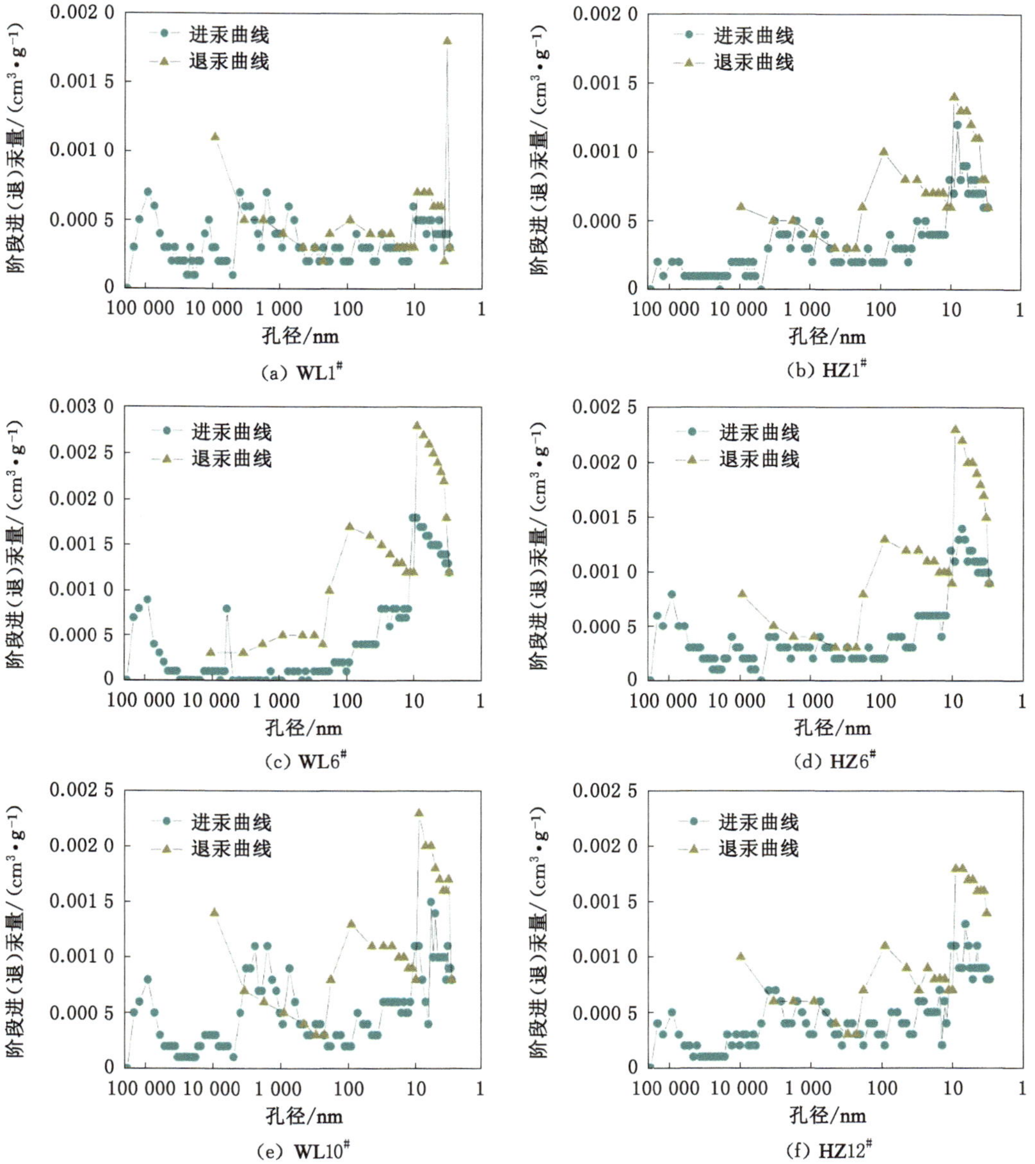

图 7-3 不同煤样孔径与阶段进(退)汞量的关系

孔比表面积(进汞)为 17.657 m^2/g,占总比表面积的 90.11%。⑥ 正常区 HZ12# 煤样的微孔比表面积(进汞)为 16.506 m^2/g,占总比表面积的 89.14%。海孜煤矿 3 个代表煤样的微孔比表面积(进汞)的大小关系为:HZ6# 煤样> HZ12# 煤样> HZ1# 煤样。

由以上研究发现,岩浆岩接触变质作用降低了接触变质区 WL1# 煤样的微孔孔容和微孔比表面积,热演化作用增加了热演化区 WL6# 煤样的微孔孔容和微孔比表面积。距离海孜煤矿巨厚岩床最近(60.0 m)的 HZ1# 煤样的微孔孔容和微孔比表面积小于 HZ6# 和 HZ12# 煤样的,可能是因为燕山期岩浆热液顺断层破碎带侵入海孜煤矿 7 煤层,HZ1# 煤样发生了接触变质作用。总之,压汞法通常用于测量相对较大的孔(>3 nm),在煤层气领域

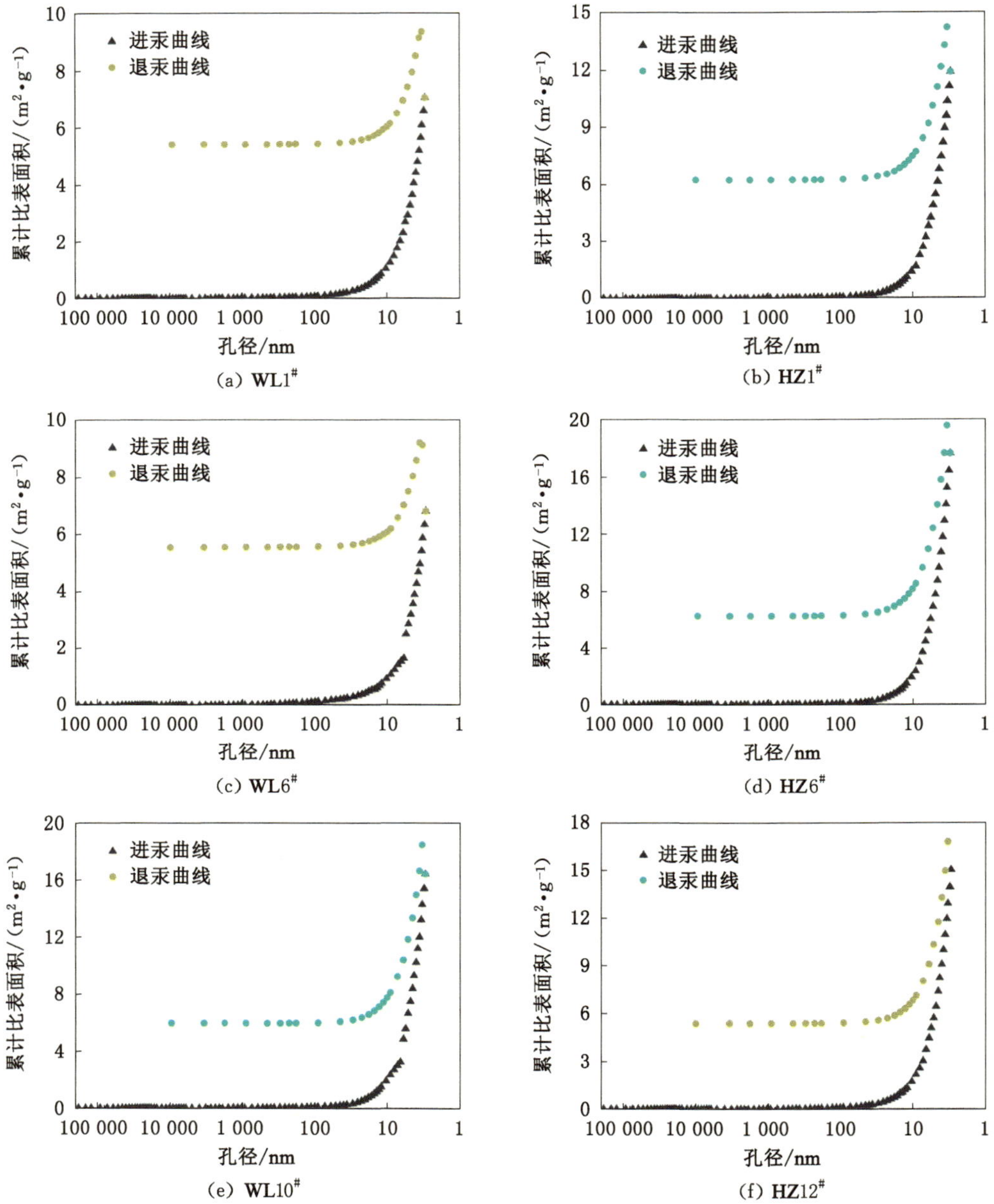

图 7-4　不同煤样孔径与累计比表面积的关系

应用较多。国际上一般用 CO_2 测微孔(<2 nm)的方法来考察煤吸附瓦斯能力的强弱，将在下文介绍。

7.2.2　液氮吸附法

选用低压液氮吸附法测煤样 BET 比表面积，使用仪器见图 7-5。23 个接触变质煤样 BET 比表面积测定在中国矿业大学煤矿瓦斯治理国家工程研究中心完成，测定结果见表 7-4。

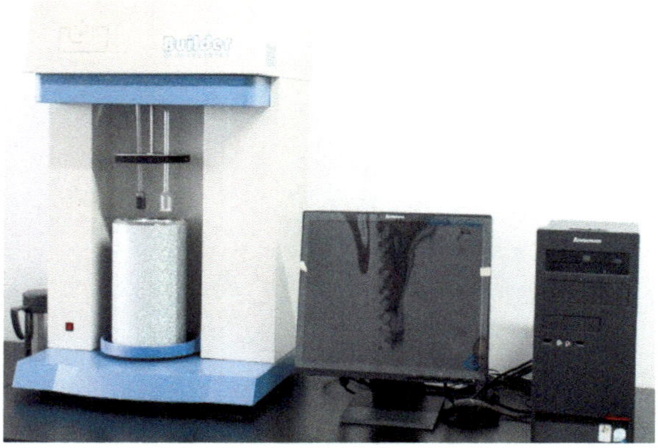

图 7-5　SSA-4200 型比表面积及孔径测定仪

表 7-4　煤样的 BET 比表面积和微孔测定结果

煤样编号	距岩床距离/m	液氮吸附法	CO_2 吸附法(微孔<2 nm)		
		BET 比表面积/($m^2\cdot g^{-1}$)	D-A 微孔孔容/($cm^3\cdot g^{-1}$)	D-R 微孔比表面积/($m^2\cdot g^{-1}$)	微孔平均孔径/nm
WL1#	0.2	4.31	0.000 8	4.60	1.05
WL2#	0.5	3.32	0.000 3	1.21	0.71
WL3#	1.2	3.46	0.000 5	1.38	0.86
WL4#	2.1	3.07	0.005 2	6.16	1.16
WL5#	4.8	1.85	0.000 4	1.93	0.73
WL6#	9.5	16.13	0.021 1	60.44	1.25
WL7#	22.8	10.25	0.020 4	58.61	1.28
WL8#	38.7	15.02	0.019 6	56.27	1.22
WL9#	56.3	22.29	0.020 3	58.26	1.23
WL10#	74.9	2.24	0.017 9	51.58	1.23
WL11#	95.1	6.54	0.018 5	54.81	1.24
HZ1#	60.0	2.20	0.007 9	21.9	1.21
HZ2#	70.0	2.81	0.008 2	23.5	1.23
HZ3#	80.0	2.80	0.009 5	25.2	1.24
HZ4#	90.0	3.42	0.014 6	36.4	1.33
HZ5#	100.0	3.60	0.012 1	34.7	1.29
HZ6#	110.0	4.20	0.013 1	35.6	1.31
HZ7#	120.0	3.41	0.013 8	32.5	1.26
HZ8#	130.0	3.60	0.011 1	31.7	1.25
HZ9#	140.0	2.42	0.015 3	33.8	1.27
HZ10#	160.0	1.70	0.008 8	18.1	1.19
HZ11#	180.0	1.43	0.006 7	19.3	1.22
HZ12#	200.0	1.50	0.005 4	17.8	1.18

图 7-6 为卧龙湖煤矿和海孜煤矿 23 个接触变质煤样的 BET 比表面积与煤样距岩床距离的关系。

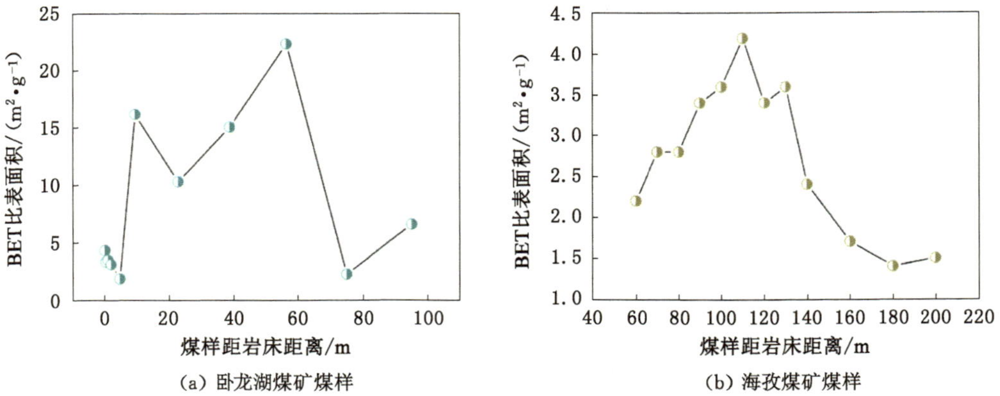

图 7-6 煤样 BET 比表面积与煤样距岩床距离的关系

随着与岩床距离变小，卧龙湖煤矿煤样 BET 比表面积有先增大后减小的趋势[图 7-6(a)]，数据的波动性较大。WL9# 煤样(距岩床 56.3 m)BET 比表面积为 22.29 m^2/g，为最大值。WL5# 煤样(距岩床 4.8 m)BET 比表面积为 1.85 m^2/g，为最小值。随着靠近巨厚岩床，海孜煤矿煤样 BET 比表面积同样有先增大后减小的趋势[图 7-8(b)]，数据的波动性较小。其中 HZ6# 煤样(距岩床 110.0 m)BET 比表面积为 4.20 m^2/g，为最大值。HZ11# 煤样(距岩床 180.0 m)BET 比表面积为 1.43 m^2/g，为最小值。

比较图 7-6(a)和图 7-6(b)，发现随着靠近岩浆岩，卧龙湖煤矿和海孜煤矿煤样 BET 比表面积均有先增大后减小的趋势。不同点是卧龙湖煤矿煤样 BET 比表面积曲线波动性较大，这和煤样距离岩床较近有关系。此外，卧龙湖煤矿煤样 BET 比表面积最大值为 22.29 m^2/g(WL9# 煤样)，而海孜煤矿煤样 BET 比表面积最大值为 4.20 m^2/g(HZ6# 煤样)。这可能和岩浆活动背景煤阶有很大关系，卧龙湖煤矿背景煤为烟煤，海孜煤矿背景煤多为贫煤。此外，卧龙湖煤矿岩浆活动以接触变质和热演化作用为主，海孜煤矿岩浆活动主要为热演化作用。

为考察岩浆岩热演化作用不同分区内煤的液氮吸附能力，以卧龙湖煤矿 10 煤层煤矿 3 个代表煤样的液氮吸附曲线为考察对象，图 7-7 为卧龙湖煤矿 3 个分区代表煤样液氮吸附量与相对瓦斯压力关系曲线。其中 WL2# 煤样属于接触变质区(岩浆覆盖区，距岩床 0～5.0 m)，WL9# 煤样属于热演化区(距岩床 5.0～60.0 m)，WL11# 煤样属于正常区。

由图 7-7 可知，随着相对压力的增大，卧龙湖煤矿 3 个煤样液氮吸附量在相对压力 0～0.9 区间均有平缓上升的趋势，相对压力在 0.9～1.0 区间时，液氮吸附量均有快速增加的趋势。3 个代表煤样液氮吸附量大小关系是：WL9# 煤样＞WL11# 煤样＞WL2# 煤样。结合图 7-6(a)可知，卧龙湖煤矿环形岩床的接触变质作用，减小了岩浆覆盖区(距岩床 0～5.0 m)煤的 BET 比表面积。岩浆的热演化作用，增大了热演化区(距岩床 5.0～60.0 m)煤的 BET 比表面积。结合图 7-6(b)可知，海孜煤矿岩浆岩的热演化作用，增大了热演化区(距岩床 60.0～160.0 m)煤的 BET 比表面积。

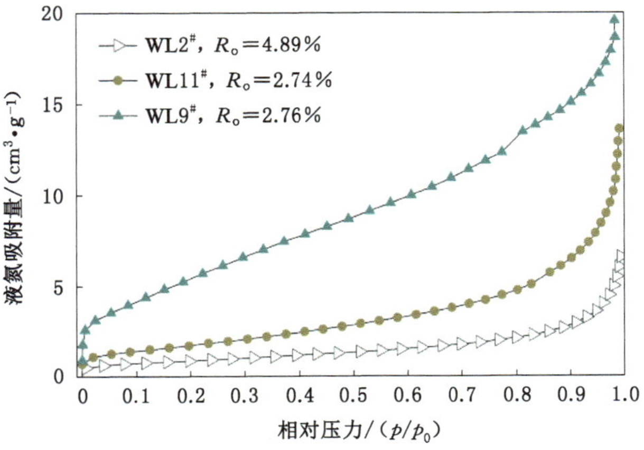

图 7-7　卧龙湖煤矿代表煤样液氮吸附量与相对压力的关系

要想找出煤样 BET 比表面积和吸附瓦斯能力变化深层次原因，需要考察微孔(<2 nm)的大小和分布规律。微孔(<2 nm)发育情况决定煤的 BET 比表面积大小及煤的吸附瓦斯能力。

7.2.3　CO_2 吸附法

CO_2 吸附法测微孔(<2 nm)实验在中国矿业大学化工学院完成，使用仪器见图 7-8。煤样的 D-A 微孔孔容、D-R 微孔比表面积和微孔孔径测定结果见表 7-4。

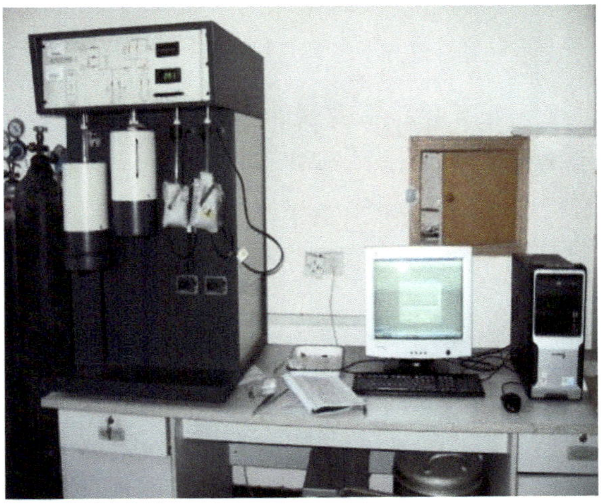

图 7-8　Autosorb-1 型吸附仪

图 7-9 为 23 个煤样 D-A 微孔孔容、D-R 微孔比表面积与煤样距岩床距离的关系。

由图 7-9 可以看出，随着靠近岩床，卧龙湖煤矿煤样 D-A 微孔孔容和 D-R 微孔比表面积均有先缓慢增大后急剧减小的趋势[图 7-9(a)和图 7-9(c)]。D-A 微孔孔容最大值为 0.021 1 cm^3/g(WL6# 煤样，距岩床 9.5 m)，WL2# 煤样 D-A 微孔孔容为 0.000 3 cm^3/g，为最小值。卧龙湖煤矿 10 煤层热演化区 WL6# 煤样(R_o=4.06%)D-R 微孔比表面积为 60.44 m^2/g，为最大值。WL2# 煤样 D-R 微孔比表面积为 1.21 m^2/g，为最小值。

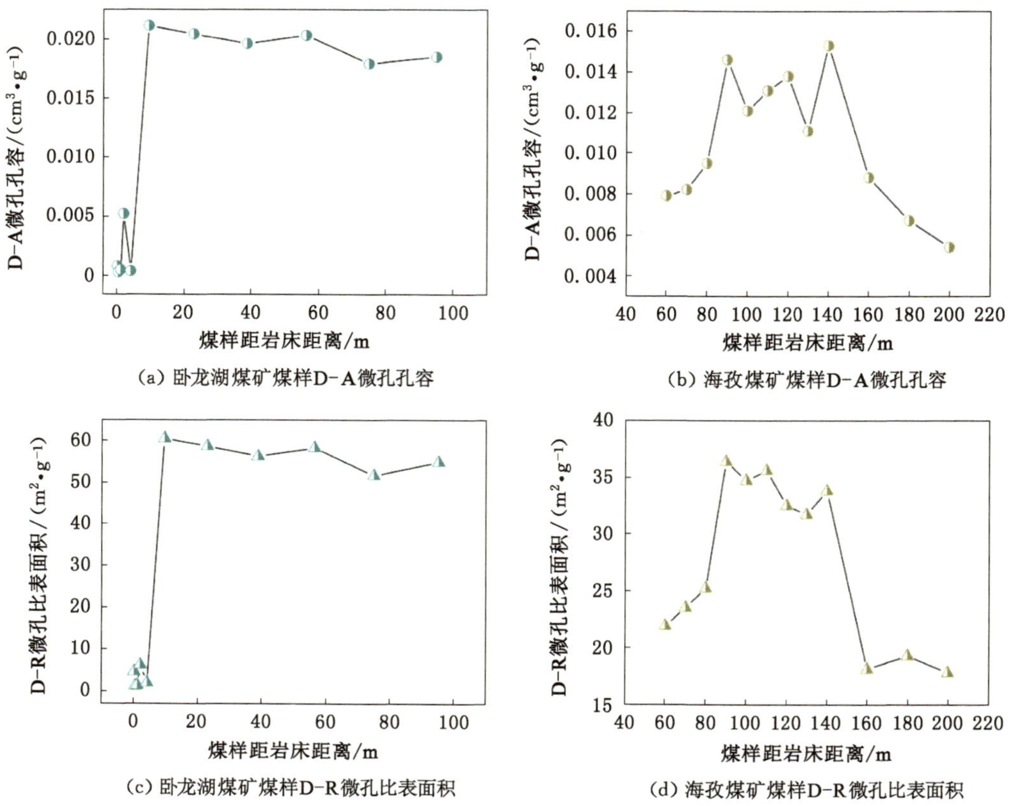

图 7-9　煤样 D-A 微孔孔容和 D-R 微孔比表面积与煤样距岩床距离的关系

随着靠近巨厚岩床，海孜煤矿煤样 D-A 微孔孔容和 D-R 微孔比表面积有先增大后减小的趋势[图 7-9(b)和图 7-9(d)]。HZ9$^{\#}$ 煤样(距巨厚岩床 140.0 m)D-A 微孔孔容为 0.015 3 cm^3/g，为最大值。HZ12$^{\#}$ 煤样 D-A 微孔孔容为 0.005 4 cm^3/g，为最小值。HZ4$^{\#}$ 煤样 D-R 微孔比表面积为 36.4 m^2/g，为最大值。HZ12$^{\#}$ 煤样 D-R 微孔比表面积为 17.8 m^2/g，为最小值。

卧龙湖煤矿 10 煤层热演化区(距岩床 5.0～60.0 m)WL7$^{\#}$ 煤样(R_o=3.67%)微孔平均孔径为 1.28 nm，为最大值，接触变质区(距岩床 0～5.0 m)WL2$^{\#}$ 煤样(R_o=4.89%)微孔平均孔径为 0.71 nm，为最小值(表 7-4)。海孜煤矿 HZ4$^{\#}$ 煤样(R_o=2.69%，属于 8 煤层)微孔平均孔径为 1.33 nm，为最大值，HZ12$^{\#}$ 煤样(R_o=2.41%，属于 10 煤层)微孔平均孔径为 1.18 nm，为最小值(表 7-4)。

图 7-10 为卧龙湖煤矿和海孜煤矿代表性煤样在不同相对压力下的 CO_2 吸附曲线。

由图 7-10 可以看出，卧龙湖煤矿和海孜煤矿 8 个代表煤样的吸附曲线均属于经典的具有代表性的朗缪尔模型Ⅰ类吸附曲线[6]。卧龙湖煤矿 WL1$^{\#}$ 煤样吸附曲线较平缓，CO_2 吸附量最小，WL7$^{\#}$ 煤样吸附曲线增长较快，CO_2 吸附量最大。卧龙湖煤矿煤样 CO_2 吸附量由大到小顺序为：WL7$^{\#}$ 煤样(热演化区)、WL11$^{\#}$ 煤样(正常区)、WL4$^{\#}$ 和 WL1$^{\#}$ 煤样(接触变质区)，见图 7-10(a)。海孜煤矿煤样 CO_2 吸附量由大到小顺序为：HZ5$^{\#}$ 煤样(8 煤层)、HZ8$^{\#}$ 煤样(9 煤层)、HZ2$^{\#}$ 煤样(7 煤层)、HZ11$^{\#}$ 煤样(10 煤层，正常区)，见图 7-10(b)。

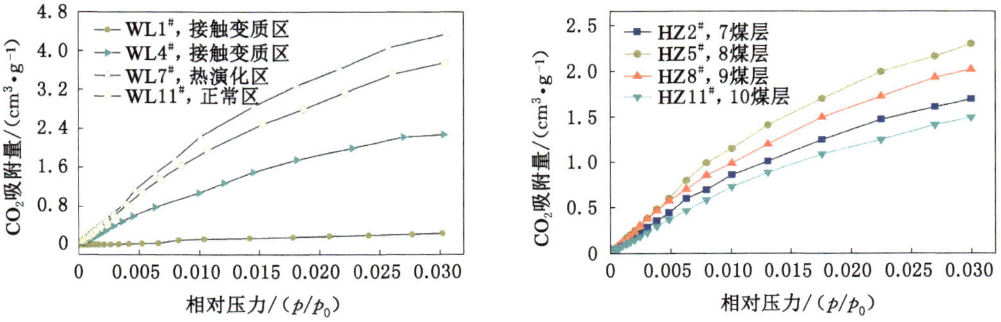

(a) 卧龙湖煤矿煤样　　(b) 海孜煤矿煤样

图 7-10　代表性煤样在不同相对压力下的 CO_2 吸附曲线

比较卧龙湖煤矿和海孜煤矿煤样相对压力 p/p_0 在 0～0.3 区间的 CO_2 吸附曲线，发现卧龙湖煤矿不同代表煤样的 CO_2 吸附曲线变化较大，海孜煤矿不同代表煤样的 CO_2 吸附曲线变化较小。卧龙湖煤矿代表煤样的 CO_2 吸附量最大值大于海孜煤矿代表煤样的 CO_2 吸附量最大值，但是卧龙湖煤矿代表煤样的 CO_2 吸附量最小值（WL1# 煤样，接触变质区）却小于海孜煤矿代表煤样的 CO_2 吸附量最小值（HZ11# 煤样，正常区）。这说明接触变质作用降低了煤的 CO_2 吸附能力。

分析以上研究结果表明，燕山期岩浆活动对淮北矿区煤储层的微孔隙分布具有显著的影响。卧龙湖煤矿岩床的接触变质作用使岩浆覆盖区 10 煤层（距岩床 0～5.0 m）的微孔孔容、微孔比表面积和微孔孔径变小，这可能是由于部分微孔被岩浆热液充填或封堵；热演化作用大大增加了 10 煤层（距岩床 5.0～60.0 m）的微孔孔容。海孜煤矿巨厚岩床的热演化作用增加了下伏煤层群（距岩床 60.0～160.0 m）的微孔孔容。可能由于背景煤阶较低，海孜煤矿煤层群微孔变化幅度小于卧龙湖煤矿 10 煤层的。这一重要研究结果，为煤样 BET 比表面积的变化规律找到原因，为下文研究煤样吸附/解吸能力变化规律找到依据，为揭示岩浆侵入对瓦斯赋存规律的控制作用、找出岩浆侵入与煤与瓦斯突出的关系提供线索。

7.3　淮南矿区接触变质煤结构的拉曼光谱表征

7.3.1　煤结构与拉曼光谱的对应关系

拉曼光谱是进行物质结构分析的一种途径，属于分子振动光谱，分子振动与旋转引起极化率的变化从而产生拉曼散射，其拉曼位移与分子的振-转能级特征相关，使得拉曼光能够有效提供分子的化学和生物结构的指纹信息。因此，拉曼光谱在研究碳质材料结构中的应用非常成功。

碳质材料的拉曼光谱通常被分为一级模（first-order）和二级模（second-order）两个区域。1 587 cm^{-1} 附近的 G 峰（归属于芳香平面的 E_{2g2}）振动仅出现于完美石墨状结构的含碳物质的拉曼光谱一级模内。对于长程无序而短程有序的煤而言，不但 G 峰漂移至高频率谱带，且在 1 350 cm^{-1} 谱带处凸显次峰（D_1 峰），该峰归属于 A_{1g} 振动模式，主要是由芳香结构缺陷而引起的。除 D_1 峰外，拉曼光谱一级模内还出现了诸如 1 200 cm^{-1}（D_4 峰）、1 500 cm^{-1}（D_3 峰）和 1 620 cm^{-1}（D_2 峰）振动峰。

本书根据众多学者[55-65]对碳质材料拉曼光谱峰位归属问题的研究成果，确定了煤拉曼光谱振动峰的归宿及其来源（表 7-5）。

表 7-5　研究煤样品拉曼光谱一级模振动峰归宿

谱带	振动峰位/cm^{-1}		振动模式
	气煤（无序碳结构）	无烟煤（类石墨结构）	
G	1 587 cm^{-1}附近，中	1 599 cm^{-1}附近，强	E_{2g}对称振动模式
D_1	1 330 cm^{-1}附近，中	1 368 cm^{-1}附近，强	A_{1g}对称振动模式
D_2	1 560 cm^{-1}附近，强	1 620 cm^{-1}附近，中	非石墨晶体 E_{2g}对称振动模式
D_3	1 475 cm^{-1}附近，中	1 538 cm^{-1}附近，弱	无定形碳的 sp^2 振动模式
D_4	1 208 cm^{-1}附近，中	消失	芳香平面外 sp^3-sp^2 振动模式

激光共焦显微拉曼光谱测试是在中国科学技术大学理化实验中心进行的，所用仪器的型号为 Horiba Jobin Yvon LabRAM-HR 型，实验使用 Nd-YAG 激光器作为激发光源，激发线波长 514.5 nm，激光输出功率约 1.20 mW，照射在样品表面上的功率约 2 mW，分辨率可见波段 0.6 cm^{-1}，扫面范围 100～4 000 cm^{-1}，数据采集时间 30 s。检测时，在每个样品中选取 3 个不同颗粒进行拉曼光谱检测，检测后的拉曼光谱均经过基线校正处理。

通常多采用 G 峰和 D 峰的半峰宽及两者峰强度比作为拉曼光谱参数，利用 Peakfit 软件可半定量解析出含碳物质内部结构的有序化程度。Van Doorn 等[66]研究表明，半峰宽参数并不能完全代表振动峰的特质，建议使用峰面积比作为反映振动峰属性的参数。基于此，本书利用 I_{D_1}/I_G、I_{D_2}/I_G、I_{D_3}/I_G、I_{D_4}/I_G 和 I_G/I_{All} 5 个谱带峰面积比参数来探讨接触变质煤内部结构的有序度。由于 D_1、D_2、D_3、D_4 峰和 G 峰互相重叠，使 5 种峰的峰面积较难准确获得。因此，采用分峰法处理拉曼谱图像。采用 Origin 软件将 600～2 200 cm^{-1} 范围的谱图用 5 个洛伦茨峰进行拟合即可得到每个峰的峰面积（图 7-11）。

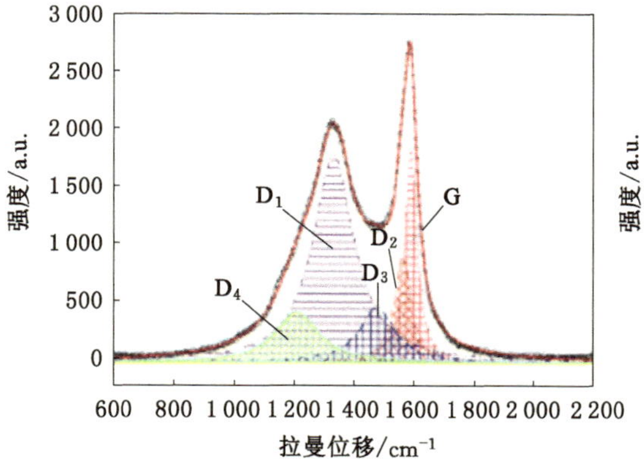

(a) 气煤ZJ-1

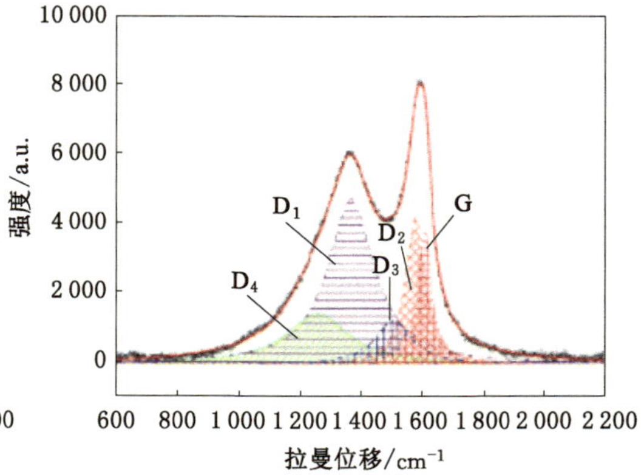

(b) 贫煤PS-1

图 7-11　不同煤阶煤拉曼一级模振动峰拟合图

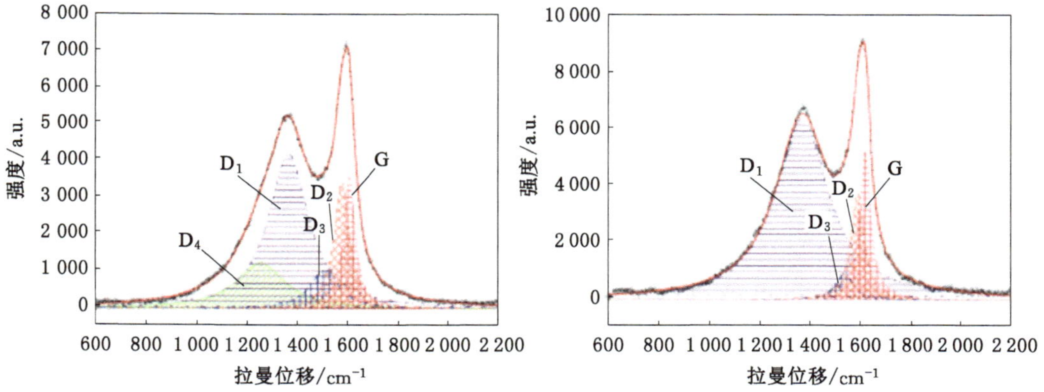

(c) 无烟煤PS-2　　(d) 高等级无烟煤PS-4

图 7-11　(续)

7.3.2　接触变质煤结构有序度演化特征

7.3.2.1　不同煤阶煤拉曼光谱峰位与峰强度演化特征

图 7-12 给出了经过基线校正后不同煤阶煤拉曼位移在 600～3 500 cm^{-1}范围的激光拉曼光谱图。拉曼一级模内有两个明显宽缓且重叠的振动区域，即 1 368 cm^{-1} 的 D_1 峰和 1 599 cm^{-1}的 G 峰。此外，与 G 峰振动模式类似的 D_2峰出现在 G 峰频带内。

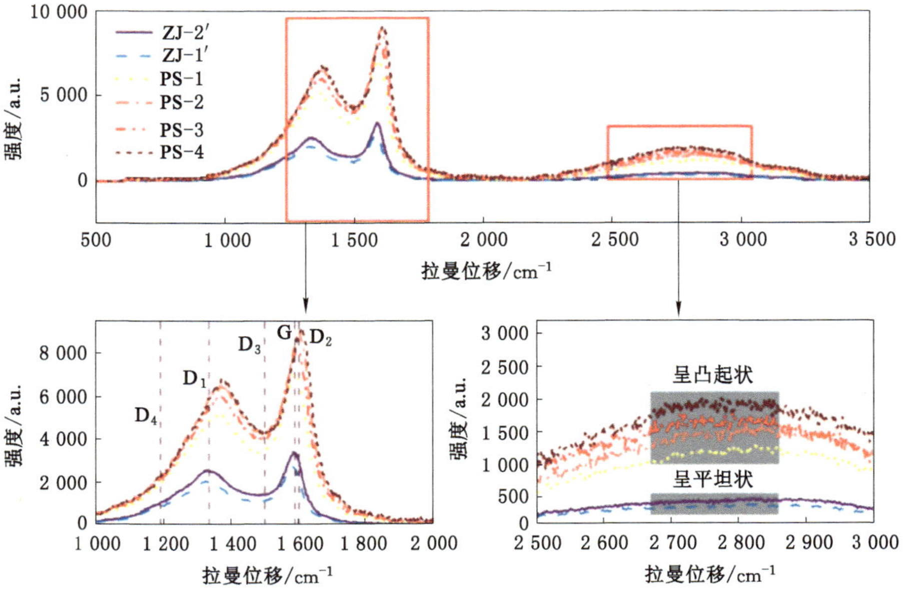

图 7-12　不同煤阶煤拉曼光谱图

不同煤阶煤拉曼光谱一级模内各振动峰的特质与煤阶呈现一致的演化规律。具体表现为：① 随着煤变质程度加深，D_1和 G 峰的峰强度增加而峰宽减少；② D_1和 G 峰位置随碳含量的增加均向高波数区域移动，移动幅度分别为 30 cm^{-1}和 10 cm^{-1}；③ D_3和 D_4峰随着煤阶的增高峰强度均不同程度减弱，尤其 D_4 峰在无烟煤中消失。

不同煤阶煤拉曼二级模(2 200～3 500 cm^{-1})内显示出宽缓的信号。Schmitt 等[26]研究表明，拉曼二级模是石墨晶体振动模式的泛音和组合。拉曼二级模区域的特征峰主要有 2 700 cm^{-1}($2\times D_1$，D_1峰的泛音)、2 955 cm^{-1}($G+D_1$，G 和 D_1峰的组合)、3 200 cm^{-1}($2\times D_2$，D_2峰的泛音)和 2 400 cm^{-1}($2\times D_4$，D_4峰的泛音)。与无烟煤相比较，气煤拉曼二级模内特征峰的峰强度较弱且峰宽较大，呈“平坦状”。采用洛伦茨函数拟合得到二级模内 4 个特征峰(图 7-13)。

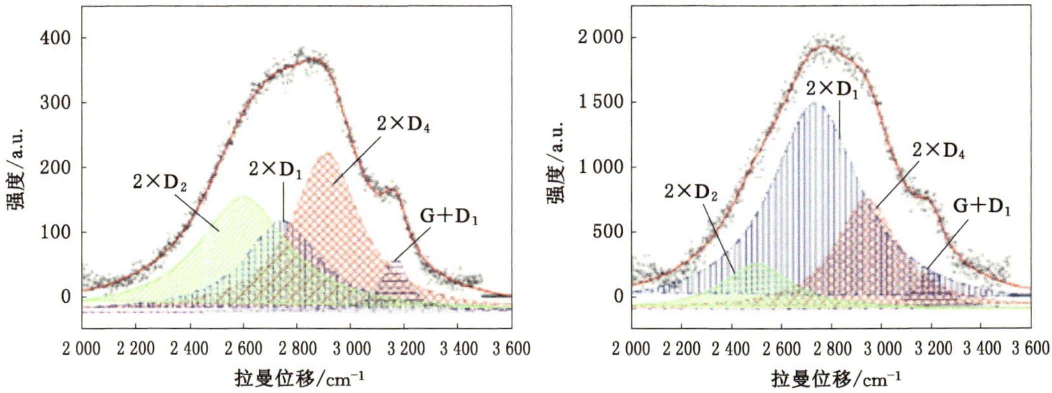

(a) 气煤ZJ-1′　　(b) 无烟煤PS-2

图 7-13　气煤和无烟煤样品拉曼二级模振动峰拟合图

物质的激光拉曼光谱取决于物质本身的内部结构。由拉曼一级模和二级模内不同谱峰的特质可以看出，相较于低变质程度煤(气煤)，高变质程度煤(贫煤、无烟煤和高等级无烟煤)分子内部的结构组成和分子有序化程度表现出了更加明显的各向异性特征。

7.3.2.2　不同煤阶煤拉曼参数的演化特征

图 7-11 和图 7-13 表明，G、D_1、D_2和 D_4峰属于洛伦茨峰，而 D_3峰则属于高斯峰。各特征峰参数(峰位、峰面积和半峰宽)列于表 7-6 和表 7-7。我们发现，在气煤、贫煤、无烟煤和高等级无烟煤拉曼图谱中，D_2频带的位置有轻微差异、D_3和 D_4频带的位置有显著差异，而 G 和 D_1频带的位置无显著差异。无烟煤和高等级无烟煤 D_1 频带的半峰宽(261～256 cm^{-1}，1 SD≤25 cm^{-1}，SD 为标准差)显著高于气煤和贫煤的(168～195 cm^{-1}，1 SD≤18 cm^{-1})。半峰宽因对煤阶敏感，故常用来指示煤大分子结构的有序度。图 7-14 表明不同煤阶煤拉曼一级模和二级模特征峰的半峰宽与煤阶的相关性。随着碳含量从 82%增加到 95%，G、D_2和 D_3频带的半峰宽分别轻微地减少(依次为 81～64 cm^{-1}、67～56 cm^{-1}和 142～83 cm^{-1})，而 D_1频带的半峰宽轻微地从 168 cm^{-1}增加到 261 cm^{-1}。此外，$G+D_1$和 $2\times D_4$频带的半峰宽演化规律与 G、D_2和 D_3频带的一致，而 $2\times D_1$ 和 $2\times D_2$频带的半峰宽演化规律则与 D_1频带的一致。以上结果指出，煤中碳含量的富集促进了煤大分子结构有序度的增加。

由于半峰宽参数并不能完全反映煤大分子内部结构的有序度。为了检验上述结论的准确性，特此采用 I_{D_1}/I_G、I_{D_2}/I_G、I_{D_3}/I_G、I_{D_4}/I_G和 I_G/I_{All} 5 个谱带峰面积比参数加以验证。图 7-15 表明，随着煤中碳含量的增加，I_{D_1}/I_G、I_{D_2}/I_G、I_{D_3}/I_G、I_{D_4}/I_G值显著下降，而 I_G/I_{All}值显著上升，这意味着随着煤阶增高，煤中碳结构缺陷的程度降低。至高等级无烟煤阶段，

表 7-6 不同煤阶煤拉曼一级模特征峰参数统计

煤样品	峰位	峰面积	峰面积误差	半峰宽/cm^{-1}	半峰宽误差/cm^{-1}	煤样品	峰位	峰面积	峰面积误差	半峰宽/cm^{-1}	半峰宽误差/cm^{-1}
ZJ-1′	1 587 cm^{-1}(G)	149 691	15 200	81.3	5.46	PS-2	1 594 cm^{-1}(G)	417 313	115 687	76.3	7.99
	1 560 cm^{-1}(D_2)	97 541	21 393	67.1	5.29		1 604 cm^{-1}(D_2)	331 263	64 982	57.8	3.02
	1 475 cm^{-1}(D_3)	106 484	13 490	141.7	10.49		1 506 cm^{-1}(D_3)	238 552	89 058	142.4	23.4
	1 330 cm^{-1}(D_1)	474 362	13 987	167.7	2.95		1 363 cm^{-1}(D_1)	1 298 640	101 105	195.1	7.32
	1 208 cm^{-1}(D_4)	123 408	8 193	178.7	4.89		1 251 cm^{-1}(D_4)	475 177	68 359	240.1	7.63
ZJ-2′	1 587 cm^{-1}(G)	134 722	13680	73.2	4.91	PS-3	1 596 cm^{-1}(G)	459 044	127 256	83.9	8.79
	1 559 cm^{-1}(D_2)	87 787	19 254	60.4	4.76		1 612 cm^{-1}(D_2)	430 642	84 477	75.1	3.93
	1 474 cm^{-1}(D_3)	95 836	12 141	127.5	9.44		1 518 cm^{-1}(D_3)	143 131	53 435	85.4	14.04
	1 330 cm^{-1}(D_1)	426 926	12 588	150.9	2.66		1 365 cm^{-1}(D_1)	1 558 368	121 326	234.1	8.78
	1 208 cm^{-1}(D_4)	111 067	7 374	160.8	4.40		(D_4)	NA	NA	NA	NA
PS-1	1 590 cm^{-1}(G)	516 944	148 430	77.1	8.51	PS-4	1 599 cm^{-1}(G)	394 347	110 853	63.5	7.78
	1 611 cm^{-1}(D_2)	349 696	83 515	57.4	3.77		1 620 cm^{-1}(D_2)	463 919	73 823	55.6	2.52
	1 509 cm^{-1}(D_3)	284 826	118 036	144.2	27.6		1 538 cm^{-1}(D_3)	124 760	44 109	82.7	12.2
	1 369 cm^{-1}(D_1)	1 410 040	139 370	188.7	8.76		1 368 cm^{-1}(D_1)	2 629 520	18 518	260.7	1.55
	1 260 cm^{-1}(D_4)	377 069	98 310	250.5	8.72		(D_4)	NA	NA	NA	NA

注:“NA”为未有结果。

表 7-7　不同煤阶煤拉曼二级模特征峰参数统计

煤样品	峰位	峰面积	峰面积误差	半峰宽/cm^{-1}	半峰宽误差/cm^{-1}	煤样品	峰位	峰面积	峰面积误差	半峰宽/cm^{-1}	半峰宽误差/cm^{-1}
ZJ-1′	2 742 cm^{-1}($2\times D_1$)	75 767	99 672	340.7	170.34	PS-2	2 733 cm^{-1}($2\times D_1$)	1 110 620	412 203	441.2	84.41
	2 908 cm^{-1}($G+D_1$)	118 215	38 376	303.6	26.84		2 940 cm^{-1}($G+D_1$)	409 405	174 331	302.1	42.08
	3 165 cm^{-1}($2\times D_2$)	15 457	1 118	115.1	1.65		3 194 cm^{-1}($2\times D_2$)	61 774	9 459	130.2	15.57
	2 596 cm^{-1}($2\times D_4$)	115 195	59 901	410.1	23.40		2 497 cm^{-1}($2\times D_4$)	182 084	146 957	325.5	84.32
ZJ-2′	2 660 cm^{-1}($2\times D_1$)	68 190	89 705	306.6	153.31	PS-3	2 730 cm^{-1}($2\times D_1$)	1 354 956	502 888	538.3	102.98
	2 917 cm^{-1}($G+D_1$)	106 394	34 538	273.2	24.16		2 961 cm^{-1}($G+D_1$)	499 474	212 684	368.6	51.34
	3 118 cm^{-1}($2\times D_2$)	13 911	1 006	103.6	1.49		3 224 cm^{-1}($2\times D_2$)	75 364	11 540	158.8	19.00
	2 416 cm^{-1}($2\times D_4$)	103 676	53 911	369.1	21.06		(D_4)	NA	NA	NA	NA
PS-1	2 738 cm^{-1}($2\times D_1$)	1 221 682	453 423	485.3	92.85	PS-4	2 736 cm^{-1}($2\times D_1$)	1 388 275	515 254	551.5	105.51
	2 959 cm^{-1}($G+D_1$)	429 875	183 048	317.2	44.18		2 967 cm^{-1}($G+D_1$)	470 816	200 481	347.4	48.39
	3 222 cm^{-1}($2\times D_2$)	67 951	10 405	143.2	17.13		3 240 cm^{-1}($2\times D_2$)	77 218	11 824	162.8	19.46
	2 520 cm^{-1}($2\times D_4$)	163 876	132 261	293.0	75.89		(D_4)	NA	NA	NA	NA

注：“NA”为未有结果。

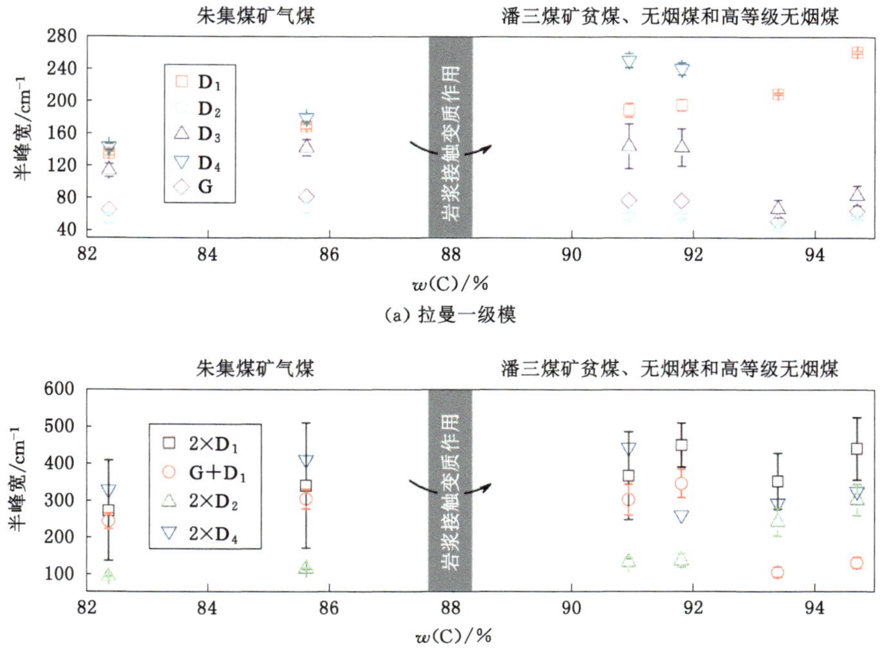

(b) 拉曼二级模

图 7-14　岩浆接触变质作用对各特征峰半峰宽的响应

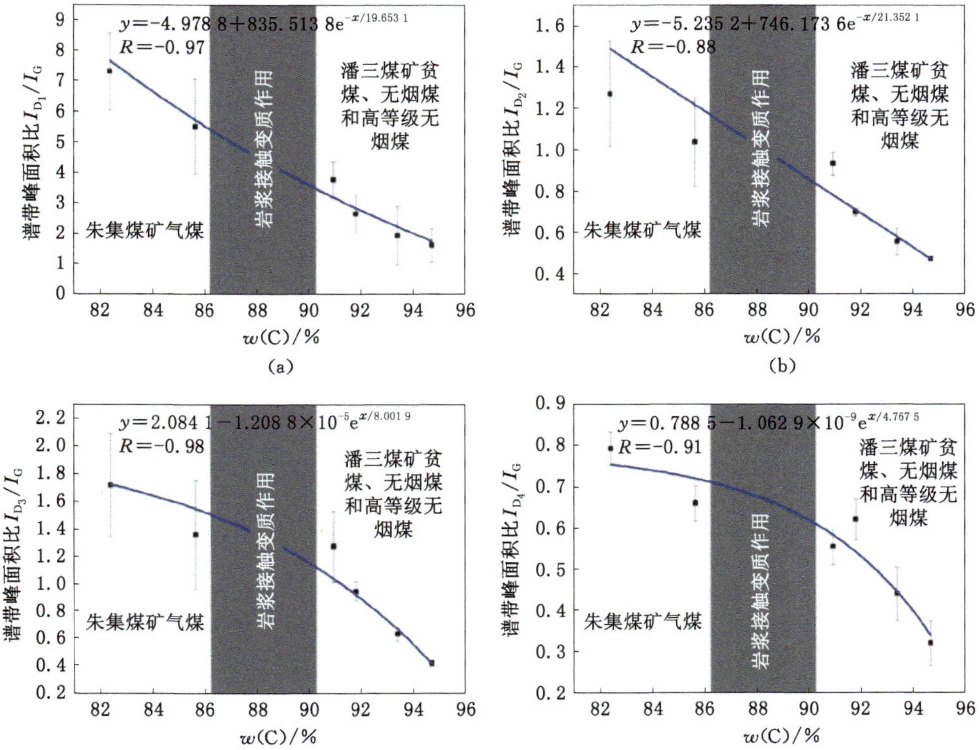

图 7-15　谱带峰面积比参数与煤中碳含量的相关性

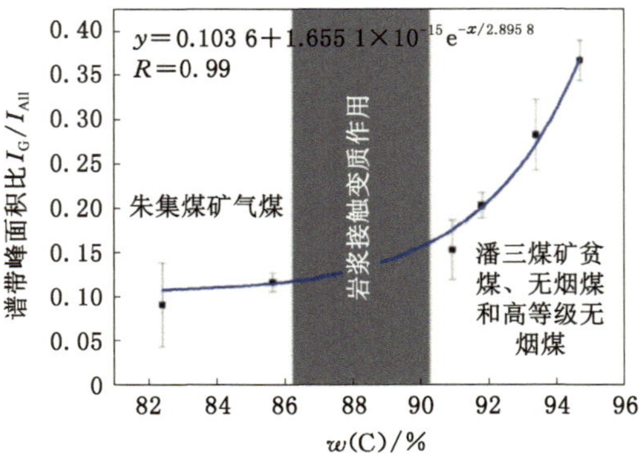

(e)

图 7-15 （续）

煤中芳香环缩合程度逐渐增加，基本结构单元尺寸迅速增大，石墨化程度进一步提高。这与用半峰宽所得到的结论一致。

7.4 淮南矿区接触变质煤孔隙结构的原子力显微镜表征

煤体物理结构与变质作用关系尚未有明确论述，是国内外煤岩学者广泛讨论的话题，但是对煤纳米级孔隙结构的演化与岩浆热演化作用的联系少有涉及，尤其是岩浆侵入时所附带的温度和应力效应对煤纳米级孔隙结构发育程度的作用机理。在前人的研究基础上，Hower[67]提出了温度效应是引起煤变质程度加深、大分子官能团发生变化的主导因素，应力效应可引起煤内部和外部结构的宏观形变，而对其纳米级结构的影响甚微。基于煤孔隙结构的演化规律，Duber 等[68]阐述了煤的孔隙率和大分子官能团结构之间的关系，得出了温度效应和应力效应共同提升了煤热演化的程度，而应力效应制约了煤中孔隙形态和孔径分布，并提出煤是由多种类型的孔隙及围绕孔壁分布的芳香环层片所构架的，而整个煤化作用表现于煤内在和表面孔隙不断增加或减少，同时其芳构化程度不断增高。综上所述，应力制约了煤的大分子结构，温度和应力作用同等重要。

本书采用原子力显微镜对朱集煤矿气煤和潘三煤矿贫煤、无烟煤和高等级无烟煤进行研究，探讨了岩浆接触变质作用对煤大分子结构和纳米级孔隙结构的影响，并证实了温度和应力因素共同起作用。

7.4.1 接触变质煤表面孔隙形貌特征

图 7-16 为朱集煤矿气煤和潘三煤矿贫煤、无烟煤和高等级无烟煤表面形貌的 AFM 图像。其中，图 7-16(a)是朱集煤矿气煤(ZJ-1′)5 μm×5 μm 扫描区域内的煤表面三维图像，该图清晰地反映了煤中各种孔隙的形貌特征，煤孔隙形状以椭圆形和圆形为主，孔隙光滑，轮廓清晰；孔隙大小主要以中孔和大孔为主，小孔和微孔不甚发育。另外，煤表面中孔有孤立分布的，也有和裂隙相连的。图 7-16(b)是潘三煤矿贫煤(PS-1)表面的三维图像，显示了煤表面发育的各种各样的微孔，与低变质气煤相比，贫煤表面孔隙以小孔和微孔为主。图 7-16(c)是潘三煤矿无烟煤(PS-2)表面的三维图像，显示了煤表面发育的各向同性的孔

隙，孔隙以微孔和小孔为主，且微裂隙不甚发育。图 7-16(d)是潘三煤矿高等级无烟煤(PS-3)表面的三维图像，显示了煤表面发育的微孔、小孔及规则状微裂隙。图 7-16(e)是潘三煤矿高等级无烟煤(PS-4)依次放大的三维图像，在 2 μm×2 μm 分辨率下仅能观察到煤中裂隙和中孔形态特征；在 1 μm×1 μm 分辨率下能清晰地观察到煤表面布满了大量的微孔和小孔，除椭圆形和圆形孔隙外，还少量发育梨形孔隙。其中，图 7-16(e)中②表明孔的边缘呈弯曲状，部分孔中含有煤微粒，不规则状的中孔和微裂隙是由部分微孔和小孔串联而成的。从图 7-16(b)～(e)中微孔和小孔的形态及产状来看，这些孔隙基本属于热变质成因孔。

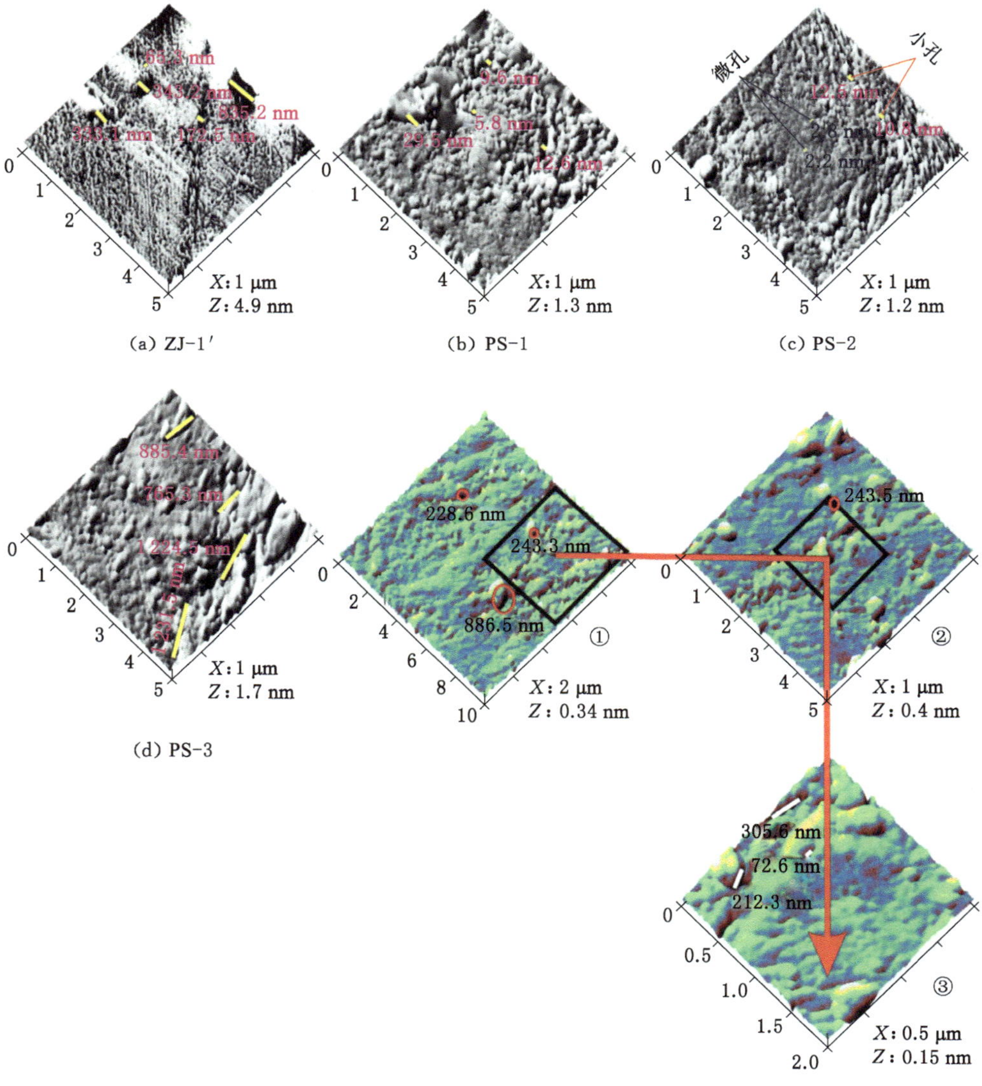

(a) ZJ-1′　(b) PS-1　(c) PS-2　(d) PS-3　(e) PS-4

图 7-16　煤中孔隙的 AFM 图像

(X 为平面坐标尺刻度值，Z 为三维垂直坐标尺刻度值，下同)

图 7-17 是气煤(ZJ-2′)和高等级无烟煤(PS-4)的高分辨率图像。由图可知，低变质气煤

表面纳米级结构以松散的栅格排列型结构为主，而无烟煤以紧密堆积的栅格排列型结构为主。煤的大分子结构特征决定了煤中分子间微孔隙的发育程度。气煤的 AFM 图像显示了煤大分子团纳米线的松散排列，中孔和小孔发育于大分子链间。高等级无烟煤大分子团纳米线排列紧密，使链间孔数量减少，这是由于岩浆接触变质作用破坏了凝胶化物质缩聚而形成链与链之间的孔，导致链间孔的减少。此外，由于高等级无烟煤变质程度高，煤中大分子的排列逐渐有序紧密，挤压了分子链的间隙，致使分子间的孔隙(链间孔)减少。

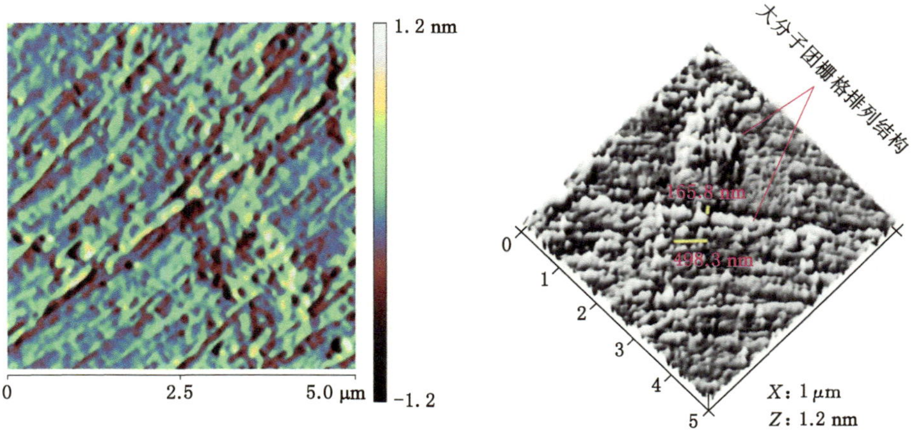

(a) ZJ-2′

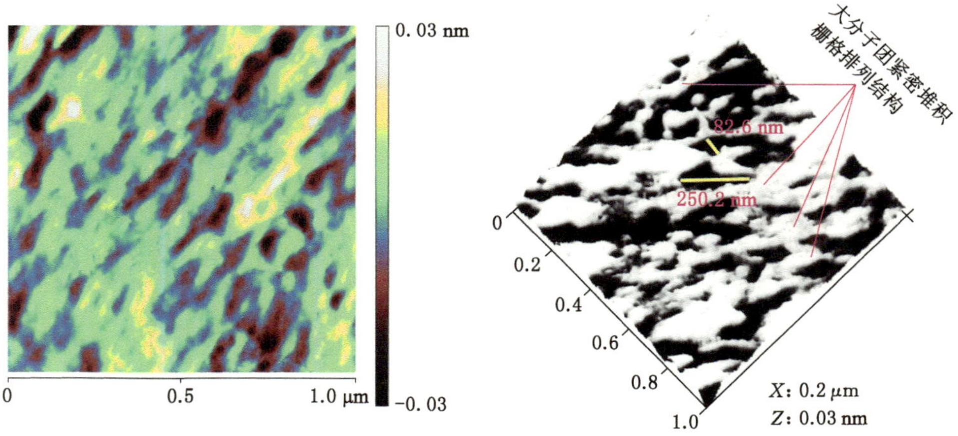

(b) PS-4

图 7-17　煤中分子间孔隙的 AFM 图像

(煤表面绿色突起区域为煤大分子团纳米线；深红色区域为相邻纳米线间煤分子间的孔隙，可能源于高分子主链骨架间的孔隙的位置)

7.4.2　接触变质煤孔径和孔隙率特征

Yao 等[69]研究表明，原子力显微镜在探针接触模式下有多种辅助分析样品的表面形态的方法，包括横切面分析、相分析和粒度分析。其中，横切面分析是通过对样品表面进行线分析，揭示了切面方向上样品形态特征，并测定单个孔的孔径和孔深；相分析给出了不同高度下样品的孔隙率；颗粒分析计算了煤表面各种微观形貌的面积。

图 7-18(a)表明了高等级无烟煤(PS-4)中各种形状的微孔隙，而该图仅能定性揭示孔隙形貌特征。图 7-18(b)是图 7-18(a)中蓝线所切的横切面图。利用 AFM 附带软件能够直接测定剖面上各种孔隙的孔径分布。其中，蓝色切线上最大孔(中孔)的孔径为 195.6 nm，孔深为 22.3 pm，最小孔(微孔)的孔径为 9.56 nm，孔深为 10.9 pm。蓝色切线方向上总共有 7 个孔。其中仅有 1 个中孔，其他为孔径小于 75 nm 的小孔和微孔，孔深小于 20 pm。此外，通过对高等级无烟煤 25 μm^2 区域[图 7-16(e)中②]内的 1 159 个孔隙进行科学统计，得出小孔和微孔为 684 个，占整个孔隙数量约为 59%。煤的孔隙形貌[图 7-18(a)]反映出孔壁光滑圆润，但切面图[图 7-18(b)]显示微孔的内壁有一定起伏。

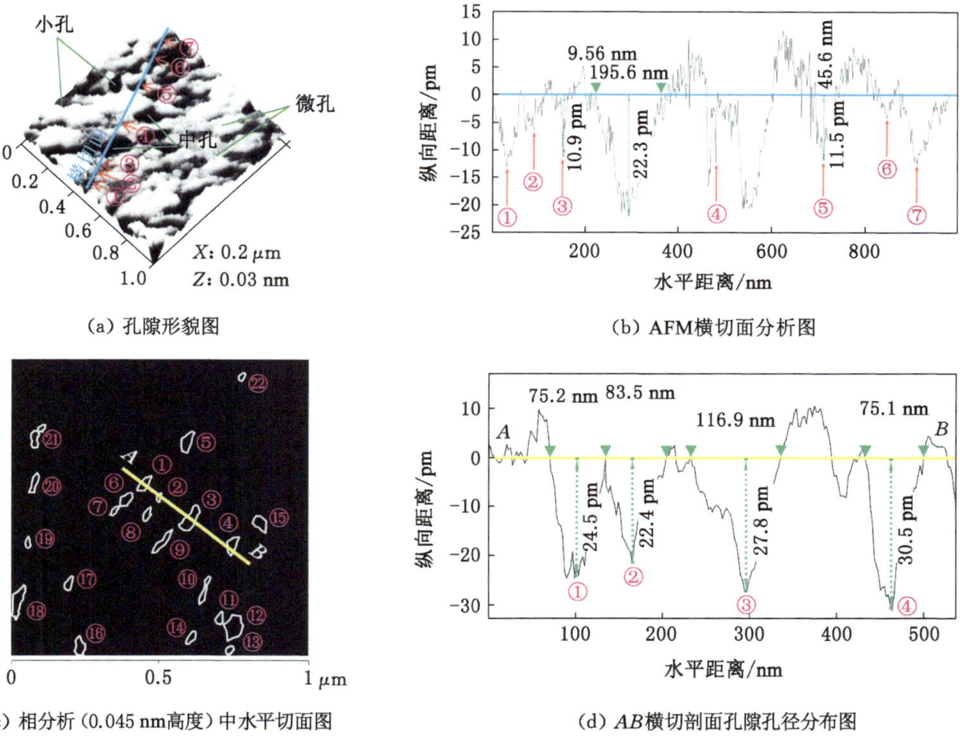

(a) 孔隙形貌图　(b) AFM横切面分析图

(c) 相分析 (0.045 nm高度) 中水平切面图　(d) *AB*横切剖面孔隙孔径分布图

图 7-18　高等级无烟煤(PS-4)的 AFM 分析图

图 7-18(c)、(d)为高等级无烟煤(PS-4)的 AFM 粒度分析与横切面分析图。在进行粒度分析前，先将图像灰度进行反转处理，这样图像中的孔隙就转变为颗粒。由于孔深的分布符合高斯正态分布($R=0.98$)。因此，最可几孔深为最大孔深(0.054 nm)的 0.84 倍，为 0.045 nm。以 0.045 nm 为基准面，自动识别样品表面孔隙形状，得到孔隙形态的二维图像[图 7-18(c)]。图 7-18(c)中黑色为基准面，白色圈闭为煤纳米线团之间的孔隙。表 7-8 是图 7-18(c)中识别出的全部孔隙和标注孔隙的测量数据。分析数据表明，图 7-18(c)中各种孔隙数量总和有 126 个，最大孔隙面积为 3 245 nm^2，最小孔隙面积仅为 12 nm^2，平均孔隙面积为 1 583 nm^2。图 7-18(d)显示了横切剖面上选择性孔隙的孔径和孔深，其中最大和最小孔径分别为 116.9 nm 和 75.1 nm，以及最大和最小孔深分别为 27.8 pm 和 22.4 pm。由于 AFM 图像一次分析的表面积有限，而统计样品的表面积越大，统计结果就越具代表性。

为此，进一步对较大区域范围的孔隙进行了统计和综合处理(表 7-9)。

表 7-8 PS-4 样品自动识别和选择性孔隙定量分析结果(扫描面积 1 μm²)

孔隙自动识别分析		选择性孔隙定量分析			
		孔编号	孔隙面积/nm²	孔编号	孔隙面积/nm²
总孔隙数量	126 个	1	297	16	353
微孔隙总面积	523 nm²	2	65	17	189
		3	674	18	614
小孔隙总面积	5 227 nm²	4	328	19	102
		5	435	20	245
中孔隙总面积	470 nm²	6	306	21	372
		7	103	22	93
大孔隙总面积	110 nm²	8	173		
		9	339		
孔隙总面积	6 329 nm²	10	251		
		11	169		
孔隙平均面积	1 583	12	845		
		13	126		
面孔率	0.63%	14	187		
		15	63		

表 7-9 研究样品自动识别孔隙定量分析结果(扫描面积 25 μm²)

样品编号	孔隙总数量	微孔隙总面积/nm²	小孔隙总面积/nm²	中孔隙总面积/nm²	大孔隙总面积/nm²	孔隙总面积/nm²	孔隙平均面积/nm²	面孔率/%
ZJ-1′	4 632	1 244	13 684	62 200	254 375	331 503	82 876	1.33
ZJ-2′	3 924	1 760	19 360	88 000	271 873	380 993	95 248	1.52
PS-1	1 596	6 517	97 755	19 551	68 350	192 173	48 043	0.77
PS-2	1 331	6 372	95 580	19 116	68 082	189 150	47 288	0.76
PS-3	1 437	2 698	26 980	5 396	902	35 976	8 994	0.14
PS-4	1 159	2 404	24 040	2 885	684	30 013	7 503	0.12

7.4.3 煤纳米级孔隙结构与接触变质作用的关系

前人研究结果表明，当煤中干燥无灰基碳含量[w(C)]大于 83%时，低变质程度煤的孔隙率一般大于 10%；当煤中干燥无灰基碳含量近于 89%时，中变质程度煤孔隙率最低(<3%)。但随着煤变质程度加深孔隙率再次增高，这是由于高煤阶煤中裂隙增多所致。图 7-19 表明，孔隙率与煤化度呈抛物线形分布，最小值大约出现在 w(C)为 89%处，这可认为是由于煤化度的增加，煤在变质作用下结构趋紧密，因此表现为内表面积与孔隙率等物化常数在 w(C)小于 90%前有下降的趋势。但当煤化度较高(一般大于 90%)接近无烟煤

阶段时，则由于煤结构的变化、分子排列趋向规则化甚至开始趋向石墨晶体，而使煤的物化常数呈现增大的趋势。

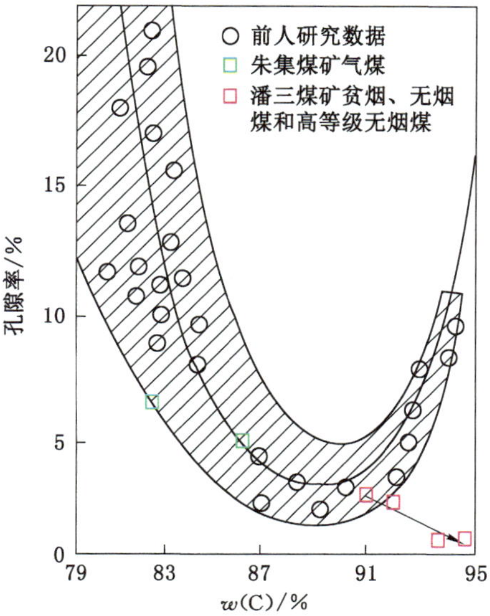

图 7-19　孔隙率与煤化度的关系

由于 AFM 扫面范围有限，所得样品孔隙率为扫描面积 25 μm^2 下的孔隙率。为了更加准确地诠释实际样品孔隙率，在原先研究成果的基础上，采用 NanoScope Analysis 软件反演研究样品的孔隙率，并投影至图 7-19 中。对比前人分析数据，我们可以得出，朱集煤矿煤样的孔隙率与其自身煤化程度相吻合，即随着煤中碳含量的增加，孔隙率相应地减少；而潘三煤矿煤样却没有呈现相应的变化规律，即随着煤中碳含量的增加，孔隙率不增加反而减少。具体解释如下：

煤孔隙率 φ 可表示为：$\varphi=V_{总孔}/V_{煤}\approx(V_{微孔}+V_{小孔}+V_{中孔}+V_{大孔})/V_{煤}$（$V$ 为体积）。岩浆的热演化和接触变质作用使得紧邻岩体的煤（PS-3 和 PS-4）发育大量热变质气孔。AFM 定量分析证实发育的热变质气孔类型主要以微孔和小孔为主，而中孔和大孔相对于稍远离岩浆侵入体的煤（PS-1 和 PS-2）却大幅度减少了。

以往研究成果表明，经受接触变质作用的煤密度增大而总体积减小，这是由于岩浆热作用使得煤中挥发分降低。另外，岩浆侵入后，常常有岩浆期后的热液随后形成，这些热液常沿煤中裂隙贯入煤层，形成热液石英脉、碳酸盐脉等，导致煤中矿物质含量增高，这些后生矿物的形成将充填或塞入煤中原生和次生孔隙，使得煤中总孔隙数量降低，导致煤的总孔隙体积减少。由此得出，虽然（$V_{微孔}+V_{小孔}$）值增加，但（$V_{中孔}+V_{大孔}$）减少的幅度要更大，加之矿物充填作用，使得 $V_{总孔}$ 进一步降低，即使 $V_{煤}$ 同样减少，但是，前者减少的程度远大于后者。总体上反映出，紧邻岩体煤孔隙率降低。上述结论验证了：随着煤化程度加深，煤表面各种孔隙的孔径逐渐减小，而微孔总体积占总体积的份额逐渐增多，反映了煤纳米级孔隙结构呈现均质性和紧密性特征。

Yao 等[69]研究表明，无烟煤表面孔隙总数量、孔隙总面积及孔隙率均比气煤的高，这与本次研究结果不一致，可能是由于：岩浆侵入所带来的热量使得接触带内煤在变质过程中发生生气和聚气作用致使煤中变质气孔的发育程度增加，即温度对煤中孔隙的发育起到促进作用；然而，岩浆侵入所附加的应力作用（挤压作用和剪切作用）引起煤层脆-韧性变形，约束了煤表面微观孔隙发展，进而在宏观上使得煤孔隙率降低。温度和应力共同起作用，这两种作用相互博弈。姚素平等[38]通过测试构造煤和抽提出的可溶有机分子的大分子结构，发现温度和应力共同作用致使煤化学结构发生质变。结合本次研究的成果，我们可以认为，岩浆接触变质作用对煤纳米级孔隙结构的改造中温度起到促进作用而压力起到制约作用。

7.5 淮南矿区岩浆侵入对煤和甲烷同位素的影响

煤的接触变质来自直接进入煤层的岩浆岩侵入，形成浅成侵入岩，如岩脉、岩床和其他类型的岩浆岩侵入。岩浆热液对煤的变质作用除了吞噬部分煤层和使煤层结构复杂化外，还有积极的意义，即热变质作用有利于低变质煤向高等级烟煤和无烟煤的转变，从而提高煤炭的利用价值。煤在岩浆接触变质作用下的主要变质产物是天然焦和热变质煤（thermally altered coal，TAC）。局部岩浆岩侵入对煤相和煤质特征的影响主要与位置、温度、传热方式、侵入体形式和大小、接触带接触距离和围岩热特征有关。与正常煤化过程中的煤相比，接触变质作用下的煤可能遵循不同的地球化学轨迹。与正常埋藏变质作用的地温场相比，在高地温梯度或侵入快速释放热流的前提下，煤的镜质体反射率与挥发分的关系不同。

此外，岩浆岩侵入可能对煤中 CH_4 的形成有重要影响。岩浆岩侵入引起的煤与瓦斯突出是煤矿安全有效开采的主要问题之一。靠近接触带的煤在加热时会形成可塑物质，可以注入接触带两侧的裂缝中。随着这些变化，气体吸附量、孔隙率和碳氢化合物（CH_4）含量增加，气体在侵入体附近可能出现扩散速率增加。然而煤在岩壁附近的孔隙率和表面积都有所减小。一些研究表明，近侵入体产生的 CH_4 可能被困在煤中，侵入体本身可以看作是封闭 CH_4 生成的一种手段。侵入体的热效应不仅提升了变质煤的吸附能力和孔隙率，还提升了气体的扩散速率和储气库的圈闭能力。因此，岩浆岩侵入引起煤与瓦斯突出的原因可归纳为两点。一方面，煤的热变质作用生成了 CH_4 等烃类，增加了煤层总含气量；另一方面，接触变质作用降低了煤的吸附能力，而煤的热演化则增加了煤的吸附能力。在较好的煤层气封闭条件下，地层压力的异常变化是煤层煤与瓦斯突出的重要原因。

本书在充分利用前人研究成果的基础上，以案例分析为基础，深入了解 TAC 的元素变化，并在此基础上区分不同等级的热作用区；利用镜质体反射率来精确计算热变质温度（thermal metamorphic temperature，TMT），并识别压力效应；分析 TAC 和气体的碳同位素组成，并探讨两者之间碳同位素的分馏机理。

7.5.1 TAC 基本性质的变化

在油浸条件下，R_o 值从环境水平的 0.77%～0.86%增加到直接靠近侵入体的 4.15%（图 7-20）。从 R_o 分布图来看，热晕的范围约为 3.25 m，约为岩脉厚度（2.4 m）的 1.35 倍。靠近侵入体时 R_o 没有减小，即没有发生逆转。从图 7-20 中也可以看出，R_o 与 TMT 曲线形式的变化趋势极为平行，这直接说明 TAC 的热成熟度受侵入温度辐射强度的控制。

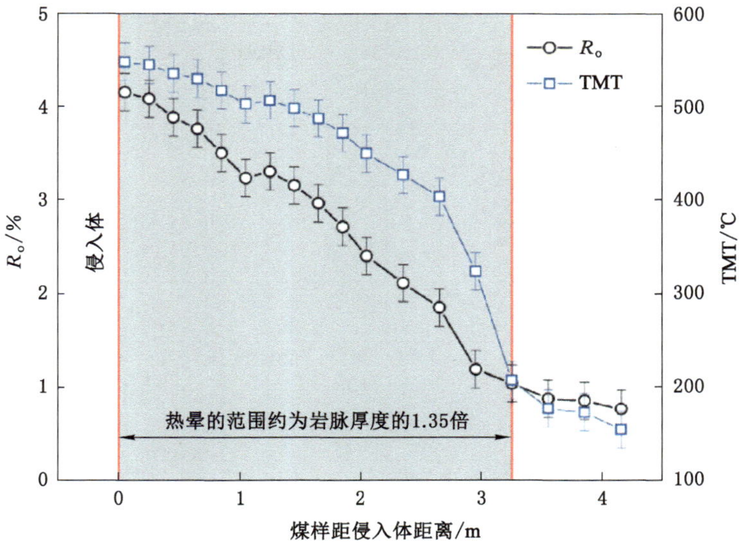

图 7-20　接触变质煤样镜质体反射率(R_o)和热变质温度(TMT)与煤样距侵入体距离的关系

部分煤样(TAC-1～TAC-11)受侵入体热效应影响灰分很高,达到了 38.7%(平均值),反映出这些煤样中矿物含量与环境样品(TAC-15～TAC-18)相比明显增加。以前的研究表明,在受热影响的矿层内部和附近会形成新的矿物,特别是碳酸盐。煤的灰分通常从煤层未改变的部分向侵入体方向增加。一般来说,这种增加不是由于侵入时全部或部分熔融岩石的侵入,而是由于溶液和气相物质的引入。最重要的添加物是 CO_2,这可能部分来自伴随侵入物的挥发分中的 CO_2,部分来自在侵入体温度下容易发生的碳质物质与水的反应。大量的 CO_2 可使煤和侵入体中的许多矿物转化为碳酸盐,其中方解石尤为常见。由此可以推断,增加的矿物很大程度上是方解石。此外,Rimmer 等[70]的研究证实 TAC 富含方解石,并指出方解石含量与原始挥发分测定值和酸脱矿后挥发分测定值的差异有很好的相关性。因此,TAC 需要进行酸处理(使用 HCl),以掌握挥发分和灰分的内在变化。

7.5.2　TAC 的有机碳同位素特征

煤的 $\delta^{13}C_{org}$(‰)与现代陆生植物的相似,平均为 25‰左右。世界上不同含煤地层中煤的 $\delta^{13}C_{org}$ 为－35‰～－20‰,平均值为 24‰,其中烟煤形成的腐泥型煤的 $\delta^{13}C_{org}$ 为－35‰～－30‰,木质素或纤维素形成的腐殖型煤的 $\delta^{13}C_{org}$ 为－23.5‰～－25.5‰。从图 7-21(a)中可以看出,热晕区 14 个样品的 $\delta^{13}C_{org}$ 中位值约为－24.9‰,背景区 4 个样品的 $\delta^{13}C_{org}$ 中位值约为－25.3‰,均在腐殖型煤的 $\delta^{13}C_{org}$ 范围内。岩浆接触过程中的快速热作用对煤变质作用的升级有显著作用,增加了煤中芳香环的缩合程度和定向排列程度,即改变了煤的大分子结构组成。然而,TAC 的 $\delta^{13}C_{org}$ 变化不大。对煤碳同位素组成的研究表明,煤的 $^{13}C/^{12}C$ 比值变化,但似乎与煤的煤阶或年龄无关。Deines[71]利用统计方法分析了 C_3 植物和 C_4 植物的碳同位素组成,结果表明:C_3 植物 $\delta^{13}C_{org}$ 中位值约为－60‰,C_4 植物 $\delta^{13}C_{org}$ 中位值约为－25‰。这种差异主要来自古代环境下植物的光合作用。因此,煤中 $\delta^{13}C_{org}$ 的变化主要局限于成煤物质,其次是煤的成煤作用。

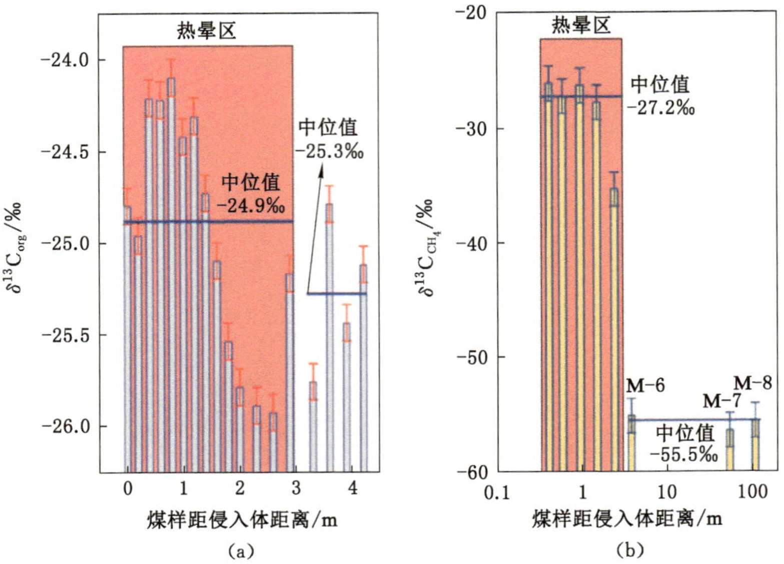

图 7-21　$\delta^{13}C_{org}$ 和 $\delta^{13}C_{CH_4}$ 直方图

($\delta^{13}C_{CH_4}$ 以对数标度绘制)

7.5.3　气体样品的碳同位素

甲烷(CH_4)碳同位素组成是判别天然气成因的重要指标，$\delta^{13}C_{CH_4}$ 值－55‰为热成因气和生物成因气的阈值。研究表明，淮南煤田各矿区煤层气的 $\delta^{13}C_{CH_4}$ 均小于－55‰，属于生物成因气的分布范围。图 7-21(b)为 8 种气体样品的 $\delta^{13}C_{CH_4}$ 测试结果。远离侵入体的环境样品(M-6)和背景样品(M-7 和 M-8)的 $\delta^{13}C_{CH_4}$ 中位值约为－55.5‰，略小于－55‰，属于生物成因气，而位于热晕区的 5 个样品的 $\delta^{13}C_{CH_4}$ 为－35.3‰～－26.1‰，远大于－55‰，属热成因气(thermogenic gas，TMG)。值得注意的是，煤层气成因中提到的 TMG 是煤中有机质在温度(50 ℃以上)和压力作用下发生的一系列物理化学变化，使煤中富氢、富氧挥发分主要以 CH_4、CO_2 和 H_2O 的形式释放出来。该类 TMG 的形成来源于煤的埋藏变质作用。而在本书中，正常埋藏变质作用生成的天然气不属于 TMG(即 M-6、M-7、M-8)。煤成气仅在正常埋藏成熟的基础上叠加接触变质作用，具有 TMG 特征(即 M-5～M-1)。因此，岩浆接触热产生的气体属于高阶煤层气。

参考文献

[1] 王仲勋，郭永存. 煤层气开发理论研究进展及展望[J]. 天然气勘探与开发，2005，28(4)：64-66，74.

[2] 陈同刚. 韩城地区煤储层精细描述及物性主控因素研究[D]. 北京：中国地质大学(北京)，2013.

[3] 杨师宇，姚艳斌，魏韧，等. 乌鲁木齐河东矿区煤储层渗流孔孔隙分形特征研究[J]. 煤炭

科学技术,2020,48(8):175-183.
[4] 郝春生.阳泉寺家庄矿煤储层孔裂隙系统及渗透性特征[J].煤炭与化工,2015,38(10):5-9.
[5] OKOLO G N,EVERSON R C,NEOMAGUS H W J P,et al. Comparing the porosity and surface areas of coal as measured by gas adsorption,mercury intrusion and SAXS techniques[J]. Fuel,2015,141:293-304.
[6] NIE B S,LIU X F,YANG L L,et al. Pore structure characterization of different rank coals using gas adsorption and scanning electron microscopy[J]. Fuel, 2015, 158: 908-917.
[7] 康志勤,李翔,杨涛,等.基于传导、对流不同加热模式的油页岩孔隙结构变化的对比研究[J].岩石力学与工程学报,2018,37(11):2565-2575.
[8] 吕帅锋,王生维,刘洪太,等.煤储层天然裂隙系统对水力压裂裂缝扩展形态的影响分析[J].煤炭学报,2020,45(7):2590-2601.
[9] 曾联波,李忠兴,史成恩,等.鄂尔多斯盆地上三叠统延长组特低渗透砂岩储层裂缝特征及成因[J].地质学报,2007,81(2):174-180.
[10] 王芳川,赵靖舟,丁文龙,等.渝东南地区龙马溪组页岩裂缝发育特征[J].天然气地球科学,2015,26(4):760-770.
[11] 张洲,鲜保安,连小华,等.低渗煤储层背景下高渗带主控地质因素及模式[J].天然气地球科学,2018,29(11):1656-1663.
[12] 邓泽,王红岩,姜振学,等.深部煤储层孔裂隙结构对煤层气赋存的影响:以鄂尔多斯盆地东缘大宁-吉县区块为例[J].煤炭科学技术,2024,52(8):106-123.
[13] ZHANG Y L,LI Z S. Raman spectroscopic study of chemical structure and thermal maturity of vitrinite from a suite of Australia coals[J]. Fuel,2019,241:188-198.
[14] 刘大锰,李振涛,蔡益栋.煤储层孔-裂隙非均质性及其地质影响因素研究进展[J].煤炭科学技术,2015,43(2):10-15.
[15] 霍多特.煤与瓦斯突出[M].宋士钊,王佑安,译.北京:中国工业出版社,1966.
[16] 郝琦.煤的显微孔隙形态特征及其成因探讨[J].煤炭学报,1987(4):51-56,97-101.
[17] 张慧.煤孔隙的成因类型及其研究[J].煤炭学报,2001,26(1):40-44.
[18] 桑树勋,朱炎铭,张时音,等.煤吸附气体的固气作用机理(Ⅰ):煤孔隙结构与固气作用[J].天然气工业,2005,25(1):13-15.
[19] 傅雪海,秦勇,张万红,等.基于煤层气运移的煤孔隙分形分类及自然分类研究[J].科学通报,2005,50(增刊 1):51-55.
[20] 姜波,琚宜文.构造煤结构及其储层物性特征[J].天然气工业,2004,24(5):27-29,146.
[21] 姚艳斌,刘大锰,汤达祯,等.沁水盆地煤储层微裂隙发育的煤岩学控制机理[J].中国矿业大学学报,2010,39(1):6-13.
[22] 程远平,胡彪.基于煤中甲烷赋存和运移特性的新孔隙分类方法[J].煤炭学报,2023,48(1):212-225.
[23] 程远平,胡彪.微孔填充:煤中甲烷的主要赋存形式[J].煤炭学报,2021,46(9):

2933-2948.
[24] CLARKSON C R,BUSTIN R M. The effect of pore structure and gas pressure upon the transport properties of coal:a laboratory and modeling study. 1. Isotherms and pore volume distributions[J]. Fuel,1999,78(11):1333-1344.
[25] ZONG G,NING H,JIANG H,et al. The lumping kinetic model for the heavy oil catalytic cracking MIP process[J]. Petroleum science and technology,2010,28(17):1778-1787.
[26] SCHMITT M,FERNANDES C P,DA CUNHA NETO J A B,et al. Characterization of pore systems in seal rocks using nitrogen gas adsorption combined with mercury injection capillary pressure techniques[J]. Marine and petroleum geology,2013,39(1):138-149.
[27] SONG Y,JIANG B,LI F L,et al. Structure and fractal characteristic of micro- and meso-pores in low,middle-rank tectonic deformed coals by CO_2 and N_2 adsorption[J]. Microporous and mesoporous materials,2017,253:191-202.
[28] YAO Y B, LIU D M. Comparison of low-field NMR and mercury intrusion porosimetry in characterizing pore size distributions of coals[J]. Fuel, 2012, 95:152-158.
[29] ZHAO Y X,SUN Y F,LIU S M,et al. Pore structure characterization of coal by NMR cryoporometry[J]. Fuel,2017,190:359-369.
[30] ZOU M J,WEI C T,ZHANG M,et al. Classifying coal pores and estimating reservoir parameters by nuclear magnetic resonance and mercury intrusion porosimetry[J]. Energy & fuels,2013,27(7):3699-3708.
[31] 林海飞,蔚文斌,李树刚,等. 低阶煤孔隙结构对瓦斯吸附特性影响的试验研究[J]. 煤炭科学技术,2016,44(6):127-133.
[32] 李祥春,李忠备,张良,等. 不同煤阶煤样孔隙结构表征及其对瓦斯解吸扩散的影响[J]. 煤炭学报,2019,44(增刊1):142-156.
[33] 李阳,张玉贵,张浪,等. 基于压汞、低温 N_2 吸附和 CO_2 吸附的构造煤孔隙结构表征[J]. 煤炭学报,2019,44(4):1188-1196.
[34] 孙英峰. 基于煤三维孔隙结构的气体吸附扩散行为研究[D]. 北京:中国矿业大学(北京),2018.
[35] 王超勇,鲍园,琚宜文. 利用 FE-SEM、HIP、N_2 吸附实验表征生物气化煤系有机岩储层微观孔隙结构演化[J]. 地球科学,2020,45(1):251-262.
[36] 卢双舫,张亚念,李俊乾,等. 纳米技术在非常规油气勘探开发中的应用[J]. 矿物岩石地球化学通报,2016,35(1):28-36.
[37] CURTIS M E, AMBROSE R J, SONDERGELD C H, et al. Transmission and scanning electron microscopy investigation of pore connectivity of gas shales on the nanoscale[C]//Proceedings of North American Unconventional Gas Conference and Exhibition, June 14-16, 2011, The Woodlands, Texas, USA. [S. l: s. n.], 2011:144391.

[38] 姚素平,焦堃,张科,等.煤纳米孔隙结构的原子力显微镜研究[J].科学通报,2011,56(22):1820-1827.

[39] LIU X F,SONG D Z,HE X Q,et al. Nanopore structure of deep-burial coals explored by AFM[J]. Fuel,2019,246:9-17.

[40] ZHOU S D,LIU D M,CAI Y D,et al. Effects of the coalification jump on the petrophysical properties of lignite,subbituminous and high-volatile bituminous coals[J]. Fuel,2017,199:219-228.

[41] 宋党育,何凯凯,吉小峰,等.基于CT扫描的煤中孔裂隙精细表征[J].天然气工业,2018,38(3):41-49.

[42] WANG G,JIANG C H,SHEN J N,et al. Deformation and water transport behaviors study of heterogenous coal using CT-based 3D simulation[J]. International journal of coal geology,2019,211:103204.

[43] WANG G,QIN X J,SHEN J N,et al. Quantitative analysis of microscopic structure and gas seepage characteristics of low-rank coal based on CT three-dimensional reconstruction of CT images and fractal theory[J]. Fuel,2019,256:115900.

[44] WANG G,SHEN J N,LIU S M,et al. Three-dimensional modeling and analysis of macro-pore structure of coal using combined X-ray CT imaging and fractal theory[J]. International journal of rock mechanics and mining sciences,2019,123:104082.

[45] WANG G,HAN D Y,QIN X J,et al. A comprehensive method for studying pore structure and seepage characteristics of coal mass based on 3D CT reconstruction and NMR[J]. Fuel,2020,281:118735.

[46] 李明,姜波,秦勇,等.构造煤中矿物质对孔隙结构的影响研究[J].煤炭学报,2017,42(3):726-731.

[47] 聂百胜,伦嘉云,王科迪,等.煤储层纳米孔隙结构及其瓦斯扩散特征[J].地球科学,2018,43(5):1755-1762.

[48] ZHANG L,KANG Q J,YAO J,et al. Pore scale simulation of liquid and gas two-phase flow based on digital core technology[J]. Science China technological sciences,2015,58(8):1375-1384.

[49] NI X M,MIAO J,LV R S,et al. Quantitative 3D spatial characterization and flow simulation of coal macropores based on μCT technology[J]. Fuel,2017,200:199-207.

[50] ZHANG Z G,CAO S G,LI Y,et al. Effect of moisture content on methane adsorption- and desorption-induced deformation of tectonically deformed coal[J]. Adsorption science & technology,2018,36(9/10):1648-1668.

[51] AL-RAOUSH R I,WILLSON C S. Extraction of physically realistic pore network properties from three-dimensional synchrotron X-ray microtomography images of unconsolidated porous media systems[J]. Journal of hydrology,2005,300(1/2/3/4):44-64.

[52] DONG H,BLUNT M J. Pore-network extraction from micro-computerized-tomography images[J]. Physical review E,statistical,nonlinear,and soft matter

physics,2009,80(3):036307.

[53] ZHAO H Q, MACDONALD I F, KWIECIEN M J. Multi-orientation scanning: a necessity in the identification of pore necks in porous media by 3-D computer reconstruction from serial section data[J]. Journal of colloid and interface science, 1994,162(2):390-401.

[54] DELERUE J F,PERRIER E. DXSoil,a library for 3D image analysis in soil science [J]. Computers & geosciences,2002,28(9):1041-1050.

[55] ROSEN H,NOVAKOV T. Raman scattering and the characterisation of atmospheric aerosol particles[J]. Nature,1977,266:708-710.

[56] GREEN P D, JOHNSON C A, THOMAS K M. Applications of laser Raman microprobe spectroscopy to the characterization of coals and cokes[J]. Fuel,1983,62 (9):1013-1023.

[57] JOHNSON C A,PATRICK J W,THOMAS K M. Characterization of coal chars by Raman spectroscopy,X-ray diffraction and reflectance measurements[J]. Fuel,1986, 65(9):1284-1290.

[58] MENNELLA V,MONACO G,COLANGELI L,et al. Raman spectra of carbon-based materials excited at 1 064 nm[J]. Carbon,1995,33(2):115-121.

[59] BAR-ZIV E,ZAIDA A,SALATINO P,et al. Diagnostics of carbon gasification by Raman microprobe spectroscopy[J]. Proceedings of the Combustion Institute,2000, 28(2):2369-2374.

[60] JAWHARI T,ROID A,CASADO J. Raman spectroscopic characterization of some commercially available carbon black materials[J]. Carbon,1995,33(11):1561-1565.

[61] FERRARI A C,ROBERTSON J. Interpretation of Raman spectra of disordered and amorphous carbon[J]. Physical review B,2000,61(20):14095-14107.

[62] FUJIMOTO H,SHIRAISHI M. Characterization of unordered carbon using Warren-Bodenstein's equation[J]. Carbon,2001,39(11):1753-1761.

[63] QUIRICO E,ROUZAUD J N,BONAL L,et al. Maturation grade of coals as revealed by Raman spectroscopy: progress and problems[J]. Spectrochimica acta part A: molecular and biomolecular spectroscopy,2005,61(10):2368-2377.

[64] SADEZKY A,MUCKENHUBER H,GROTHE H,et al. Raman microspectroscopy of soot and related carbonaceous materials: spectral analysis and structural information[J]. Carbon,2005,43(8):1731-1742.

[65] LI X J,HAYASHI J I,LI C Z. FT-Raman spectroscopic study of the evolution of char structure during the pyrolysis of a Victorian brown coal[J]. Fuel,2006,85(12/13): 1700-1707.

[66] VAN DOORN J,VUURMAN M A,TROMP P J J,et al. Correlation between Raman spectroscopic data and the temperature-programmed oxidation reactivity of coals and carbons[J]. Fuel processing technology,1990,24:407-413.

[67] HOWER J C. Observations on the role of the Bernice coal field (Sullivan County,

Pennsylvania) anthracites in the development of coalification theories in the Appalachians[J]. International journal of coal geology, 1997, 33(2): 95-102.

[68] DUBER S, ROUZAUD J N. Calculation of reflectance values for two models of texture of carbon materials[J]. International journal of coal geology, 1999, 38(3/4): 333-348.

[69] YAO S P, JIAO K, ZHANG K, et al. An atomic force microscopy study of coal nanopore structure[J]. Chinese science bulletin, 2011, 56(25): 2706-2712.

[70] RIMMER S M, YOKSOULIAN L E, HOWER J C. Anatomy of an intruded coal, I: effect of contact metamorphism on whole-coal geochemistry, Springfield (No. 5) (Pennsylvanian) coal, Illinois basin[J]. International journal of coal geology, 2009, 79(3): 74-82.

[71] DEINES P. The isotopic composition of reduced organic carbon[M]//FRITZ P, FONTES J C. Handbook of environmental isotope geochemistry, volume 1: the terrestrial environment. [S. l.: s. n.], 1980: 329-406.

第8章　岩浆接触变质煤的吸附-解吸特性

8.1　煤的表面性质和吸附-解吸的基本原理

煤是一种多孔介质，与煤伴生的煤层气以吸附态、游离态、水溶态赋存于煤体中，煤层气主要以物理吸附的形式赋存在煤的过渡孔、微孔和煤体表面。大量理论和实验研究证实，甲烷气体在煤内表面的吸附主要是物理吸附，其本质是甲烷气体分子和煤分子之间的相互作用力导致甲烷气体分子在煤表面上的停留。煤对甲烷的吸附-解吸是压力上升/下降过程中吸附剂（煤基质）与吸附质（甲烷气体）之间范德瓦耳斯力作用而引起的甲烷含量变化的过程，实质上是在一定温度、压力条件下固、气、液三相介质相互作用的结果。

国外学者率先进行一系列的探索实验及建立吸附模型，开展甲烷吸附理论的研究。Joubert 等[1]建立了吸附量与煤岩含水率的吸附关系式。在前人基础上，Lee 等[2]进一步建立了水分、压力、温度、煤阶等多因素的吸附关系式。Zannoni 等[3]系统探讨了 CO_2 和 CH_4 在不同变质程度煤中的吸附/扩散行为，认为朗缪尔模型不适合在高压环境下拟合等温吸附实验数据。我国的甲烷吸附理论研究起步于 20 世纪 90 年代，并延续了当时的国际研究方向，即主要采用朗缪尔模型来描述等温吸附过程。王恩元等[4]研究认为，煤对甲烷的吸附属于单分子层物理吸附，吸附等温线属于 Bruhauer 5 种类型吸附等温线中的 Ⅰ 类。辜敏等[5]通过朗缪尔模型模拟多组分气体吸附，推测多组分气体间存在竞争吸附。蔺金太等[6]认为煤岩中 CH_4、CO_2、N_2 的吸附均为物理吸附，煤对 CH_4 和 N_2 的吸附可以通过朗缪尔单分子层吸附模型来描述，但 CO_2 的吸附则要用 BET 吸附模型来描述。唐书恒等[7]通过多元气体的吸附-解吸实验研究认为，多元气体中吸附能力较强的气体优先在煤孔隙内表面吸附。桑树勋等[8]认为煤-煤层气吸附体系中应存在多元化的吸附模型，朗缪尔单分子层吸附模型具有一定的局限性，其受到孔隙发育和外界压力的制约。

解吸是煤中吸附气体在外界压力变化影响下转变成游离气体的过程，吸附/解吸动态平衡的结果是造成煤中吸附气体量减少。相对于煤对甲烷吸附的研究来说，国内外学者对解吸方面的研究较少，并在相当长的一段时期内人们都认为煤对甲烷的吸附与解吸过程是可逆的[9-10]。随着研究的深入及实验条件的不断更新改进，国内外学者发现甲烷的吸附/解吸曲线虽然很相似，但存在着一定程度的差异，吸附与解吸过程并不是简单的可逆过程。Clarkson 等[11]研究发现，煤中混合气体的吸附与解吸是可逆的，且吸附与解吸过程的压力和吸附量曲线相同。Greaves 等[12]在含平衡水煤样吸附实验中发现，吸附与解吸过程中压力和吸附量曲线存在着明显差异，吸附与解吸并不完全可逆。张遂安等[13]通过对不同样品中不同单组分气体（CH_4、CO_2、N_2）和不同配比的多组分混合气体的等温吸附/解吸模拟实验，提出煤对气体的吸附与解吸过程既具有可逆性，又具有一定的解吸过程滞后性。

谢勇强等[14]通过对低煤阶煤的瓦斯吸附与解吸可逆性进行研究发现，长焰煤和焦煤的吸附-解吸等温线符合朗缪尔方程，且长焰煤出现了吸附滞后，吸附与解吸不完全可逆，而焦煤的吸附与解吸过程可逆。简阔等[15]进行了不同温度条件下构造煤的 CH_4 吸附-解吸实验，认为构造煤煤层气解吸阶段相比原生结构煤受温度及构造变形作用的影响更大，具有明显向低压偏移特征。宋志敏等[16]研究平顶山矿区不同类型构造煤吸附-解吸特征发现，在高温高压平衡水分条件下，吸附与解吸不可逆且出现解吸滞后；随着煤的破坏程度增加，吸附与解吸不可逆程度加大。煤吸附与解吸等温线的不重合性说明，在开展构造煤的解吸特性研究时，不能简单采用吸附实验数据进行代替。

影响煤甲烷吸附-解吸过程的因素很多，主要有煤阶、破坏程度、压力、温度、粒径等。Busch 等[17]选取了不同煤阶的样品进行甲烷等温吸附实验，发现其 CH_4 吸附量随煤阶的变化呈抛物线趋势，在镜质体反射率为 1%时最小。Bhowmik 等[18]在 30 ℃和 7.8 MPa 最高试验压力下，对镜质体反射率为 0.64%～1.3%的干燥煤样进行等温吸附实验研究发现，煤的甲烷吸附能力随着煤变质程度的增加呈“U”形变化趋势。

8.2　岩浆接触变质煤的吸附-解吸实验方法和结果

8.2.1　高压吸附瓦斯实验

高压吸附瓦斯实验是在恒温 30 ℃条件下完成的，在中国矿业大学煤矿瓦斯治理国家工程研究中心完成，使用仪器见图 8-1。

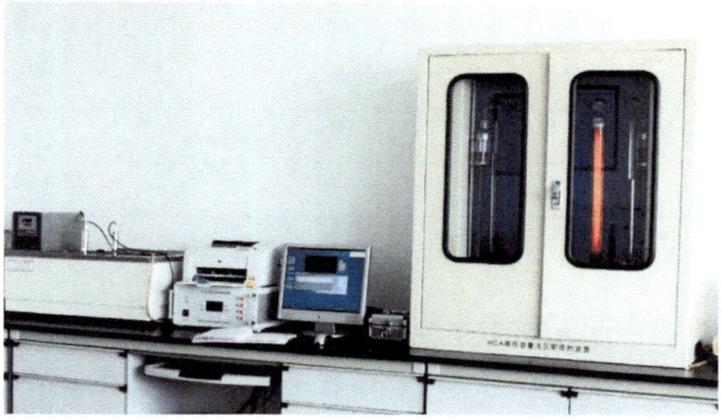

图 8-1　HCA 高压容量法瓦斯吸附装置

卧龙湖煤矿和海孜煤矿 23 个煤样极限吸附常数 a、吸附常数 b 和朗缪尔压力测定结果见表 8-1。

表 8-1　煤样的高压吸附瓦斯实验和瓦斯放散初速度测定结果

煤样编号	距岩床距离/m	极限吸附常数 a /($m^3 \cdot t^{-1}$)	吸附常数 b /MPa^{-1}	朗缪尔压力/kPa	瓦斯放散初速度 Δp/mmHg
WL1#	0.2	13.53	0.22	4 570	2.3
WL2#	0.5	16.06	0.20	5 112	1.6

表 8-1(续)

煤样编号	距岩床距离/m	极限吸附常数 a /($m^3 \cdot t^{-1}$)	吸附常数 b /MPa^{-1}	朗缪尔压力/kPa	瓦斯放散初速度 Δp/mmHg
WL3#	1.2	28.14	0.12	8 230	1.3
WL4#	2.1	36.01	0.93	1 070	3.0
WL5#	4.8	26.26	0.09	10 650	11.0
WL6#	9.5	56.53	1.60	624	30.8
WL7#	22.8	45.72	1.52	659	32.8
WL8#	38.7	58.02	1.57	638	40.0
WL9#	56.3	51.98	1.39	721	38.6
WL10#	74.9	47.11	1.37	731	30.0
WL11#	95.1	39.08	2.07	483	31.1
HZ1#	60.0	37.00	1.05	957	48.3
HZ2#	70.0	34.20	1.24	808	43.2
HZ3#	80.0	33.10	1.26	796	34.1
HZ4#	90.0	35.80	1.37	732	32.0
HZ5#	100.0	29.90	0.82	1217	34.3
HZ6#	110.0	36.50	1.22	822	31.1
HZ7#	120.0	31.10	1.00	998	28.2
HZ8#	130.0	34.70	0.71	1 412	31.0
HZ9#	140.0	31.70	0.85	1 179	30.4
HZ10#	160.0	26.20	1.21	828	26.1
HZ11#	180.0	24.60	0.66	1 519	21.2
HZ12#	200.0	26.10	1.23	812	19.3

注:1 mmHg=133.322 Pa,下同。

图 8-2 为 23 个煤样极限吸附常数 a 与煤样距岩床距离的关系。由图 8-2 可以看出,随着靠近岩床,卧龙湖煤矿煤样的极限吸附常数 a 有先增大后减小的趋势[图 8-2(a)]。WL8# 煤样(属热演化区)的极限吸附常数 a=58.02 m^3/t,为最大值;接触变质区的 WL1# 煤样,其极限吸附常数 a=13.53 m^3/t,为最小值。随着靠近巨厚岩床,海孜煤矿煤样的极限吸附常数 a 有波动性增大的趋势[图 8-2(b)]。HZ1# 煤样(属热演化区的 7 煤层)的极限吸附常数 a=37.00 m^3/t,为最大值;HZ11# 煤样(属正常区 10 煤层)的极限吸附常数 a=24.60 m^3/t,为最小值。

从卧龙湖煤矿 10 煤层接触变质区、热演化区和正常区分别选择一个代表煤样,从海孜煤矿 7、8、9、10 煤层分别选择一个代表煤样,来对比分析不同分区煤的瓦斯吸附曲线变化规律。7 个代表煤样的实际瓦斯(CH_4)吸附量与压力变化关系曲线如图 8-3 所示。

由图 8-3 可以看出,WL2# 煤样(属于接触变质区)瓦斯吸附曲线较平缓,瓦斯吸附量最小。WL11# 煤样(属正常区)瓦斯吸附曲线增长较快,瓦斯吸附量居中。WL8# 煤样(属热演化区)瓦斯吸附曲线增长最快,瓦斯吸附量最大。卧龙湖煤矿代表煤样瓦斯吸附能力强

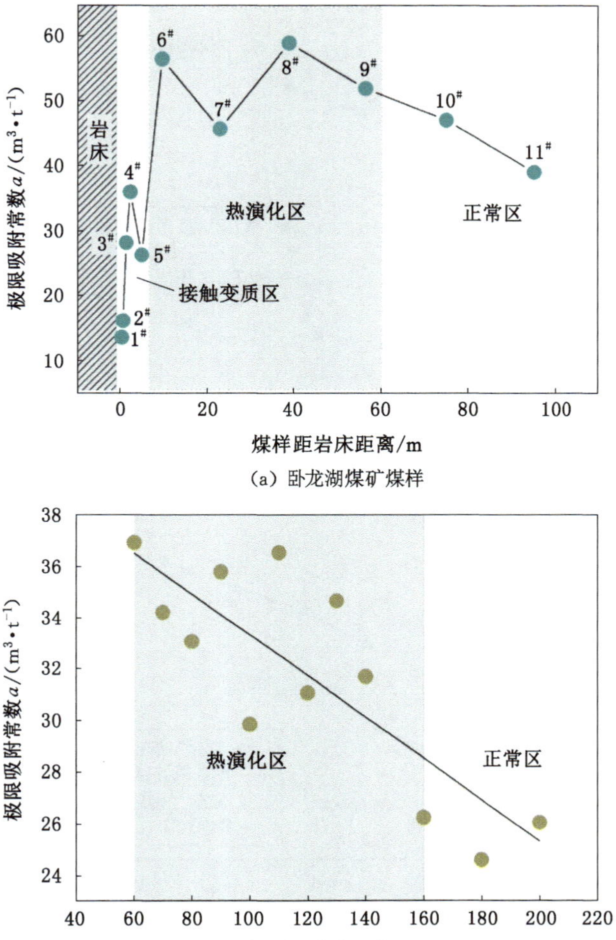

(a) 卧龙湖煤矿煤样

(b) 海孜煤矿煤样

图 8-2　煤样的极限吸附常数 a 与煤样距岩床距离的关系

弱关系为：WL8# 煤样(热演化区)＞WL11# 煤样(正常区)＞WL12# 煤样(接触变质区)，见图 8-3(a)；海孜煤矿煤样瓦斯吸附量由大到小顺序为：HZ4# 煤样(8 煤层)、HZ2# 煤样(7 煤层)、HZ7# 煤样(9 煤层)、HZ10# 煤样(10 煤层)，见图 8-3(b)。在一定意义上也可以说，海孜煤矿巨厚岩床下煤层群瓦斯吸附能力强弱顺序为：8 煤层 ＞7 煤层 ＞9 煤层 ＞10 煤层。

卧龙湖煤矿岩浆岩(环形岩床)接触变质作用降低了岩浆覆盖区(接触变质区，距岩床 0～5.0 m)煤的瓦斯吸附能力，岩浆的热演化作用大大提高了热演化区(距岩床 5.0～60.0 m)煤的瓦斯吸附能力。海孜煤矿巨厚岩床的热演化作用显著增强了热演化区(距岩床 60.0～160.0 m)煤的瓦斯吸附能力。

8.2.2　瓦斯放散初速度测定

瓦斯放散初速度的测定是在中国矿业大学煤矿瓦斯治理国家工程研究中心完成的，使用的仪器见图 8-4。23 个煤样的测定结果见表 8-1。

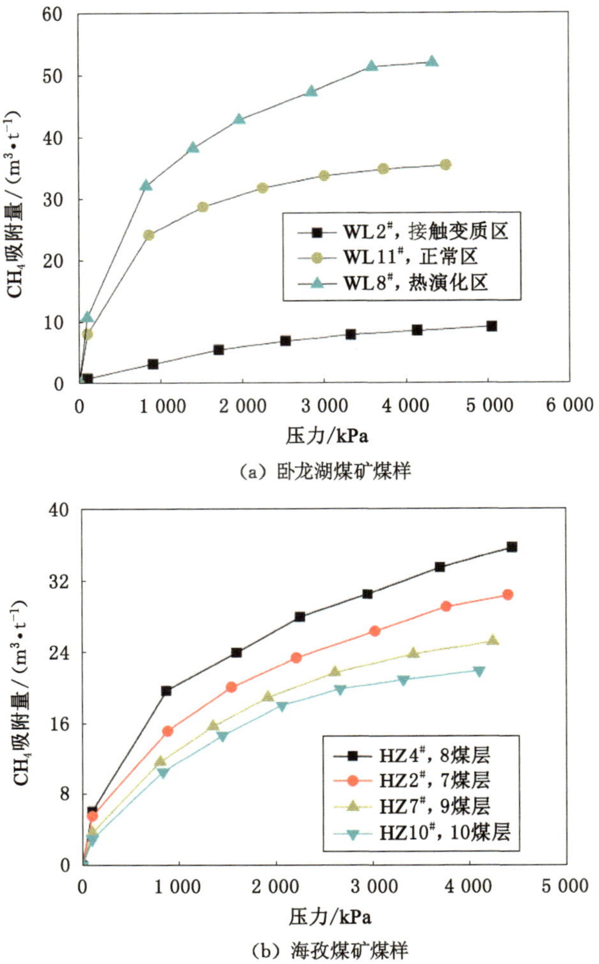

图 8-3　代表煤样在不同压力条件下的瓦斯吸附曲线

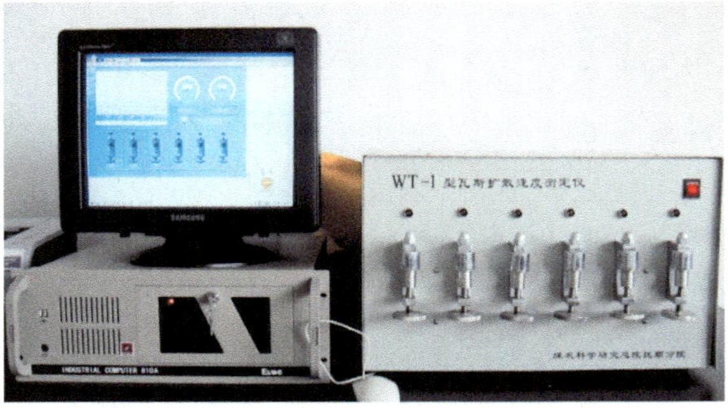

图 8-4　WT-1 型瓦斯扩散速度测定仪

图 8-5 为 23 个煤样瓦斯放散初速度 Δp 与煤样距岩床距离的关系。由图 8-5 可以看出，随着靠近岩床，卧龙湖煤矿煤样的瓦斯放散初速度 Δp 有先增大后骤然减小的趋势[图 8-5(a)]。正常区 WL11# 煤样(距岩床最远，为 95.1 m)的瓦斯放散初速度 Δp =31.1 mmHg；

接触变质区 WL3# 煤样(距岩床 1.2 m)的瓦斯放散初速度 Δp =1.3 mmHg,为最小值;热演化区 WL8# 煤样(距岩床 38.7 m)的瓦斯放散初速度 Δp =40.0 mmHg,为最大值。随着与巨厚岩床距离变小,海孜煤矿煤样的瓦斯放散初速度 Δp 有增大的趋势[图 8-5(b)]。正常区 HZ12# 煤样(距岩床 200.0 m)的瓦斯放散初速度 Δp =19.3 mmHg,为最小值;热演化区 HZ1# 煤样(距岩床 60.0 m)的瓦斯放散初速度 Δp =48.3 mmHg,为最大值。

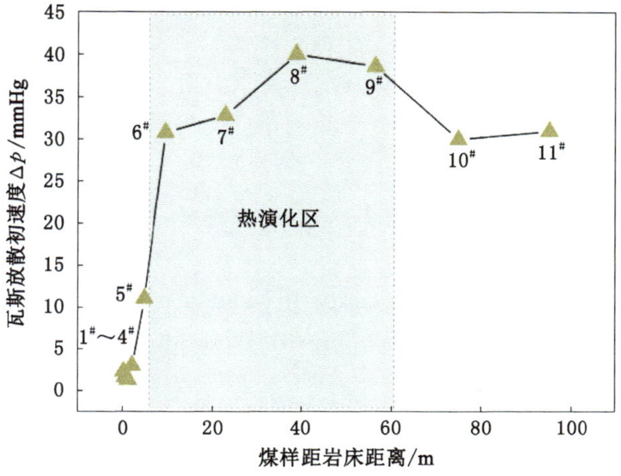

(a) 卧龙湖煤矿煤样

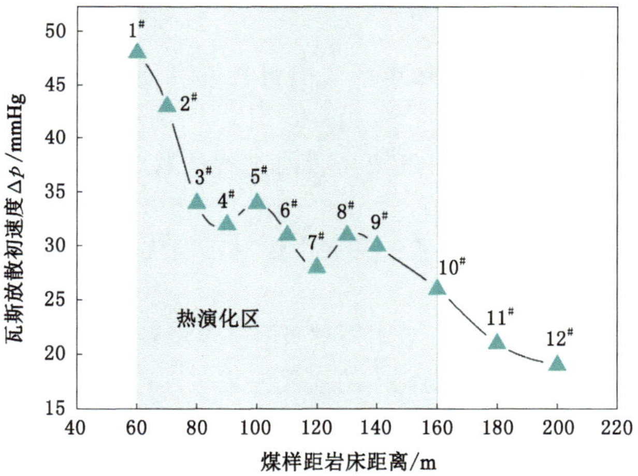

(b) 海孜煤矿煤样

图 8-5　煤样的瓦斯放散初速度 Δp 与煤样距岩床距离的关系

对比分析图 8-2 和图 8-5,发现卧龙湖煤矿和海孜煤矿煤样的极限吸附常数 a 和瓦斯放散初速度 Δp 分布曲线具有较好的相关性。如果把瓦斯放散初速度 Δp 看成煤的解吸瓦斯能力,那么极限吸附常数 a 和 Δp 分布曲线具有较好的相关性,在一定意义上验证了岩浆侵入边界附近煤的吸附与解吸瓦斯过程是可逆的。

通过对卧龙湖煤矿和海孜煤矿煤样进行高压吸附瓦斯实验和瓦斯放散初速度 Δp 测定与分析,结果表明:燕山期岩浆活动对煤的吸附/解吸瓦斯的能力产生显著的影响,既有积极的一面,又有消极的一面。卧龙湖煤矿岩床的接触变质作用降低了接触变质区(距岩床

0～5.0 m)煤的吸附/解吸瓦斯的能力(对于防治突出具有积极意义);岩浆的热演化作用增强了热演化区(距岩床 5.0～60.0 m)煤的吸附/解吸瓦斯能力(对于防治突出具有消极意义)。实测卧龙湖煤矿 10 煤层瓦斯压力为 4.3 MPa,10 煤层两次煤与瓦斯突出的突出点位置距岩床的距离分别为 8 m 和 38 m(属热演化区),验证了实验结果。海孜煤矿巨厚岩床的热演化作用增强了热演化区(距岩床 60.0～160.0 m)煤层群煤的吸附/解吸瓦斯能力(对于防治突出具有消极意义)。海孜煤矿 11 次煤与瓦斯突出的突出点均位于这一区域(巨厚岩床下 60.0～160.0 m),同样验证了实验结果[9]。

参考文献

[1] JOUBERT J,GREIN C,BIENSTOCK D. Sorption of methane in moist coal[J]. Fuel, 1973,52(3):181-185.

[2] LEE H H,KIM H J,SHI Y,et al. Competitive adsorption of CO_2/CH_4 mixture on dry and wet coal from subcritical to supercritical conditions[J]. Chemical engineering journal,2013,230:93-101.

[3] ZANNONI I,WEIGLE J,PHILLIPS J,et al. On the feasibility of CO_2 sequestration in coal mines: comparison of heats of adsorption of CO_2 and CH_4 [C]//DO D D. Adsorption science and technology: proceedings of the Second Pacific Basin Conference. [S. l. :s. n.],2000:512-516.

[4] 王恩元,何学秋. 瓦斯气体在煤体中的吸附过程及其动力学机理[J]. 江苏煤炭,1996(3):17-19,52.

[5] 辜敏,陈昌国,鲜学福. 抽放煤层气变压吸附过程的数学模拟[J]. 煤炭学报,2001,26(3):323-326.

[6] 蔺金太,郭勇义,吴世跃. 煤层气注气开采中煤对不同气体的吸附作用[J]. 太原理工大学学报,2001,32(1):18-20.

[7] 唐书恒,韩德馨. 煤对多元气体的吸附与解吸[J]. 煤炭科学技术,2002,30(1):58-60.

[8] 桑树勋,朱炎铭,张井,等. 煤吸附气体的固气作用机理(Ⅱ):煤吸附气体的物理过程与理论模型[J]. 天然气工业,2005,25(1):16-18,21.

[9] 蒋静宇. 岩浆岩侵入对瓦斯赋存的控制作用及突出灾害防治技术:以淮北矿区为例[D]. 徐州:中国矿业大学,2012.

[10] 吴盾. 淮南煤田早二叠纪岩浆接触变质煤纳米级结构研究[D]. 合肥:中国科学技术大学,2014.

[11] CLARKSON C R,BUSTIN R M. Binary gas adsorption/desorption isotherms: effect of moisture and coal composition upon carbon dioxide selectivity over methane[J]. International journal of coal geology,2000,42(4):241-271.

[12] GREAVES W,STICKNEY R E. Adsorption studies based on thermionic emission measurements: Ⅲ,oxygen on polycrystalline W,Mo,Ta,and Re[J]. Surface science, 1968,11(3):395-410.

[13] 张遂安,叶建平,唐书恒,等. 煤对甲烷气体吸附-解吸机理的可逆性实验研究[J]. 天然

气工业，2005，25(1)：44-46.

[14] 谢勇强，彭文庆，曾荣. 煤层气吸附与解吸可逆性实验研究[J]. 矿业工程研究，2010，25(2)：13-16.

[15] 简阔，张玉贵，赫少攀，等. 构造煤甲烷吸附表面能研究[J]. 煤田地质与勘探，2014，42(1)：31-34，39.

[16] 宋志敏，刘高峰，杨晓娜，等. 高温高压平衡水分条件下变形煤的吸附-解吸特性[J]. 采矿与安全工程学报，2012，29(4)：591-595.

[17] BUSCH A，GENSTERBLUM Y，KROOSS B M，et al. Investigation of high-pressure selective adsorption/desorption behaviour of CO_2 and CH_4 on coals：an experimental study[J]. International journal of coal geology，2006，66(1/2)：53-68.

[18] BHOWMIK S，DUTTA P. A study on the effect of gas shale composition and pore structure on methane sorption[J]. Journal of natural gas science and engineering，2019，62：144-156.

第9章 岩浆接触变质煤的结构演化机理

9.1 岩浆活动与煤热变质作用

汤达祯等[1]系统地研究了华北二叠纪煤变质程度与岩浆活动之间的关系。研究成果表明，尽管华北晚古生代煤系和上覆岩系一般都比较薄，但在垂直剖面上，层位较低的煤的挥发分低于层位较高的煤的挥发分的情况仍然普遍而明显。例如，河北邢东太原组煤的挥发分平均值为37.92%，山西组的挥发分平均值为40.54%；山西河东煤田北部相应煤的挥发分平均值为36.30%与38.96%；淮南煤田下部为气肥煤，上部为气煤。在空间上，水平变质分带在大面积内也是显著的，如河曲、浑源为长焰煤，兖州、徐州为气煤，淮北以气肥煤为主。表9-1所列出的实测镜质体最大反射率$R_{o,max}$反映了华北未遭受或很少受岩浆活动干扰的晚古生代山西组主采煤经受深成变质作用所形成的煤阶，由长焰煤到气肥煤。

表9-1 华北若干经受深成变质作用的山西组的煤阶

地区	$R_{o,max}$/%	煤阶	地区	$R_{o,max}$/%	煤阶
河曲	0.65	长焰煤	肥城	0.77	气煤
浑源	0.60	长焰煤	兖州	0.71	气煤
邢台	0.82	气肥煤	徐州	0.78	气煤
东河	0.79	气煤	淮南	0.81	气肥煤

Teichmüller等[2]按深成变质作用与造山运动之间的时间关系分为造山期前、同造山期和造山期后三个变质阶段。其中同造山期变质作用是次要的，而在经过造山运动后再度沉积的地区其造山期后变质作用是比较重要的。但是，华北地台的大地构造发展过程使得二叠纪煤经历了具有特色的三个变质演化阶段。华北地台在古生代和中生代早期的稳定期，二叠纪煤广泛沉积并经受了深成变质作用阶段；中生～新生代华北地台进入"活化期"，表现为构造分异加大，其中的中生代，尤其是燕山期强烈的岩浆侵入活动，使一部分经受过深成变质作用的煤又叠加上区域岩浆热变质作用，增高了煤阶；活化晚期的新生代对促进二叠纪煤的进一步变质不明显，但是这一阶段的构造活动却确定了华北二叠纪煤变质带分布的格局。

综合前人的研究成果，我们可以得到如下认识：

(1) 华北地台稳定期前深成变质作用奠定了华北二叠纪煤变质的基础。但是除个别情况，如济源—侯马一带外，深成变质作用只能使华北二叠纪煤变质程度到长焰煤、气煤或气肥煤阶段。

(2) 岩浆的侵入形成了一些热异常带，使带内稳定期前经受深成变质作用达到的低煤阶煤受到更高温度的烘烤，通过叠加的区域岩浆热变质作用，升高到中、高变质程度的煤并形成了明显的煤变质分带。然而，煤的接触变质作用源于岩浆直接侵入煤层，形成了体积不大的岩墙、岩床等浅成岩体。由于大部分热量很快消耗掉，致使岩体的温度迅速下降，所以影响的范围很局限。同时，岩浆直接侵入煤层的快速加热情况在一定程度上与炼焦过程类似，因此岩浆直接接触煤层处低中煤阶煤常变质为天然焦并使煤的灰分普遍增高。那么，什么样的地质构造条件在岩浆侵入下低中煤阶煤能够变质成高变质煤呢？

1. 接触变质作用机理

煤的接触变质作用是指岩浆直接接触或侵入煤系地层，其所附带的高温、气体、液体和压力促使煤发生热变质作用。岩浆岩岩体类型主要有岩脉、岩墙和岩床等浅成岩体。通常岩浆与煤层接触带上因岩浆附带的热耗散快，致使接触变质作用影响范围有限，仅分布于岩体周边接触带内。即使厚度达 100 m 的岩床，其影响的范围也不过百余米。同时，接触变质作用也受岩体产状和煤层产状的影响，一般随岩体产状变缓和厚度加大，其影响有所增加，但总的影响范围仍然是有限的[3]。总体来说，接触变质作用具有以下特征：

(1) 在侵入体与煤层的接触带附近，煤层受热温度高，但持续时间短，而且受热的均匀性差，故紧靠接触带的煤常常变成天然焦，而且规模一般不大。天然焦以呈深灰色或灰黑色、多孔隙和具有垂直状节理为特征，外貌似人工焦炭。

(2) 经受接触变质作用的煤，其物理性质、化学成分和工艺性质等方面的变化主要表现在颜色变浅、比重增大、灰分增高、发热量和挥发分降低以及黏结性消失等，而且是愈靠近侵入体愈明显。其中，挥发分和发热量都较正常的煤偏低是由于接触变质过程中煤的氢含量减少得快、碳含量增加得慢所造成的。

另外，由于煤在高温下分解产生的 CH_4 气体与硫酸盐作用可生产碳酸盐矿物（$CaSO_4 + CH_4 \rightarrow CaS + CO_2 + 2H_2O \rightarrow CaCO_3 \downarrow + H_2S \uparrow + H_2O$），因此，煤的碳酸盐矿物含量增加也是接触变质特征之一。

(3) 接触带上煤的镜质组组分因经受高温熔解时的气体逸出而具有气孔状结构[4]。

(4) 在接触带附近常有规模较小而明显的煤质分带现象。

对岩浆岩岩体规模进行分类将煤接触变质作用划分为以下三个亚型：脉岩岩浆接触变质、小型浅成岩浆接触变质和大型深成岩浆接触变质作用亚型。综合有关学者[5-7]的研究成果，可知淮南煤田岩浆侵入类型属于小型浅成岩浆侵入。因此，此处重点阐述小型浅成岩浆接触变质作用机理。

(1) 脉岩岩浆接触变质作用

此亚型是由浅成侵入岩形成的宽度较窄的岩脉与煤层穿插接触形成的煤变质作用，变质带狭窄，煤的变质带仅仅形成于岩脉的脉壁周边部位。脉岩本身一般宽 10～30 cm，脉岩的成分通常为中、酸性岩，如石英斑岩、细晶花岗岩、花岗闪长斑岩、长英岩、细晶岩等，亦见有闪长玢岩、煌斑岩或辉绿岩等。

(2) 小型浅成岩浆接触变质作用

此亚型是由浅成侵入岩浆形成的岩墙、岩枝等与煤层接触引起的煤变质作用，一般是由上述岩浆本身和其所带来的热液、热气沿着煤层裂隙形成接触变质煤。同时，浅成岩浆的侵入，使煤层受到破坏和变形改造，并形成天然焦分布于岩体周边，或成残留体分布于岩体中。如安徽岱河煤矿中岩墙的宽度为 6.5 m，天然焦的宽度为 5.2 m，稍远处无烟煤带和贫煤带的宽度分别为 1.9 m 和 3.0 m(图 9-1)。一般来说,酸性岩浆由于含有较多的挥发分气体,因而对煤质影响较大;基性岩浆体由于挥发性气体含量小而对煤质的影响较小。

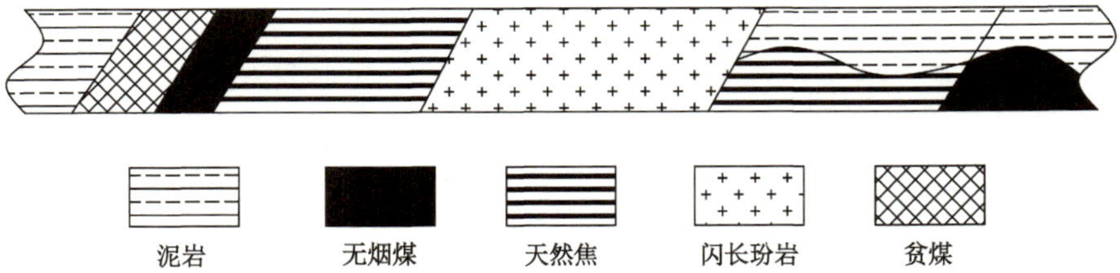

图 9-1 安徽岱河煤矿煤质分带素描图

(3) 大型深成岩浆接触变质作用

由于岩床、岩株、岩基和岩瘤等岩体与岩脉相比,其侵位较深、规模较大,因此其煤接触变质作用也较前两种亚型影响范围更大,热接触变质程度深,接触变质带更广,且其温度、压力相对较高,煤在岩体边部接触带常形成一定规模的天然焦或石墨和半石墨。例如,广东连阳煤田燕山期大东山花岗岩闪长岩体所造成的接触变质带宽达 6.3 km;京西房山花岗闪长岩体,出露直径达 24 km,煤的接触变质带宽达 8 km 以上;湘南鲁塘,由于形成岩基岩株的岩浆与煤接触,煤被接触变质形成石墨[8]。

2. 接触变质作用方式

接触变质作用方式主要归纳为两个方面的内容:① 热影响——导致变质作用强烈进行;② 物质交换——熔浆与煤层及围岩交代作用,产生催化反应效果。

(1) 热影响煤层接触岩体的岩浆热,导致强烈的煤变质作用,虽然这种变质作用的影响范围局限,但是其强烈程度要超过区域岩浆热变质作用和热水变质作用的。这种高温岩浆热影响使正常煤热变为各种热变组分,进一步形成天然焦或高变质煤。

(2) 由于高温热的影响,煤层和围岩局部熔融,与地壳下部上涌的岩浆物质相接触发生交代作用、相互混合和交换,使煤的成分和围岩组成发生变化,同时由于热作用而使煤和围岩的结构发生变化。

3. 接触变质作用条件

1) 接触变质作用的温度与压力条件

杨起[8]根据人工模拟实验和岩体侵入温度测定,以及通过石英包裹体均一法测温分析,结合煤变质参数指标分析,得出岩体和岩脉等热源岩浆体的温度、接触变质煤和围岩蚀变带的形成温度和压力。

(1) 岩浆温度

① 岩脉:根据京西燕山期房山花岗闪长岩体西接触带车厂南石英脉中石英包裹体均一法测温结果,脉岩形成温度为 231～400 ℃,古压力范围为 76.2～99.5 MPa,平均为 88.67 MPa。

② 岩体:燕山期房山花岗闪长岩体的形成温度为 644～726 ℃。

(2) 接触变质煤形成的温压条件

北京京西、淮北闸河、广东连阳接触变质煤发生热变质的温度、压力条件为:

① 形成各向异性热变组分(各向异性镜质组),开始有气孔出现的温度为 250 ℃左右;

② 开始形成中间相小球体的温度为 250～300 ℃；

③ 开始形成球粒镶嵌结构聚合体、小球体聚集固结的温度为 300～350 ℃；

④ 开始形成细粒镶嵌结构体，即形成天然焦带的初始温度约为 350 ℃，压力为 100 MPa；

⑤ 形成中粗粒镶嵌结构体的温度为 350～450 ℃；

⑥ 形成花瓣状镶嵌结构体的温度为 400～500 ℃；

⑦ 石墨的形成温度为 450～550 ℃或更高，压力为 300 MPa。

综上所述，相对的高温、低压形成天然焦—热变质煤系列；相对的高温、高压产生石墨—热变质煤系列。由脉岩接触变质向岩体接触变质，变质温度增高。

2）接触变质作用的地质构造条件

一般来说，岩浆热变质作用的温度、压力特点是高温、低压作用，但由于岩浆侵入的构造条件不同，而使接触变质作用的温度、压力条件有所不同。

(1) 煤层在张性断层带的小岩体和岩脉的接触带，以及大型侵入体外接触带，形成热变质煤—正常煤系列。

上述系列的地质构造条件属开放系统，接触变质温度较高，但压力较低。

(2) 煤层在压性或压扭性断层带的大型侵入体接触变质带，形成石墨—天然焦—热变质煤系列。

上述系列的地质构造条件属封闭系统，接触变质温度高，压力也相对较高。

9.2 岩浆热演化煤大分子结构作用机理

煤的主体组成物质是由大分子聚合物构成。煤的物理结构，主要反映这些复杂的有机大分子携带少量低分子化合物在空间上的排列和组合特征[9-10]。煤的化学结构，主要反映出大分子芳香环和以小分子基团构成的桥键、侧链结构相互交织的组合特征[11-14]。

随着煤化作用加深，煤阶逐渐增高，煤的结构演化总趋势表现为脂族及各类杂原子官能团结构成分剔除。与此同时，缩合芳香体系的芳构化和缩合程度提高，芳香层定向化、有序化水平增加，进而芳香层通过叠置和集聚作用形成芳环层堆垛形态。Hirsch[15]将煤的结构演化划分为三个阶段：① 当碳含量小于 85%时，以"开放结构"为主，芳香环通过桥键、侧键相连；② 当碳含量在 85%～91%时，具"液态结构"，单体芳环之间相互联接作用加强，形成了局部定向性；③ 当碳含量大于 91%时，表现出"无烟煤结构"，煤的物理化学结构呈现均一性特征，无烟煤具有一轴晶矿物的光学特征，至更高的变质阶段，煤类似晶体的某些属性更加明显(图 9-2)。

煤化过程中，随着煤聚合体中 C—C 键的断裂，低分子量化合物(高挥发性和高氢含量)不断产生。近些年来，有机地球化学方法广泛应用于化石燃料地质，便于分离和鉴定的可溶性脂类组织备受关注，基于其结构上的多样性和组成上的复杂性对研究成煤物质的来源提供了大量可靠信息。煤的芳香成分在煤化学结构中占有重要地位。煤的可溶芳烃化合物，部分来自非芳香性生物组织的芳构化，部分则来自煤大分子格架的裂解[16]。与脂肪族结构成分比较，可溶芳烃历经煤化作用改造，其共轭体系使煤的脂肪族结构更为明显，为在不同煤阶内分析煤的化学结构与组成变化提供了可能。

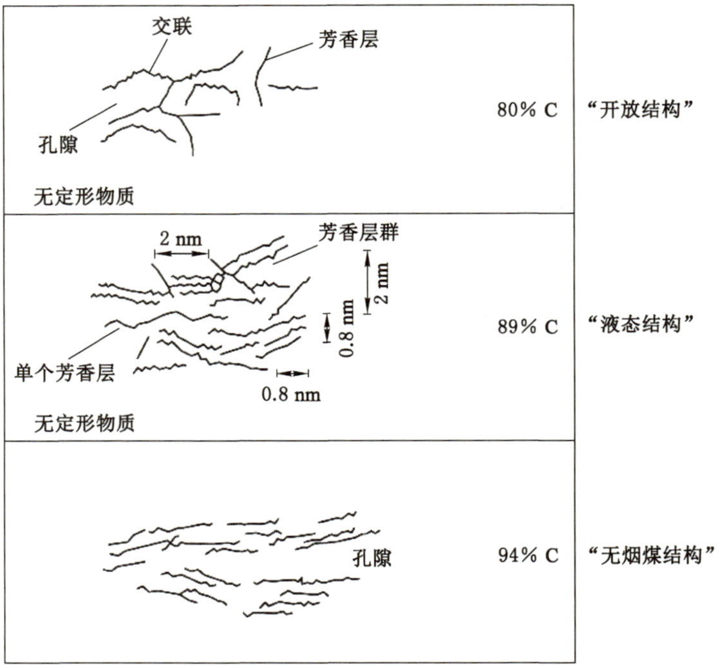

图 9-2　煤化过程中煤结构阶段[15]

9.3　岩浆接触变质煤的吸附-解吸机理

1. 岩浆侵入对煤体瓦斯吸附性能的影响

如前所述，岩浆侵入对下伏煤层的热演化作用使煤的变质程度增大，并改变了煤体的孔隙结构。一般情况下，煤体与岩浆岩的距离越小，受热演化作用越强烈，煤中微孔越发育，煤对瓦斯的吸附能力也越大[图 9-3(a)]；另外，岩浆岩厚度在一定程度上反映了岩浆活动的剧烈程度，相同条件下岩浆岩厚度越大，热演化作用越强烈，导致煤中微孔大量增加，煤体吸附能力亦呈现逐渐增强的趋势[图 9-3(b)]。

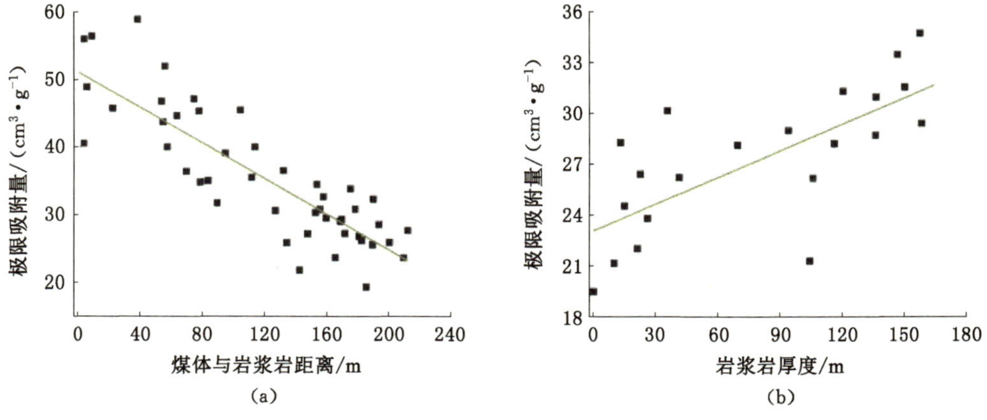

图 9-3　岩浆侵入对煤体瓦斯吸附能力的影响

2. 岩浆侵入对煤体瓦斯解吸性能的影响

采掘作业打破了煤中原有的吸附平衡状态，瓦斯持续解吸，直至新的吸附平衡状态出现。岩浆侵入煤系地层后，岩浆岩的高温烘烤作用在一定程度上可以促进煤体瓦斯解吸扩散能力。一般情况下，岩浆岩越厚，煤体与岩浆岩距离越小，煤的瓦斯解吸能力就越强，其瓦斯放散初速度也越大，如图 9-4 所示。

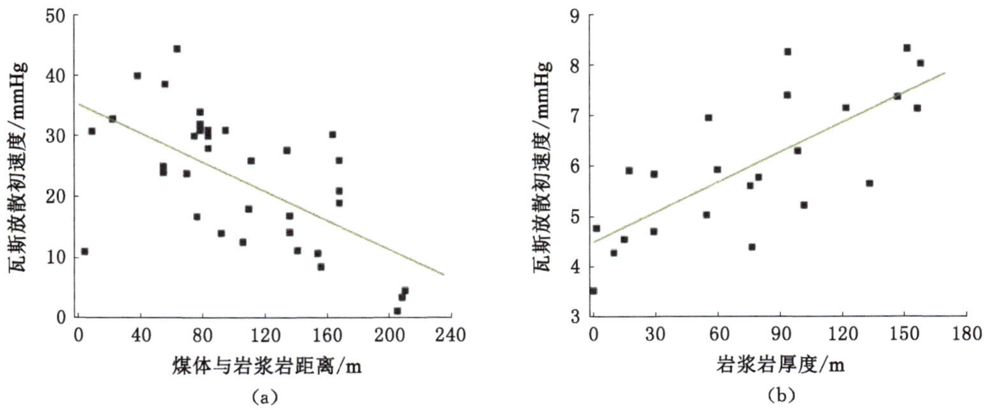

图 9-4　岩浆侵入对煤体瓦斯解吸放散特性的影响

综上可知，在一定条件下，岩浆热演化作用影响区域煤体瓦斯吸附能力和解吸扩散能力均显著增加。另外，厚硬岩浆岩的渗透率远低于泥岩、砂岩和粉砂岩等岩石的渗透率，当岩浆岩岩体以岩床形式赋存于煤层顶板时，形成了天然的“瓦斯封存箱”，对瓦斯运移通道起到封闭作用，易于圈闭保存瓦斯。这也是该区域煤层容易发生瓦斯异常涌出、煤与瓦斯突出等动力灾害的直接原因。

参考文献

[1] 汤达祯，杨起，潘治贵. 山西省河东煤田北区煤变质特征及煤的荧光研究[J]. 现代地质，1988，2(1)：96-109.

[2] TEICHMÜLLER M，TEICHMÜLLER R. Geological causes of coalification[M]//GIVEN P H. Coal sciences. [S. l. ：s. n.]，1966：133-155.

[3] 杨起，吴冲龙，汤达祯，等. 中国煤变质作用[J]. 地球科学，1996，21(3)：311-319.

[4] WU D，LIU G J，SUN R Y，et al. Influences of magmatic intrusion on the macromolecular and pore structures of coal：evidences from Raman spectroscopy and atomic force microscopy[J]. Fuel，2014，119：191-201.

[5] SUN R Y，LIU G J，ZHENG L G，et al. Geochemistry of trace elements in coals from the Zhuji mine，Huainan coalfield，Anhui，China[J]. International journal of coal geology，2010，81(2)：81-96.

[6] YANG M，LIU G J，SUN R Y，et al. Characterization of intrusive rocks and REE geochemistry of coals from the Zhuji coal mine，Huainan coalfield，Anhui，China[J].

International journal of coal geology,2012,94:283-295.
[7] CHEN J,LIU G J,LI H,et al. Mineralogical and geochemical responses of coal to igneous intrusion in the Pansan coal mine of the Huainan coalfield,Anhui,China[J]. International journal of coal geology,2014,124:11-35.
[8] 杨起.中国煤变质作用[M].北京:煤炭工业出版社,1996.
[9] 李小明,彭格林,席先武.淮南煤田构造热演化特征与煤层气资源的初步研究[J].矿物学报,2002,22(1):85-91.
[10] 郭国鹏.接触变质带煤的物理化学结构及瓦斯赋存特征研究[D].焦作:河南理工大学,2012.
[11] SONIBARE O O,HAEGER T,FOLEY S F. Structural characterization of Nigerian coals by X-ray diffraction,Raman and FTIR spectroscopy[J]. Energy,2010,35(12):5347-5353.
[12] SOLOMON P R,CARANGELO R M. FT-i.r. analysis of coal:2. aliphatic and aromatic hydrogen concentration[J]. Fuel,1988,67(7):949-959.
[13] LU L,SAHAJWALLA V,KONG C,et al. Quantitative X-ray diffraction analysis and its application to various coals[J]. Carbon,2001,39(12):1821-1833.
[14] 吴盾,孙若愚,刘桂建.淮南朱集井田二叠纪煤中稀土元素地球化学特征及其地质解释[J].地质学报,2013,87(8):1158-1166.
[15] HIRSCH P B. X-ray scattering from coals[J]. Proceedings of the Royal Society of London A,1954,226(1165):143-169.
[16] RANNOU I,BAYOT V,LELAURAIN M. Structural characterization of graphitization process in pyrocarbons[J]. Carbon,1994,32(5):833-843.

第 10 章　岩浆热演化对煤与瓦斯突出的控制机制

10.1　岩浆热演化对煤的原位改性与自然分区作用

2006 年 1 月 6 日，在卧龙湖煤矿南一采区 101 风联巷，10 煤层在标高－555.3 m 处发生了煤与瓦斯突出，突出煤量 37 t，突出瓦斯量 10 000 m^3。2008 年 8 月 12 日，在南一采区 105 机巷 10 煤层(－429.0 m)发生了第二次突出，突出煤量 29.5 t，突出瓦斯量 3 361.2 m^3。10 煤层 2 次突出均发生在岩床环形圈闭区，突出点距离岩床边界分别为 8 m 和 38 m。这验证了我们的研究结果：岩浆的热演化和圈闭作用，使热演化区(距离岩床 5～60 m)煤的微孔较发育，煤吸附瓦斯能力增强，易于发生煤与瓦斯突出。10 煤层 2 次突出验证了以下结论：卧龙湖环形岩床的热演化和圈闭作用对 10 煤层突出灾害具有控制作用。

自 1984 年海孜煤矿巨厚岩床下伏 8 煤层发生了第一次煤与瓦斯突出以来，到 2009 年为止，共有 11 次瓦斯突出发生在巨厚岩床下，相关参数统计结果见表 10-1。图 10-1 为海孜煤矿 11 次煤与瓦斯突出点和岩浆岩分布平、剖面图。从突出点分布图上来看，11 次突出的突出点均分布在巨厚岩床的下伏煤层群中。

表 10-1　海孜煤矿巨厚岩床下伏煤层群已发生煤与瓦斯突出数据统计

次数	煤层	时间	标高/m	突出距离/m	突出煤倾角/(°)	突出煤量/t	突出瓦斯量/m^3
1	8	1984 年	－475	45.0	25	197	4 700
2	8	1984 年	－475	17.0	30	112	7 950
3	7	1986 年	－475	13.0	30	50	5 548
4	8	1986 年	－475	11.0	70	30	1 089
5	9	1986 年	－475	21.0	70	100	7 510
6	7	2001 年	－385	5.0	35	20	500
7	7	2001 年	－384	3.0	37	8	1 337
8	8	2001 年	－346	3.3	36	25	234
9	7	2002 年	－384	4.2	37	10	100
10	7	2002 年	－398	3.6	37	6.0	500
11	10	2009 年	－643	75.0	11	656	13 210

由图 10-1 和表 10-1 可知，发生在巨厚岩床下伏 10 煤层的瓦斯突出，距离岩床最远，为 155 m 左右，11 次煤与瓦斯突出均发生在巨厚岩床下伏 7、8、9、10 煤层中。其中 7 煤层发

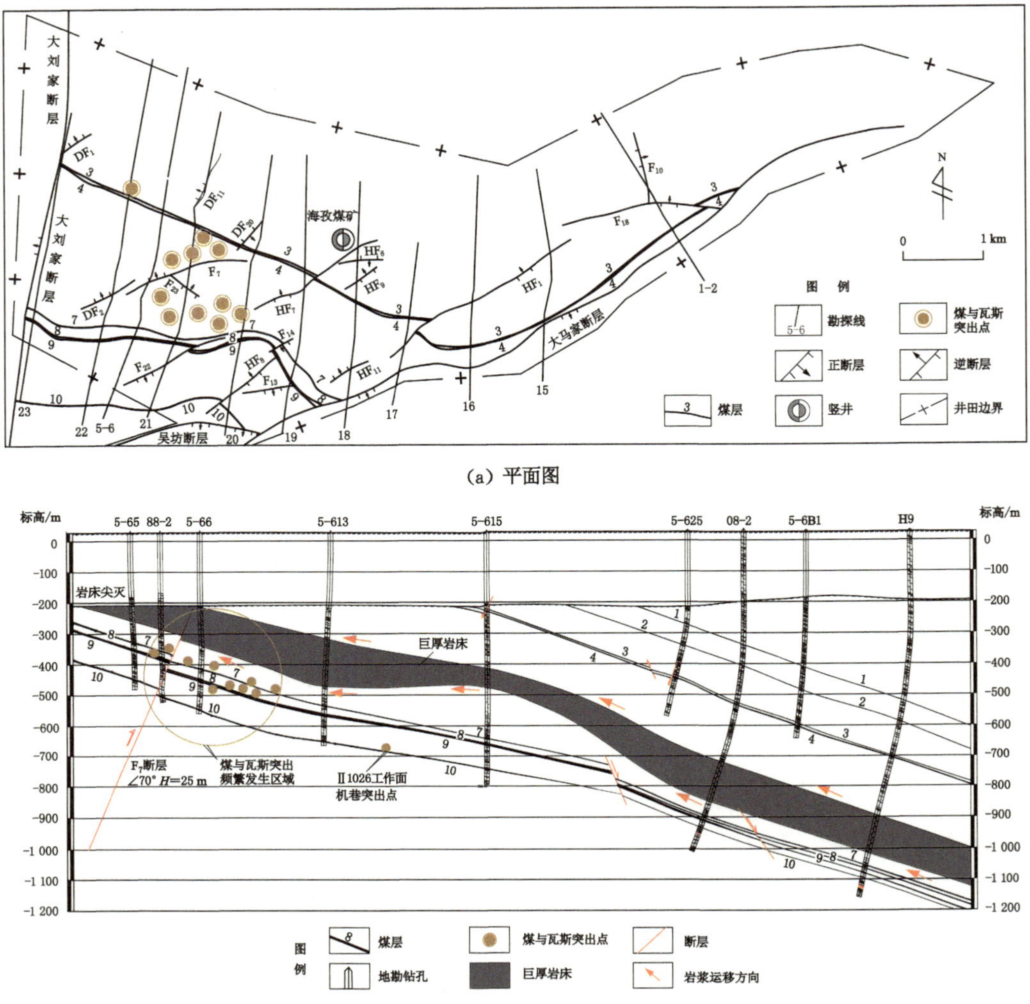

(a) 平面图

(b) 剖面图

图 10-1 海孜煤矿煤与瓦斯突出点和巨厚岩床空间位置平、剖面示意图

生突出 5 次，8 煤层发生突出 4 次，9 煤层发生突出 1 次，10 煤层发生突出 1 次并造成 1 人死亡的严重后果。从分煤层突出次数统计结果来看，距离巨厚岩床较近的 7、8 煤层突出次数较多(距离岩床最近的 7 煤层突出次数最多)，距离岩床较远的 9、10 煤层突出次数较少，各为 1 次。根据前文的研究结果，海孜煤矿巨厚岩床的热演化作用提升了热演化区(巨厚岩床下 60～160 m)煤层群煤的微孔孔容、比表面积以及吸附/解吸瓦斯能力。海孜煤矿 11 次煤与瓦斯突出的突出点位置均属于热演化区(巨厚岩床下 60～160 m)。因此，可以得出以下结论：海孜巨厚岩床的热演化和圈闭作用对瓦斯突出灾害具有控制作用[1]。

通过研究岩浆热演化作用对煤的影响，发现了淮北矿区岩浆侵入对煤层的自然分区作用。随着靠近岩浆岩，卧龙湖煤矿煤样的 R_o 由 2.74%增加到 5.03%，岩浆岩的热演化范围为 60 m 左右。根据 R_o 的变化，发现卧龙湖煤矿 10 煤层自然形成的三个区域：岩浆覆盖区(又称“接触变质区”，距离岩床 0～5 m)，热演化区(距离岩床 5～60 m)和正常区(距离岩床

60 m 以上)；随着靠近巨厚岩床，海孜煤矿煤样 R_o 由 2.30% 增大到 2.78%，巨厚岩床热演化范围为 160 m 左右。发现海孜煤矿巨厚岩床(厚约 120 m)下伏 7、8、9、10 煤层在垂直方向自然形成的两个区域：热演化区(岩床下 60～160 m)和正常区(岩床下 160 m 以外)。

10.2　岩浆热演化接触变质煤与瓦斯突出潜势

淮北矿区卧龙湖和海孜煤矿岩浆岩的热演化和圈闭作用对煤与瓦斯突出的发生具有预示作用。针对淮北矿区岩浆侵入区特别是顶板岩床热演化区范围内煤层突出危险性较大的特点，必须采取针对性的防治措施。通过开展岩浆侵入矿井突出危险煤层敏感指标研究，打破岩浆岩对瓦斯赋存的自然分区规律，根据煤层突出危险性区域划分结果，采取有针对性的分区治理技术，通过有效的瓦斯预抽措施，降低岩浆岩热演化区和圈闭区突出危险煤层瓦斯含量，消除煤层突出危险性。

10.2.1　岩浆岩环境煤层瓦斯灾害分区分级特征

岩浆侵入煤系地层过程中，热演化范围一般可达到岩浆岩厚度的 1～1.4 倍，而岩浆岩穿过煤层处，其热演化范围一般会更大。例如，海孜煤矿 120 m 的巨厚岩床的热演化区边缘距离岩床约 160 m，大兴煤矿近 30 m 厚的岩浆岩岩墙的热演化区边缘距离岩墙约 40 m，而卧龙湖煤矿 4 m 厚的环形岩浆岩岩床穿过煤层处的热演化区边缘距离岩床约 60 m。岩浆岩热演化作用均大幅提高了热演化区煤体对瓦斯的吸附能力。在煤炭开采过程中，从回采煤层底板到采空区顶部，裂隙连通之处构成了采动卸压瓦斯的运移空间。回采煤层和上覆岩层中的卸压瓦斯涌出和流动的非均衡性以及采空区垮落煤体空洞的局部聚集，导致卸压瓦斯在浮力作用下沿采动裂隙向上运移，而在瓦斯运移过程中涌出源瓦斯与环境气体的密度差逐渐减小，直至为 0。此时混合气体将聚集在垮落带上部的裂隙带内，形成瓦斯聚集带。作为矿井的主关键层，厚硬岩浆岩控制着其上部所有岩层的整体运动。采动后其能够保持长期的不下沉、不垮落，而在其支撑作用下，被保护层的上、下煤岩体内部软硬岩交接处形成了大量不完全闭合的离层空间，此类保护层开采的卸压效果较其他地质条件将更加明显。厚硬岩浆岩下伏的煤体卸压均匀，渗透性急剧增加，特别是弯曲下沉带内的竖向穿层裂隙连通了煤层与离层，导致瓦斯在浓度差作用下不断涌入离层空间内，形成新的瓦斯聚集带。总体上，厚硬岩浆岩的圈闭作用较大程度影响了煤层瓦斯的赋存规律，一方面提高了下伏各煤层的瓦斯含量和压力，使其成为煤与瓦斯突出煤层，另一方面使煤层突出危险性随着上覆厚硬岩浆岩厚度以及与上覆岩浆岩层距离的变化呈现多级分布特征，同时厚硬岩浆岩的存在还影响着卸压瓦斯富集规律。因此，根据厚硬岩浆岩层分布特征、地质构造和煤层赋存规律的不同，笔者认为岩浆岩影响区域煤层瓦斯灾害具有分区分级特征，而煤岩动力灾害预测、治理等均应根据岩浆岩赋存特征及其对煤层的影响程度进行选择[2]。

10.2.2　岩浆岩影响区域煤岩动力灾害预测敏感指标

煤与瓦斯突出是一种复杂的动力现象，突出类型和引起突出的危险因素不同，预测指标及其敏感性也就不同。针对岩浆岩影响环境，提出了精确预测煤层突出敏感指标及其临界值的方法。通过瓦斯治理工艺流程的模型化分析，确定了设计指标、抽采指标和消突判定指标等关键节点控制指标;针对不同地质条件煤层消突判定指标敏感性和临界值的差异,研究获得了岩浆侵入区不同变质程度突出煤层的敏感指标和临界值,针对高水低阶煤首次提出了以原煤水分含量作为突出危险补充判定指标,创造性地提出使用安全线预测方法分析煤层瓦斯压力与埋深的关系;并对关键节点控制指标的有效性、预警阈值和达标体系进行了长期工程验证与实践。例如,铁法大隆煤矿 13 煤层区域敏感指标瓦斯压力临界值为 1.5 MPa,局部敏感指标 Δh_2 临界值为 220 Pa,以水分含量 3%作为补充判定指标;皖北卧龙湖煤矿 10 煤层区域敏感指标瓦斯含量临界值为 9.5 m^3/t,局部敏感指标临界值 K_1 为 0.45 $mL/(g \cdot min^{0.5})$。确定的部分指标临界值优于国家规定数值,为岩浆侵入区不同煤种条件下煤层瓦斯突出预测和效果检验奠定了基础。

10.3 岩浆侵入矿井突出危险煤层敏感指标研究

本节将以淮北矿区卧龙湖煤矿 10 煤层为例,采用实验室测定和现场试验相结合的方法开展岩浆侵入矿井突出危险煤层突出预测敏感指标及临界值研究。考虑到卧龙湖煤矿岩浆岩热演化区 10 煤层突出危险性大于正常区 10 煤层突出危险性,接触变质区 10 煤层无突出危险的特点,对比开展 10 煤层正常区和热演化区煤层突出敏感指标及临界值研究,研究结果将对生产实践具有指导意义。

突出矿井突出危险煤层预测指标敏感性分析及临界值的确定是突出预测的关键。由于不同突出矿井或相同矿井不同突出煤层的预测指标敏感性及其临界值存在差异,突出矿井在推广应用预测技术前,需要进行大量的现场试验和验证,才能确定适合本矿井或本煤层的预测敏感指标及其临界值。

10.3.1 突出预测敏感指标的研究方法

区域指标和局部指标的敏感性是指在一定的开采地质条件下,指标的大小及其变化与煤层突出危险性具有相关性。确定的敏感指标既能体现出本矿或本煤层的突出主导因素,又满足矿井的具体测试条件。如果指标的大小及其变化与煤层突出危险性之间相关性不大,指标的敏感性就不强。倘若指标虽有相关性,但其随煤层突出危险性的变化很小,测试仪器不能满足测试误差的要求,该指标也不能被确定为敏感指标。只有指标的大小及其变化与煤层突出危险性相关性较大,并且指标值的波动能克服测试误差的影响,该指标才能被确定为敏感指标。

实践表明,不同的地质条件下煤层可能有不同的敏感指标,甚至对于同一工作面在不同的采掘工艺条件下或相同采掘条件不同地质单元都可能会有不同的预测敏感指标;反之,不同的预测指标对不同地质单元或开采工艺条件的工作面也会有不同的敏感程度。所采用的预测指标是否敏感就决定了预测突出危险的准确程度。因此,确定突出预测敏感指标便成了突出预测过程中的一个非常重要的技术环节。

由于井下地质条件的差异和突出机理的复杂性,可以认为指标的敏感性是有条件的,其临界值是离散的、相对的和模糊的。为了更好地进行安全技术管理,必须确定突出预测敏感指标临界值。若突出敏感指标临界值偏小,对安全有保障,但防突工程量会增加,浪费人力物力;若敏感指标临界值偏大,防突工程量会减少,但安全可靠性降低,突出危险性增大。因此,敏感指标临界值确定必须坚持以安全为主、兼顾经济的原则,它的确定方法可以通过理论分析、数值计算获得。但实际应用中某些参数难以确定,且有离散性,而理论分析的数学模型则与实际情况存在较大差异,其结论是定性的,最好根据理论分析、现场考察与验证综合分析确定。图 10-2 为突出预测敏感指标及其临界值的确定流程。

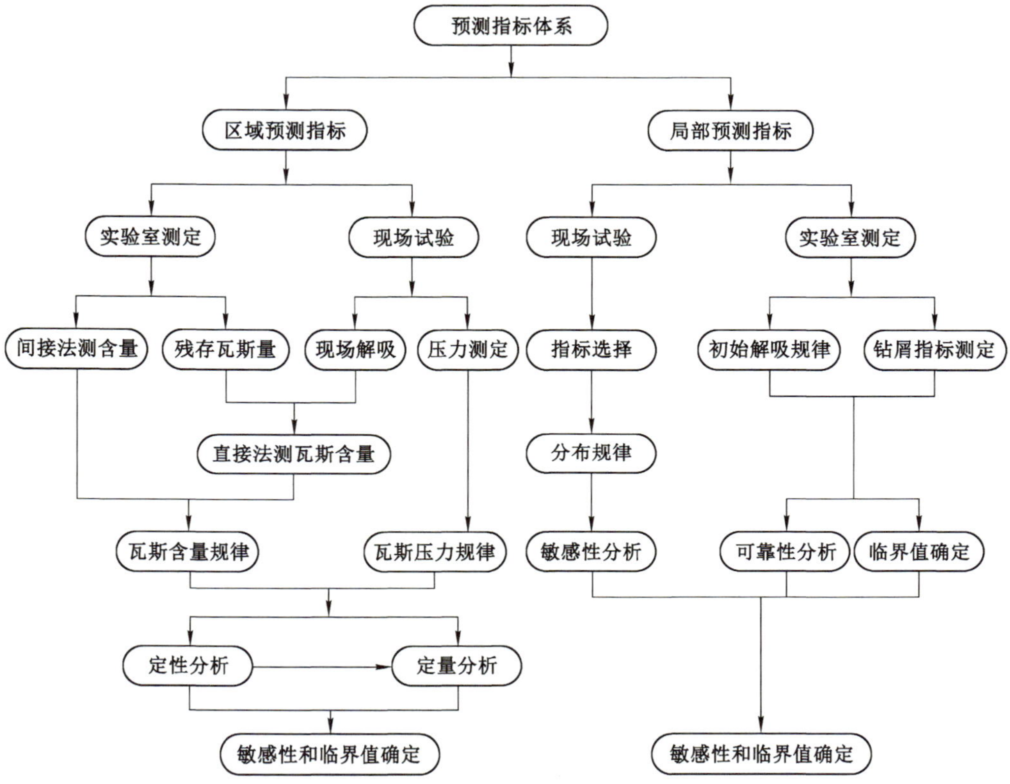

图 10-2　突出预测敏感指标及其临界值的确定流程

如图 10-2 所示,采用现场试验、实验室测定和理论分析,对区域和局部预测指标定性分析和定量分析相结合的方法,来确定适合卧龙湖煤矿 10 煤层的敏感指标及其临界值。

10.3.2　突出预测指标的实验室测定分析

10.3.2.1　煤样的制备

突出预测指标实验室测定的 6 个煤样取自卧龙湖煤矿南一采区 10 煤层 102、108 和 1011 工作面,煤样编号分别为热演化区的 WL7# 和 WL8# 煤样,正常区的 WL12#、WL13#、WL14# 和 WL15# 煤样。102、108 和 1011 工作面位置分布见图 5-6。

测定瓦斯放散初速度所用煤样制备方法:取新鲜煤样 250 g,将其粉碎后筛分出粒径为 0.2～0.25 mm 煤样,每个煤样取 50 g 左右,装入磨口瓶中、加签命名后密封。高压吸附实验所用煤样制备方法:取新鲜煤样 1 kg 粉碎,用标准筛筛取粒径为 0.2～0.25 mm 的煤样,装入磨口瓶中、加签密封备用,每个样品质量不得少于 100 g。进行工业分析所用煤样制备方法:取煤样 500 g 粉碎,用标准筛筛分出 0.074～0.2 mm 颗粒,装入磨口瓶中、加签命名后密封，每个样品质量不应少于 50 g。实验室煤的解吸规律考察和钻屑瓦斯解吸指标的测定需要粒径 1～3 mm 的煤样，不少于 200 g。

10.3.2.2 瓦斯吸附常数及突出指标测定结果

根据《防突细则》和有关国家标准，通过实验室测定得到了卧龙湖煤矿 10 煤层煤样的工业分析结果、吸附常数(a,b)、瓦斯放散初速度(Δp)和坚固性系数(f)，见表 10-2。

表 10-2 10 煤层煤样工业分析、吸附常数及突出指标测定结果

取样地点	煤样编号	煤层	工业分析			吸附常数		突出指标	
			M_{daf} /%	A_{daf} /%	V_{daf} /%	a /($m^3 \cdot t^{-1}$)	b /(MPa^{-1})	Δp /mmHg	f
正常区	WL12#	10	4.57	13.26	6.98	42.40	1.56	34.3	0.94
正常区	WL13#	10	3.69	19.28	10.8	39.02	1.58	29.2	1.00
正常区	WL14#	10	2.86	16.44	5.06	41.69	1.58	30.0	1.20
正常区	WL15#	10	3.69	19.28	10.27	39.05	1.61	28.1	1.30
热演化区	WL7#	10	3.70	27.71	9.72	45.72	1.52	32.8	1.60
热演化区	WL8#	10	4.30	36.01	13.60	59.02	1.57	40.0	1.50

由表 10-2 可以看出，10 煤层正常区 4 个煤样极限吸附常数 a 的最大值为 42.40 m^3/t(WL12# 煤样，108 工作面)，而 Δp 最大值为 34.3 mmHg，坚固性系数 f 最小值为 0.94(煤的硬度较大)，均是 WL12# 煤样所测。10 煤层热演化区煤样极限吸附常数 a 的最大值为 59.12 m^3/t，Δp 最大值为 40.0 mmHg，坚固性系数 f 最小值为 1.50，均是 WL8# 煤样(102 工作面)所测。综合考虑各类瓦斯参数对突出危险煤层敏感指标的影响(瓦斯放散初速度取最大值和坚固性系数取最小值)，决定选用南一采区 10 煤层 108 工作面 WL12# 煤样和 102 工作面 WL8# 煤样测定参数分别作为计算正常区和热演化区煤层区域预测指标敏感性和临界值的基础数据。

10.3.2.3 正常区 10 煤层瓦斯解吸量的测定与分析

由其他研究者对煤样解吸规律考察结果可知，一般煤层具有初始瓦斯解吸速度大，后期解吸速度衰减快的特点，初始瓦斯解吸量一般占总解吸量的相当大的一部分。解吸量测定采用瓦斯解吸测定仪，将记录的瓦斯解吸体积换算成标准状态下瓦斯解吸体积。为了对比分析各时间段的实际解吸量与钻屑瓦斯解吸指标测定结果，实验室记录了 WL12# 煤样在 4 个设定压力条件(0.45 MPa、1.00 MPa、2.00 MPa、3.60 MPa)下 120 min 内各时间段的瓦斯(CH_4)解吸量。表 10-3 为正常区 10 煤层煤样不同压力条件下 120 min 内的瓦斯解吸量。

表 10-3 正常区 10 煤层煤样不同压力条件下 120 min 内的瓦斯解吸量

时间/min	瓦斯解吸量/($m^3 \cdot t^{-1}$)			
	0.45 MPa 条件	1.00 MPa 条件	2.00 MPa 条件	3.60 MPa 条件
1	0.470 1	0.607 5	0.997 5	1.325 8
2	0.572 3	0.762 4	1.322 6	1.735 4

表 10-3(续)

时间/min	瓦斯解吸量/($m^3 \cdot t^{-1}$)			
	0.45 MPa 条件	1.00 MPa 条件	2.00 MPa 条件	3.60 MPa 条件
3	0.658 9	0.907 5	1.592 5	2.221 7
4	0.719 5	1.029 5	1.778 7	2.477 1
5	0.770 1	1.130 1	1.827 3	2.693 8
6	0.829 8	1.129 9	1.962 1	2.915 4
7	0.887 8	1.218 7	2.085 7	3.089 7
8	0.935 4	1.297 5	2.199 4	3.224 8
9	0.984 2	1.364 5	2.301 6	3.351 2
10	1.033 2	1.427 5	2.398 7	3.348 5
12	1.120 7	1.534 2	2.564 7	3.512 7
14	1.203 5	1.632 1	2.721 9	3.687 8
16	1.288 9	1.722 7	2.852 1	3.842 0
18	1.351 2	1.801 8	2.984 8	3.995 4
20	1.412 1	1.867 2	3.084 5	4.118 7
22	1.453 7	1.929 7	3.167 4	4.218 4
24	1.501 2	1.991 7	3.247 9	4.316 7
26	1.554 8	2.043 1	3.324 8	4.411 4
28	1.598 2	2.095 4	3.400 4	4.508 9
30	1.631 2	2.146 7	3.475 6	4.608 7
40	1.782 4	2.397 0	3.825 4	5.056 4
60	2.025 1	2.751 1	4.305 7	5.675 3
90	2.348 5	3.042 1	4.854 3	6.335 7
120	2.557 5	3.287 0	5.325 7	6.852 1

图 10-3 为正常区 10 煤层煤样不同压力条件下瓦斯解吸量与时间的关系。

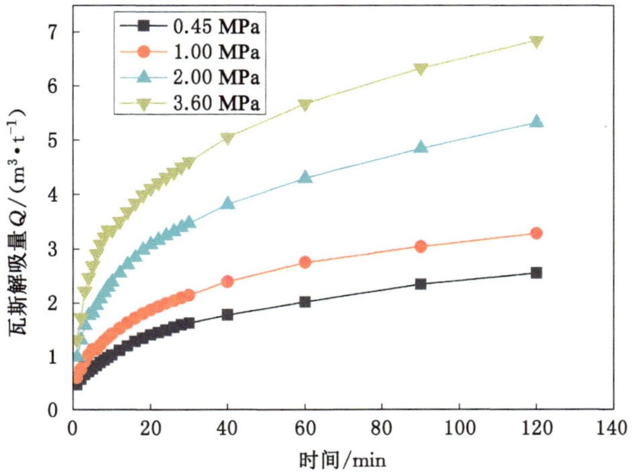

图 10-3　正常区 10 煤层煤样不同压力条件下瓦斯解吸量与时间的关系

由图 10-3 可以看出，在 4 个设定压力条件下，正常区 10 煤层煤样瓦斯解吸量随着时间的推移(120 min 内)而增加。尽管煤样的解吸曲线不同，但仍有一些相同的规律性：初始解吸阶段解吸量较大，越到后期解吸量增加得越缓慢。煤样的瓦斯解吸量与时间的分布关系符合朗缪尔曲线。在不同解吸时间内，高压力对应的曲线皆位于低压力对应的曲线上方，高压力对应的曲线初始时刻的梯度最大，也就是说高压力条件下相同时间节点对应的煤样的瓦斯初始解吸速度最大。各曲线的共有特点是：随着时间的推移瓦斯解吸量逐渐增加，解吸速度逐渐变小。吸附平衡压力为 3.60 MPa 时，相同时间节点对应的瓦斯解吸量最大。吸附平衡压力为 0.45 MPa 时，相同时间节点对应的瓦斯解吸量最小。4 条解吸曲线在 0～20 min 时间段内瓦斯解吸量急剧增加，在 100～120 min 时间段内瓦斯解吸量增长缓慢。

表 10-4 为正常区 10 煤层煤样不同压力条件下的初始瓦斯解吸量(前 1 min、前 3 min、第 4—5 分钟)、120 min 内的累计瓦斯解吸量和初始瓦斯解吸量占 120 min 累计瓦斯解吸量的百分比。

表 10-4　正常区 10 煤层煤样不同压力条件下的初始瓦斯解吸量与累计瓦斯解吸量

吸附平衡压力/MPa	前 1 min 瓦斯解吸量 Q_1 /($m^3 \cdot t^{-1}$)	前 3 min 瓦斯解吸量 Q_3 /($m^3 \cdot t^{-1}$)	第 4—5 分钟瓦斯解吸量 Q_{4-5} /($m^3 \cdot t^{-1}$)	120 min 累计瓦斯解吸量 Q_{120} /($m^3 \cdot t^{-1}$)	Q_1/Q_{120} /%	Q_3/Q_{120} /%
0.45	0.470 1	0.658 9	0.111 2	2.557 5	18.38	25.76
1.00	0.607 5	0.907 5	0.222 6	3.287 0	18.48	27.61
2.00	0.997 5	1.592 5	0.348 0	5.425 7	18.38	29.35
3.60	1.325 8	2.221 7	0.472 1	6.852 1	19.35	32.42

由表 10-4 可以看出，卧龙湖煤矿正常区 10 煤层煤样的初始瓦斯解吸量较大，越到后期瓦斯解吸量增加越缓慢。正常区 10 煤层煤样的前 1 min 瓦斯解吸量占 120 min 累计瓦斯解吸量的 18.38%～19.35%，平均为 18.65%；前 3 min 瓦斯解吸量占 120 min 累计瓦斯解吸量的 25.76%～32.42%，平均为 28.79%。可以看出前 3 min 瓦斯解吸量占 120 min 累计瓦斯解吸量的 1/3 左右。在其他条件相同的情况下，煤样各时间段内的瓦斯解吸量取决于吸附平衡压力的大小。图 10-4 为正常区 10 煤层煤样前 1 min 瓦斯解吸量与吸附平衡压

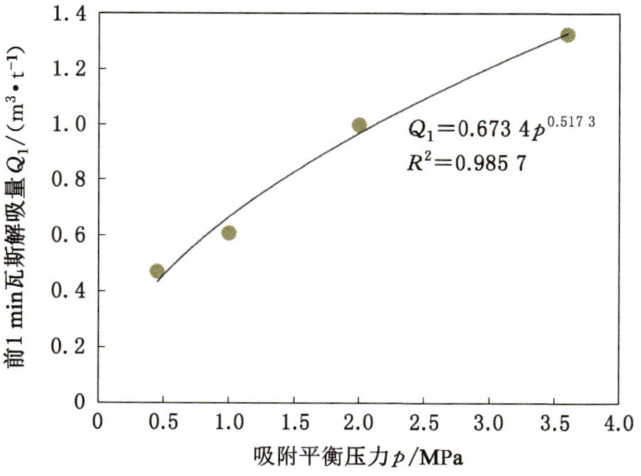

图 10-4　正常区 10 煤层煤样前 1 min 瓦斯解吸量与吸附平衡压力的关系

力的关系。图 10-5 为正常区 10 煤层煤样第 4—5 分钟瓦斯解吸量与吸附平衡压力的关系。

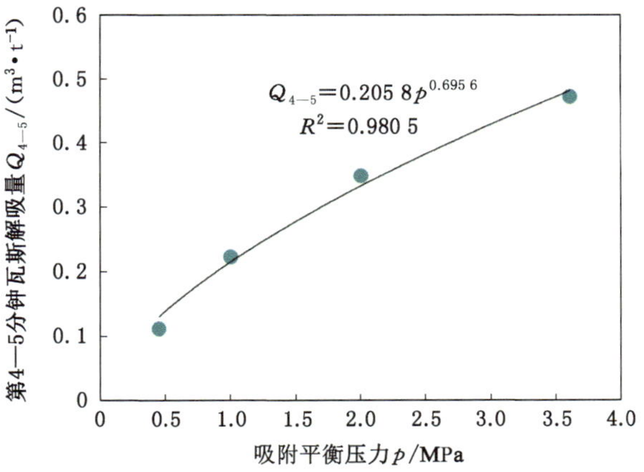

图 10-5　正常区 10 煤层煤样第 4—5 分钟瓦斯解吸量与吸附平衡压力的关系

由图 10-4 和图 10-5 可以看出，正常区 10 煤层煤样前 1 min、第 4—5 分钟瓦斯解吸量与吸附平衡压力均具有较好的幂函数关系，相关性指数 R^2 比较高，分别为 0.985 7 和 0.980 5(表 10-5)。

表 10-5　正常区 10 煤层煤样不同时间段内的瓦斯解吸量与吸附平衡压力的拟合关系

煤样初始解吸时间	粒径	拟合曲线方程	相关性指数 R^2
前 1 min	1～3 mm	$Q_1=0.673\ 4p^{0.517\ 3}$	0.985 7
第 4—5 分钟	1～3 mm	$Q_{4-5}=0.205\ 8p^{0.695\ 6}$	0.980 5

10.3.2.4　钻屑瓦斯解吸指标与吸附平衡压力的关系

煤的钻屑瓦斯解吸特性与煤的瓦斯含量及压力、煤的破坏程度和煤的微观孔隙结构等因素相关。钻屑瓦斯解吸指标 K_1、Δh_2 是反映煤的吸附/解吸特性和煤的结构特征的突出预测指标，在我国突出矿井突出危险性预测中得到了广泛的应用。钻屑指标包括 K_1、Δh_2 和钻屑量 S，本小节将结合实验室测定结果来探讨钻屑瓦斯解吸指标 K_1 和 Δh_2 间的关系，并分析其与吸附平衡压力之间的关系。

(1) 钻屑瓦斯解吸指标的实验室测定

钻屑瓦斯解吸指标的实验室测定是采用钻屑瓦斯解吸仪来完成的。使用煤科总院重庆分院生产的 WTC 型瓦斯突出参数测定仪来测定 K_1，使用煤科总院抚顺分院生产的 MD-2 型瓦斯解吸仪来测定 Δh_2。此外，现场完成了正常区 10 煤层煤样钻屑瓦斯解吸指标的测定，煤样测定的粒径是 1～3 mm，与实验室测定和解吸实验煤样粒径保持一致。

钻屑瓦斯解吸指标 Δh_2 的测定步骤为：待煤样吸附瓦斯平衡后打开煤样罐，在煤样卸压的同时按下计时秒表。将吸附平衡后的煤样迅速装入煤样瓶(瓦斯解吸仪自带)中，煤样装至煤样瓶刻度线位置，当暴露空气中的时间为 180 s(3 min)时开始测定，2 min 后读出仪器两侧水柱压差，压差值（刻度为毫米）乘以 10 Pa 所得数值即为 Δh_2。

钻屑瓦斯解吸指标 K_1 的测定步骤为：煤样吸附瓦斯平衡后打开煤样罐，在煤样卸压的同时按下计时秒表。将煤样快速装入 WTC 型瓦斯突出参数测定仪的煤样杯内，煤样自然装满。等秒表走完 1 min 时，按下测试键测定 K_1 值。测定结束后，输入煤样暴露于空气中至测定开始的时间(min)，瓦斯解吸仪将自动计算出实验煤样在该吸附平衡压力下的 K_1 值。

（2）钻屑瓦斯解吸指标测定结果分析

实验室不同压力条件下，模拟测定的卧龙湖煤矿正常区和热演化区 10 煤层煤样钻屑瓦斯解吸指标的结果见表 10-6。

表 10-6　10 煤层煤样钻屑瓦斯解吸指标实验室测定结果

测试煤样	吸附平衡压力/MPa	Δh_2/Pa	K_1/[mL·(g·min$^{0.5}$)$^{-1}$]
10 煤层 108 工作面 WL12# 煤样（属正常区）	0.45	130	0.39
	1.00	200	0.53
	2.00	300	0.81
	3.60	450	1.05
10 煤层 102 工作面 WL8# 煤样（属热演化区）	0.45	210	0.55
	1.00	330	0.85
	2.00	460	1.08
	3.60	590	1.28

由表 10-6 可知，当吸附平衡压力为 0.45 MPa 时，实验室实测的正常区 10 煤层 WL12# 煤样的 Δh_2 为 130 Pa，K_1 为 0.39 mL/(g·min$^{0.5}$)，分别为最小值；当吸附平衡压力为 3.60 MPa 时，实验室实测的 Δh_2 为 450 Pa，K_1 为 1.05 mL/(g·min$^{0.5}$)，分别为最大值。当吸附平衡压力为 0.45 MPa 时，实验室实测的热演化区 10 煤层 WL8# 煤样的 Δh_2 为 210 Pa，K_1 为 0.55 mL/(g·min$^{0.5}$)，分别为最小值；当吸附平衡压力为 3.60 MPa 时，实验室实测的 Δh_2 为 590 Pa，K_1 为 1.28 mL/(g·min$^{0.5}$)，分别为最大值。相同吸附平衡压力条件下，热演化区 10 煤层 WL8# 煤样钻屑瓦斯解吸指标 Δh_2 和 K_1 值远大于正常区 10 煤层 WL12# 煤样的对应指标值。因此，当确定正常区钻屑瓦斯解吸敏感指标临界值时，对热演化区具有适用性且相对安全。图 10-6 为正常区 10 煤层煤样钻屑瓦斯解吸指标与吸附平衡压力的关系。由图 10-6 可以看出，随着吸附平衡压力的增大，正常区 10 煤层煤样的钻屑瓦斯解吸指标 Δh_2 和 K_1 值均有逐渐增大的趋势。且 Δh_2 随吸附平衡压力的增长趋势与 K_1 的增长趋势具有正相关性，这是由于 Δh_2 和 K_1 都表示煤样一段时间内的初始瓦斯解吸量，反映了煤体的初始瓦斯解吸特征，同一煤样具有相同的瓦斯解吸规律。表 10-7 为正常区 10 煤层煤样钻屑瓦斯解吸指标 Δh_2 和 K_1 与吸附平衡压力的拟合曲线及相关性指数。

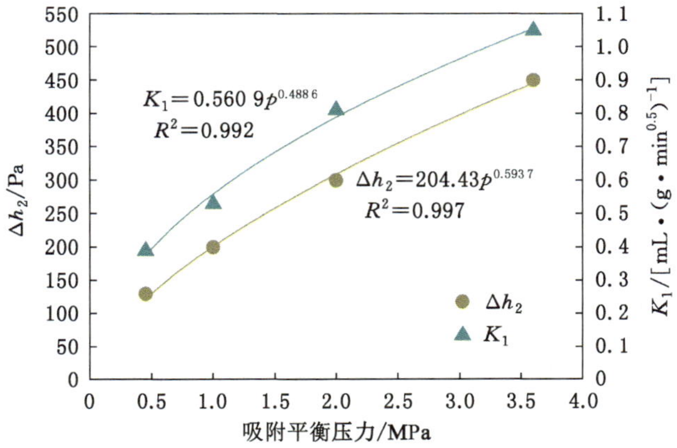

图 10-6　正常区 10 煤层煤样钻屑瓦斯解吸指标与吸附平衡压力的关系

表 10-7　正常区 10 煤层煤样钻屑瓦斯解吸指标与吸附平衡压力的拟合关系

测试煤样	钻屑瓦斯解吸指标	拟合曲线方程	相关性指数 R^2
10 煤层 108 工作面 WL12# 煤样	Δh_2	$\Delta h_2=204.43p^{0.593\ 7}$	0.997
	K_1	$K_1=0.560\ 9p^{0.488\ 6}$	0.992

从拟合结果看，卧龙湖煤矿 10 煤层钻屑瓦斯解吸指标 Δh_2 和 K_1 与吸附平衡压力的相关性指数 R^2 均在 0.99 以上，这与王魁军等[3]的研究结果一致：钻屑瓦斯解吸指标与吸附平衡压力呈幂函数关系。

邵军[4]通过实验研究证明了钻屑瓦斯解吸指标 K_1 与 Δh_2 具有幂函数关系。为了研究正常区 10 煤层煤样钻屑瓦斯解吸指标 Δh_2 与 K_1 之间的关系，对实验室测定的钻屑瓦斯解吸指标 Δh_2 与 K_1 值进行拟合，拟合效果用相关性指数 R^2 来度量，拟合结果如图 10-7 所示。

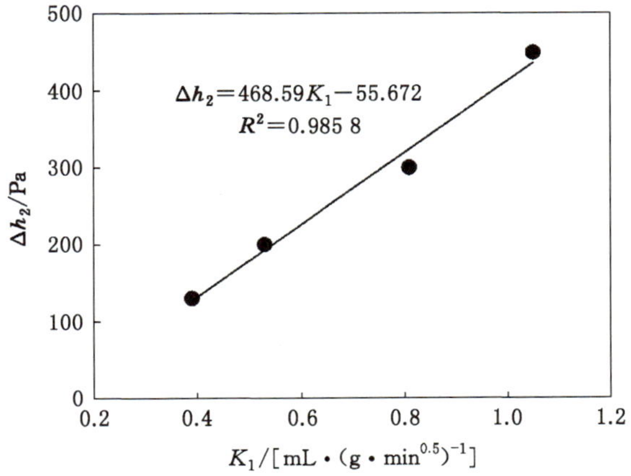

图 10-7　正常区 10 煤层煤样 Δh_2 与 K_1 的拟合关系

由图 10-7 可以看出，实验室测定的卧龙湖煤矿正常区 10 煤层钻屑瓦斯解吸指标 Δh_2 与 K_1 的拟合直线方程为：

$$\Delta h_2 = 468.59K_1 - 55.672 \tag{10-1}$$

由式(10-1)可以看出，正常区 10 煤层煤样钻屑瓦斯解吸指标 Δh_2 与 K_1 呈线性关系，且相关性指数 R^2 较高，为 0.985 8。根据式(10-1)可知，给出一个 Δh_2 值可以计算出 K_1 值，给出一个 K_1 值可以计算出 Δh_2 值。

10.3.3 区域预测指标敏感性与临界值确定

10.3.3.1 煤层发生煤与瓦斯突出的最小瓦斯压力研究

苏联最早进行了煤层发生突出的最小瓦斯压力研究，马克研究所从 83 次石门揭穿煤层工程实践中统计发现，诱发突出成功发生的瓦斯压力值均大于 1.00 MPa。后来在瓦斯压力小于 1.00 MPa 的煤层也发生了突出，而在哈萨克斯坦的卡拉干达矿区有的煤层瓦斯压力高达 6.50 MPa，却未发生突出。煤层发生突出的最小瓦斯压力与煤的坚固性系数有关，并根据突出与不突出矿井实例的统计结果，得出以下经验公式：

$$p_{\min} = Nf^2 \tag{10-2}$$

式中　$p_{\min}$ ——煤层发生突出的最小瓦斯压力，MPa；

f ——软分层煤的坚固性系数；

N ——常数，一般取 2.2，但在石门揭穿煤层过程中判断煤层有无突出危险时采用 $N=1.9$。

北票矿务局瓦斯组等[5]在煤科总院协助下对北票矿区煤与瓦斯突出相关参数进行了统计研究后发现，煤层发生突出的最小瓦斯压力与软分层煤的最小坚固性系数有关，并得出以下关系：

$$p_{\min} = 2.79f_{\min} + 0.39 \tag{10-3}$$

式中　$f_{\min}$ ——软分层煤的最小坚固性系数。

俞启香[6]通过对我国 26 个突出矿井突出煤层统计资料分析，得出了煤层发生突出的最小瓦斯压力与煤的挥发分和软分层煤的坚固性系数乘积的关系式：

$$p_{\min} = A(0.1 + BV_{m}f) \tag{10-4}$$

式中　A ——常数，在本次统计条件下得出 $A=5$；

V_{m} ——软分层煤的挥发分，%；

B ——常数，在本次统计条件下得出 $B=0.017$。

由式(10-4)可知，煤层越软（软分层煤的坚固性系数越小），煤化程度越高（挥发分越小），发生突出的最小瓦斯压力越小。当实测煤层瓦斯压力 $p \geqslant p_{\min}$ 时，煤层具有突出危险，否则无突出危险。从理论上来说，只要预先施工穿层钻孔并较准确地测出煤层的 p、V_{m}、f 参数，就可以完成煤层的突出危险性预测。李培庆[7]根据式(10-3)和式(10-4)分别计算的淮北煤田祁南煤矿 7 煤层发生突出的最小瓦斯压力相差不大。

将卧龙湖煤矿正常区 10 煤层 WL12# 煤样所测的坚固性系数值和挥发分值分别代入式(10-2)～式(10-4)，可以得到三个发生突出的最小瓦斯压力值，见表 10-8。

表 10-8 正常区 10 煤层发生突出的最小瓦斯压力值推算

煤层	坚固性系数 f（最小坚固性系数 f_{min}）	挥发分 V_m/%	选用公式	煤层发生突出的最小瓦斯压力 p_{min}/MPa
10 煤层 WL12# 煤样	0.94	—	$p_{min}=2.2f^2$	1.94
10 煤层 WL12# 煤样	0.94	—	$p_{min}=2.79f_{min}+0.39$	3.01
10 煤层 WL12# 煤样	0.94	6.98	$p_{min}=0.5+0.085V_m f$	1.06

由表(10-8)可知，根据式(10-2)～式(10-4)计算出的正常区 10 煤层发生突出的最小瓦斯压力值分别为 1.94 MPa、3.01 MPa 和 1.06 MPa，三个发生突出的最小瓦斯压力平均值为 2.00 MPa，最小值为 1.06 MPa，大于《防突细则》要求的突出临界值 0.74 MPa。

10.3.3.2 正常区 10 煤层区域预测敏感指标的确定

根据卧龙湖煤矿 10 煤层正常区(环形岩床圈闭区)实测原始瓦斯压力结果(表 5-3)，10 煤层－450 m 以浅的瓦斯压力梯度为 0.003 MPa/m；10 煤层－450 m 以深的瓦斯压力梯度达 0.027 MPa/m，大于静水压力梯度 0.01 MPa/m。大部分瓦斯压力值大于 0.74 MPa，实测最大瓦斯压力为 4.30 MPa，超过《防突细则》要求的临界值 0.74 MPa。

直接法测瓦斯含量包括残存量、解吸量和损失量三部分。残存量是指在标准状态下，煤样自然解吸平衡后，残存在煤样中的瓦斯含量，单位是 m^3/t。在直接法测定瓦斯含量时，残存量是指煤样在解吸一段时间后残存于煤中的瓦斯量，因此残存量大于不可解吸量。残存量包括粉碎前脱气量和粉碎后脱气量。粉碎前脱气量：将解吸 2 h 的煤样放入 95～100 ℃的恒温箱中进行真空脱气，一直进行到 30 min 内解吸出的瓦斯小于 10 cm^3，记录脱气体积，并用气相色谱仪分析气体成分。粉碎后脱气量：将加热脱气后的煤样放入密封球磨罐进行粉碎，煤样粉碎到粒度小于 0.25 mm 的重量超过 80%为合格，然后按照粉碎前脱气的方法进行第二次脱气。采用直接法对正常区 10 煤层瓦斯含量进行了测定，部分测定结果见表 10-9。

表 10-9 直接法测 10 煤层瓦斯含量部分测定结果

取样位置	标高/m	损失量/($m^3\cdot t^{-1}$)	解吸量/($m^3\cdot t^{-1}$)	残存量/($m^3\cdot t^{-1}$)	总量/($m^3\cdot t^{-1}$)
108 机巷 J_5 点前 55 m 1# 孔	－360.0	2.46	4.32	5.57	12.35
108 机巷底抽巷 3# 钻场	－381.1	6.28	9.25	7.13	22.66
109 机巷底抽巷 10-72# 孔	－405.6	7.85	10.31	8.14	26.30

注：不可解吸量小于残存量；26.30 m^3/t 为直接法实测 10 煤层瓦斯含量最大值。

由表 10-9 可知，在正常区 10 煤层 109 工作面穿层钻孔(10-72# 孔)取样，实测瓦斯含量为 26.30 m^3/t，其中残存量为 8.14 m^3/t，超过《防突细则》要求的 8.00 m^3/t。根据现场实测瓦斯含量，结合 WL12# 煤样工业分析和吸附常数结果采用间接法计算瓦斯含量公式，可以反推瓦斯压力值。图 10-8 为正常区 10 煤层瓦斯压力推算值与瓦斯含量推算值的关系。

由图 10-8 可以看出，卧龙湖煤矿正常区 10 煤层瓦斯含量随着瓦斯压力的升高具有连

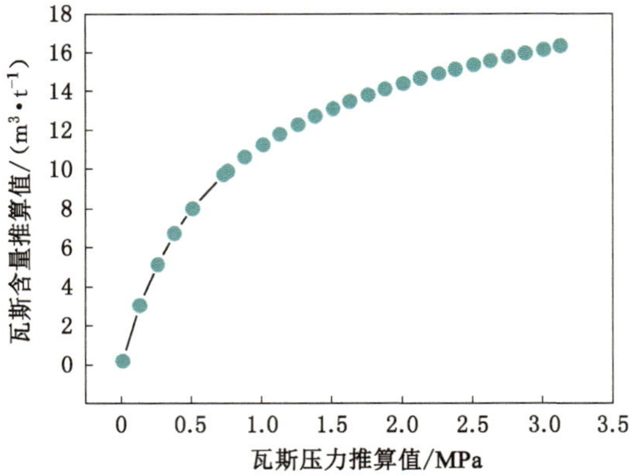

图 10-8　正常区 10 煤层瓦斯压力推算值与瓦斯含量推算值的关系

续增加的趋势。为了分析 10 煤层区域预测指标的敏感性，对比分析正常区和热演化区 10 煤层瓦斯压力与瓦斯含量在《防突细则》中突出临界值条件下的对应关系，如表 10-10 所列。

表 10-10　10 煤层瓦斯压力与瓦斯含量在临界值条件下的对应关系

煤层	标高/m	瓦斯压力推算值/MPa	瓦斯含量推算值/(m^3/t)
正常区 10 煤层	−308	0.50	8.00
	−329	0.74	9.80
热演化区 10 煤层(WL7#)	−515	0.74	23.80
热演化区 10 煤层(WL8#)	−520	0.74	31.60

由表 10-10 可知，卧龙湖煤矿正常区 10 煤层瓦斯含量为 8.00 m^3/t 时，对应的瓦斯压力为 0.50 MPa；正常区 10 煤层瓦斯压力为 0.74 MPa 时，对应的瓦斯含量为 9.80 m^3/t；环形岩床热演化区 10 煤层瓦斯压力为 0.74 MPa 时，对应不同标高的瓦斯含量分别为 23.80 m^3/t 和 31.60 m^3/t。当瓦斯压力为 0.74 MPa 时，热演化区 10 煤层平均瓦斯含量为 27.70 m^3/t，远大于正常区 10 煤层瓦斯含量 9.80 m^3/t。

考虑到 10 煤层为变质程度较高的无烟煤，直接法测定的瓦斯含量较高，残存量较大(8.14 m^3/t)，虽然发生突出的最小瓦斯压力较大(1.06 MPa)，但综合考虑煤层变质程度、煤体吸附解吸特性和现场实测结果等因素，认为卧龙湖煤矿 10 煤层采用瓦斯含量作为突出敏感指标较为合适，安全性较高。10 煤层瓦斯压力为 0.74 MPa 时，对应的瓦斯含量为 9.80 m^3/t。考虑一定的安全系数，将卧龙湖煤矿 10 煤层区域敏感指标瓦斯含量临界值定为 9.50 m^3/t；瓦斯压力临界值 0.74 MPa 作为参考值。

10.3.4　局部预测指标敏感性与临界值确定

在经过区域预测或者区域效果检验判定为无突出危险区内，工作面采掘过程中要采用局部预测指标进行工作面突出危险性的预测。工作面突出危险性预测也是对区域防突措施的效果检验。预测的方法主要有钻屑指标法、复合指标法、R 值指标法和其他经试验证实有效的方法。

卧龙湖煤矿 10 煤层进行工作面突出预测方法选用的是钻屑指标法。钻屑指标主要包括：钻屑瓦斯解吸指标 Δh_2、K_1 和钻屑量 S，采用实验室模拟测定和现场测定与分析相结合的方法来确定 10 煤层局部预测敏感指标及其临界值。

10.3.4.1　煤与瓦斯突出局部预测指标测定原理

钻屑指标是反映煤的吸附解吸特性和煤的物理结构特征的突出预测指标之一，主要应用于工作面突出危险性预测和效果验证。

(1) Δh_2 的测定原理

钻屑瓦斯解吸指标 Δh_2 的测定主要采用 MD-2 型瓦斯解吸仪。该仪器属于变容变压式仪器，其基本原理是，在不进行煤样脱气和充瓦斯的条件下，煤屑中的残余瓦斯向一密闭的空间解吸释放瓦斯，造成空间体积和压力的变化，通过水的压差来表示煤屑解吸出的瓦斯量。

Δh_2 (单位 Pa)表示的物理意义：煤样(10 g)自煤体脱落后暴露于大气中，第 4—5 分钟的瓦斯解吸总量。

对于 MD-2 型瓦斯解吸仪，每克煤样第 4—5 分钟瓦斯解吸体积 Q 和 Δh_2 有以下关系：

$$Q = 0.008\,3\Delta h_2/10 \tag{10-5}$$

式中　10——煤样质量，g；

0.008 3——MD-2 型瓦斯解吸仪结构常数，mL/mmH_2O($1\ mmH_2O=9.807\ Pa$)。

王佑安等[8]通过实验证明了 Δh_2 值的大小与测定前煤样暴露时间、煤样粒度、煤的破坏类型和煤层瓦斯压力等因素有较大的关系。

(2) K_1 的测定原理

K_1 指标用煤科总院重庆分院生产的 WTC 型瓦斯突出参数测定仪测定。在吸附平衡压力作用下，颗粒煤样暴露于大气中，煤样中的瓦斯能迅速解吸出来。

K_1[单位 $mL/(g\cdot min^{0.5})$]表示的物理意义：煤样(1 g)自暴露 1 min 内的瓦斯解吸总量，它反映了煤样瓦斯含量的多少及解吸速度衰减的快慢。

Barrer[9]通过实验得出煤样的瓦斯解吸量与解吸时间具有以下关系：

$$\frac{Q_t}{Q_\infty} = \frac{2A_s}{V}\sqrt{\frac{Dt}{\pi}} \tag{10-6}$$

式中　Q_t——煤样到时间 t 为止的瓦斯解吸量，cm^3/g；

Q_∞——煤样经过无限时间所能解吸出的瓦斯量，cm^3/g；

A_s——煤样的外部表面积，cm^2/g；

V——煤样的总体积，cm^3/g；

D——扩散系数，cm^2/g；

t——煤样解吸时间，min。

煤样的瓦斯解吸规律可以用下式表示：

$$Q_t = K_1\sqrt{t} \tag{10-7}$$

假设 Q_i 是煤样从暴露 t_0 时刻起到 t_i 时刻的瓦斯解吸累积量，而在测定前煤样已经解吸

的瓦斯量为 W，因此：

$$Q_i = K_1\sqrt{t_i} - W \tag{10-8}$$

令 $X_i = \sqrt{t_i}$，于是 K_1 可以按式(10-9)～式(10-11)计算出来：

$$K_1 = \frac{\sum_{i=1}^{10}(Q_i - \overline{Q})(X_i - \overline{X})}{\sum_{i=1}^{10}(X_i - \overline{X})^2} \tag{10-9}$$

$$\overline{Q} = \sum_{i=1}^{10} Q_i/10 \tag{10-10}$$

$$\overline{X} = \sum_{i=1}^{10} X_i/10 \tag{10-11}$$

因此，将含瓦斯煤样瞬间暴露于大气中或类似大气环境条件下的仪器中，根据等容、等压、变容变压解吸原理来测定单位质量煤样在不同时间段的瓦斯解吸量或不同时间节点的瓦斯解吸速度，然后对测定结果与煤样暴露时间的关系进行数值处理就可以计算出钻屑瓦斯解吸指标。

(3) 钻屑量 S

钻屑量 S 属于钻屑指标法预测指标的一种，是突出预测重要指标之一[10-17]。考虑其重要性，钻屑量 S 预测方法已经写入《防突细则》。打钻时排出钻屑量的多少取决于 4 个方面的因素：打钻地点的煤层应力状态、煤层瓦斯含量、煤的力学结构性质和钻头直径，其中受煤层应力状态(地应力)的影响最为显著。由于以上因素的存在，打钻时煤体会发生位移、摩擦、挤出和破碎等变化，这些变化释放的潜能大小会通过煤钻屑质量或体积增加的形式表现出来。当打钻施工工艺和钻进速度相同时，钻屑量会随着地应力和瓦斯压力的增大而增加，单位钻进距离的钻屑量越大，煤层的突出危险性也就越大。

实践表明，当钻屑量达到正常钻屑量的 2.5～3.0 倍时，仅应力一项因素就可以产生煤与瓦斯突出。很多国家利用钻屑量最大值来预测工作面突出危险性，其中德国把钻屑量和煤钻屑特征作为突出预测指标；我国《防突细则》中规定，直径 42 mm 的钻孔钻屑量参考临界值为 6 kg/m 或 5.4 L/m。钻屑量的测定有质量法或容量法两种，钻孔每钻进 1 m，收集全部钻屑用弹簧秤或量具测定。

10.3.4.2 实验室钻屑瓦斯解吸指标测定结果及可靠性分析

由钻屑瓦斯解吸指标的原理可知，钻屑瓦斯解吸指标 K_1 是基于 Barrer 公式推算出来的，反映的是煤样前 1 min 的瓦斯解吸量；Δh_2 对应的瓦斯解吸量是根据 MD-2 型瓦斯解吸仪的结构参数推算出来的，与煤样第 4—5 分钟的瓦斯解吸量是对应的。本小节将通过测定的 K_1 和 Δh_2 与实际初始瓦斯解吸量进行对比，并进行可靠性分析。

(1) 10 煤层钻屑瓦斯解吸指标 K_1 的可靠性分析

实验室除了测定不同压力下的钻屑瓦斯解吸指标值，还测定了煤样卸压暴露空气后各个时间段的实际瓦斯解吸量，并得到了实验煤样在设定压力下的解吸曲线。用 WTC 型瓦斯突出参数测定仪测定的不同吸附平衡压力下的 K_1 值和煤样的前 1 min 实际瓦斯解吸量见表 10-11。

表 10-11　正常区 10 煤层煤样 K_1 值与前 1 min 实际瓦斯解吸量对比

实验煤样	吸附平衡压力 p/MPa	指标 K_1 /[mL·(g·min$^{0.5}$)$^{-1}$]	前 1 min 计算瓦斯解吸量 Q'_1/(m^3·t^{-1})	前 1 min 实际瓦斯解吸量 Q_1/(m^3·t^{-1})	$\frac{Q_1-Q'_1}{Q_1}$/%
正常区 10 煤层煤样	0.45	0.39	0.39	0.470 1	17.04
	1.00	0.53	0.53	0.607 5	12.76
	2.00	0.81	0.81	0.997 5	18.80
	3.60	1.05	1.05	1.325 8	20.80

注：Q'_1 根据式(10-7)计算得出。

从表 10-11 中可以看出，根据实测的 K_1 值得出的前 1 min 瓦斯解吸量和煤样吸附平衡后前 1 min 的实际瓦斯解吸量相对误差为 12.76%～20.80%，平均为 17.35%，相对误差相对较小。这表明基于 Barrer 公式计算的 10 煤层的钻屑瓦斯解吸指标 K_1 值是可靠的。测定的 K_1 值接近于实验煤样不同压力下吸附平衡后前 1 min 的实际瓦斯解吸量。

(2) 10 煤层钻屑瓦斯解吸指标 Δh_2 的可靠性分析

在实验室根据 MD-2 瓦斯解吸仪测定 10 煤层 WL12# 煤样的钻屑瓦斯解吸指标 Δh_2，依据式(10-5)计算得到了第 4—5 分钟瓦斯解吸量 Q'_{4-5}，并测定了 4 个不同吸附平衡压力下实验煤样第 4—5 分钟内的实际瓦斯解吸量 Q_{4-5}，结果见表 10-12。

表 10-12　正常区 10 煤层煤样 Δh_2 值与第 4—5 分钟实际瓦斯解吸量对比

实验煤样	吸附平衡压力 p/MPa	指标 Δh_2 /Pa	第 4—5 分钟计算瓦斯解吸量 Q'_{4-5}/(m^3·t^{-1})	第 4—5 分钟实际瓦斯解吸量 Q_{4-5}/(m^3·t^{-1})	$\frac{Q_{4-5}-Q'_{4-5}}{Q_{4-5}}$/%
正常区 10 煤层煤样	0.45	130	0.107 9	0.111 2	2.97
	1.00	200	0.166 0	0.222 6	25.43
	2.00	300	0.249 0	0.348 0	28.45
	3.60	450	0.373 5	0.472 1	20.86

由表 10-12 可以看出，根据实际测定的钻屑瓦斯解吸指标 Δh_2 计算的瓦斯解吸量 Q'_{4-5}，与煤样第 4—5 分钟的实际瓦斯解吸量 Q_{4-5} 相比较，误差相对较大。相对误差最大为 28.45%，平均为 19.43%，Δh_2 可靠性较差，不能较好地反映煤样的真实解吸情况，而且整体上随着吸附平衡压力的增大相对误差有增加的趋势。

相对于卧龙湖煤矿 10 煤层钻屑瓦斯解吸指标 Δh_2（平均误差为 19.43%），指标 K_1 测定误差相对较小，平均误差为 17.35%。分析以上原因，可能是和卧龙湖煤矿 10 煤层背景煤为烟煤有关，也可能是因为 Δh_2 值是通过解吸仪测定出来的，读数过程受人为因素影响，误差较大。因此，就卧龙湖煤矿正常区 10 煤层而言，实验室分析结果表明钻屑瓦斯解吸指标 K_1 比 Δh_2 更敏感，能够较好地反映煤体的解吸特征，可靠性较大，能较准确地预测煤层突出危险性。

10.3.4.3　现场钻屑指标的测定与分析

卧龙湖煤矿在 10 煤层回采期间，现场跟踪积累了钻屑指标测定数据（效果检验），现对正常区 10 煤层 102 机巷钻屑瓦斯解吸指标 K_1、Δh_2 和钻屑量 S 测定结果进行分析。为了找出正常区 10 煤层钻屑指标 K_1、Δh_2 和 S 的分布规律，分析了钻屑指标与时间的关系，见图 10-9～图 10-11。虽然各校检指标均低于或接近临界值，但可以对比分析不同指标统计数据的分布规律，而这些分布规律的差异性不仅为钻屑指标敏感性的确定提供直观依据，也能对实验室的测定结果进行比较和验证。

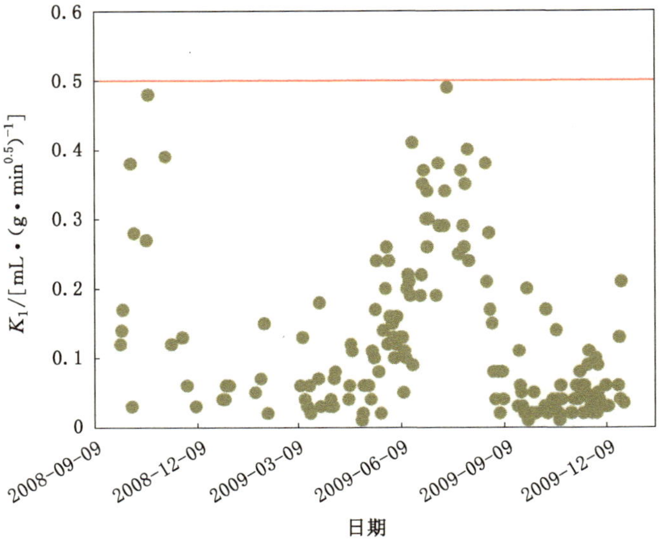

图 10-9　正常区 10 煤层 K_1 值测定结果分布

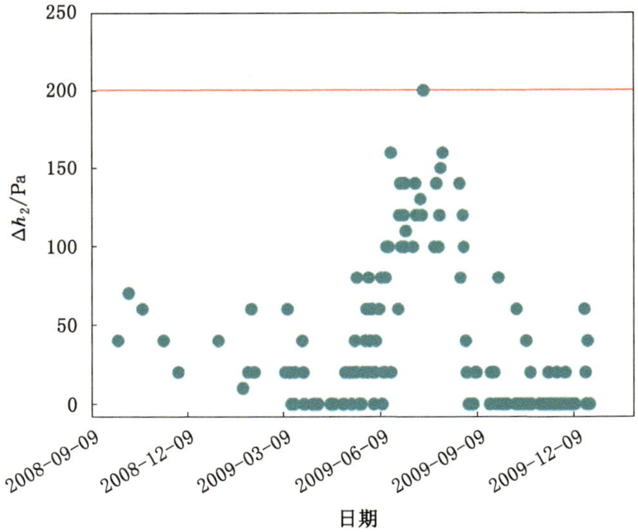

图 10-10　正常区 10 煤层 Δh_2 测定结果分布

对比分析图 10-9～图 10-11 可以看出，正常区 10 煤层效果检验结果钻屑瓦斯解吸指标 Δh_2 及 K_1 相对于钻屑量 S 数值变化较大且具有同步性的特点。例如 2009 年 7 月前后，钻屑瓦斯解吸指标 Δh_2 及 K_1 两个指标同时出现了峰值。具体来说，钻屑瓦斯解吸指标 K_1 分别在 2008 年 10 月和 2009 年 7 月(图 10-9)出现了两次峰值，两次峰值均有 K_1 值接近或达

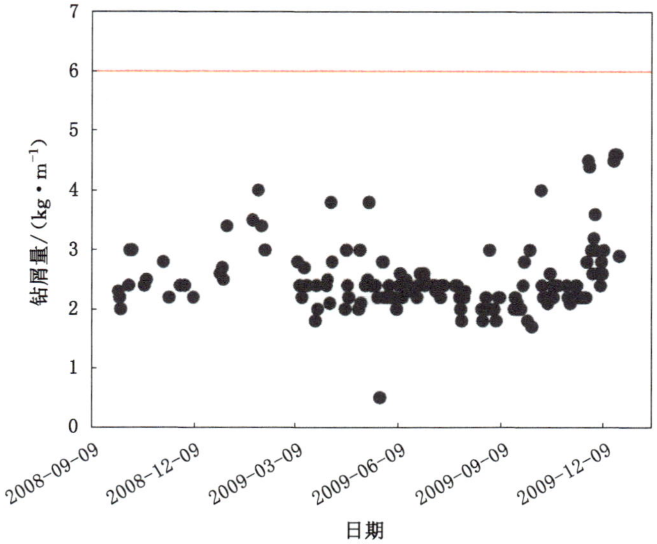

图 10-11　正常区 10 煤层钻屑量 S 测定结果分布

到临界值；而钻屑瓦斯解吸指标 Δh_2 只在 2008 年 7 月前后(图 10-10)出现 1 次峰值，Δh_2 值达到临界值；钻屑量 S 值均较小且变化不大(图 10-11)，未出现较大变化或峰值现象，也未出现钻屑量 S 值接近或达到临界值。钻屑量 S 最大值为 4.7 kg/m，低于临界值 6.0 kg/m。

由以上分析来看，正常区 10 煤层效果检验指标 Δh_2 与 K_1 具有很好的相关性和敏感性。从峰值次数来看，钻屑瓦斯解吸指标 K_1 的敏感性要高于 Δh_2 的敏感性。而钻屑量 S 数值变化不大，不具有敏感性。

为了考察现场实测 102 机巷 10 煤层 Δh_2 与 K_1 的关系，对两者进行了线性拟合，如图 10-12 所示。

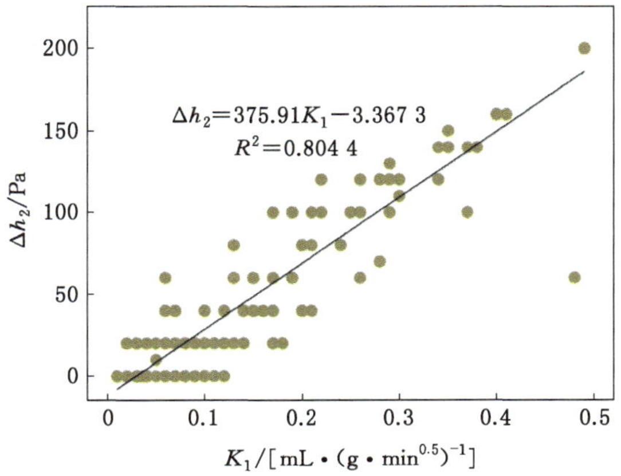

图 10-12　正常区 10 煤层实测 Δh_2 和 K_1 值关系拟合曲线

由图 10-12 可以看出，正常区 10 煤层效果检验指标 Δh_2 与 K_1 具有以下近似线性关系：

$$\Delta h_2 = 375.91K_1 - 3.367\ 3 \tag{10-12}$$

其中 Δh_2 与 K_1 相关性指数 R^2 较高，为 0.804 4。

综合分析现场考察结果认为：卧龙湖煤矿10煤层钻屑瓦斯解吸指标 Δh_2 及 K_1 值均具有敏感性。钻屑瓦斯解吸指标 K_1 敏感性高于 Δh_2 敏感性，钻屑量 S 不具有敏感性。

10.3.5 突出预测指标敏感性与临界值的确定

通过以上分析可知，实验室对钻屑指标的可靠性分析结果与现场实测数据分布规律基本一致，可以确定卧龙湖煤矿10煤层工作面预测指标体系为：以 K_1 为工作面预测的主要敏感指标，Δh_2 为辅助判定敏感指标；钻屑量不能作为突出预测敏感指标。

钻屑瓦斯解吸指标反映了煤层瓦斯含量和煤体结构特征两个主要因素，国内学者通过实验统计发现，钻屑瓦斯解吸指标与煤层瓦斯压力和综合指标之间呈幂函数关系。因此，钻屑瓦斯解吸指标的临界值应和煤层的区域临界瓦斯压力 p 存在关系。根据实验室得到的局部指标与区域指标的关系，可以推出10煤层敏感指标瓦斯含量临界值9.50 m^3/t 对应瓦斯压力条件下的局部预测指标（钻屑瓦斯解吸指标）值，见表10-13。

表 10-13　卧龙湖煤矿10煤层敏感指标瓦斯含量临界值对应的钻屑瓦斯解吸指标临界值

煤层	瓦斯含量临界值/($m^3 \cdot t^{-1}$)	反算瓦斯压力 p/MPa	Δh_2/Pa	K_1/[mL·(g·$min^{0.5}$)$^{-1}$]
10煤层	9.50	0.73	170	0.48

由表10-13可以看出，当10煤层瓦斯含量为9.50 m^3/t（区域敏感指标临界值）时，反算瓦斯压力为0.73 MPa，代入钻屑瓦斯解吸指标与瓦斯压力的幂指数关系方程 $\Delta h_2 = 204.43p^{0.5937}$ 和 $K_1 = 0.5609p^{0.4886}$（表10-7），可计算出10煤层钻屑瓦斯解吸指标 Δh_2、K_1 的临界值分别为170 Pa、0.48 mL/(g·$min^{0.5}$)。同时，根据前文的实际瓦斯解吸量与瓦斯压力的关系，计算得出当瓦斯压力为0.73 MPa时前1 min、第4—5分钟的瓦斯解吸量，见表10-14。

表 10-14　卧龙湖煤矿10煤层瓦斯压力临界值反算的钻屑瓦斯解吸指标临界值

参数	拟合曲线方程	反算瓦斯解吸量/($m^3 \cdot t^{-1}$)	K_1/[mL·(g·$min^{0.5}$)$^{-1}$]	Δh_2/Pa
前1 min瓦斯解吸量 Q_1	$Q_1 = 0.6734p^{0.5173}$	0.572	0.572	—
第4—5分钟瓦斯解吸量 Q_{4-5}	$Q_{4-5} = 0.2058p^{0.6956}$	0.165	—	199

由表10-14可知，当瓦斯压力为0.73 MPa时，将反算的瓦斯解吸量代入拟合方程[式(10-5)和式(10-7)]，计算的 K_1、Δh_2 的临界值分别为0.572 mL/(g·$min^{0.5}$)、199 Pa。

通过对实验室数据和现场实测数据的定性分析和定量计算可知，卧龙湖煤矿10煤层钻屑瓦斯解吸指标 K_1 在实施防突措施后变化比较明显，能够较好地反映工作面的突出危险性变化情况，敏感性较高，考虑一定的安全系数后，确定卧龙湖煤矿10煤层局部敏感指标 K_1 的临界值为0.45 mL/(g·$min^{0.5}$)；Δh_2 变化相对较小，随压力变化不明显，而且实验室10煤层 Δh_2 值测定误差相对较大，因此不建议使用 Δh_2 作为卧龙湖煤矿10煤层判定预测指标，但可以作为参考，Δh_2 的临界值定为165 Pa；钻屑量 S 对工作面的突出危险性预测不敏感。

10.3.6 小结

针对岩浆岩热演化区煤层吸附瓦斯能力较强，突出危险性严重的特点，为防治煤与瓦斯突出，以受岩浆侵入影响严重的卧龙湖煤矿 10 煤层为例，进行了岩浆侵入矿井突出危险煤层敏感指标及其临界值研究，主要结论如下：

(1) 提出了敏感指标及其临界值确定的流程。通过对卧龙湖煤矿正常区 10 煤层瓦斯含量与瓦斯压力的相互关系考察可知，当正常区 10 煤层瓦斯含量为 8.00 m^3/t 时，对应的瓦斯压力为 0.50 MPa；当正常区 10 煤层瓦斯压力为 0.74 MPa 时，对应的瓦斯含量为 9.80 m^3/t。当瓦斯压力为 0.74 MPa 时，热演化区 10 煤层平均瓦斯含量为 27.70 m^3/t，远大于正常区 10 煤层瓦斯含量 9.80 m^3/t。综合考虑 10 煤层为变质程度较高的无烟煤，直接法测定的瓦斯含量普遍较大(最大值为 26.30 m^3/t)，残存量较大(最大值为 8.14 m^3/t)，虽然发生突出的最小瓦斯压力较大(1.06 MPa)，但结合煤层吸附解吸特性等因素，认为卧龙湖煤矿 10 煤层采用瓦斯含量作为突出敏感指标较为安全合理，10 煤层瓦斯压力为 0.74 MPa 时，对应的瓦斯含量为 9.80 m^3/t。考虑一定的安全系数，将卧龙湖煤矿 10 煤层敏感指标瓦斯含量临界值定为 9.50 m^3/t；瓦斯压力临界值 0.74 MPa 作为参考值。

(2) 根据实验室测定的卧龙湖煤矿正常区 10 煤层钻屑瓦斯解吸指标 K_1 得出前 1 min 瓦斯解吸量 Q'_1，其与煤样吸附平衡后前 1 min 的实际瓦斯解吸量 Q_1 相差不大，平均相对误差为 17.35%。这表明基于 Barrer 公式计算的 10 煤层的钻屑瓦斯解吸指标 K_1 值是合适的。实测的钻屑瓦斯解吸指标 Δh_2 转换为解吸量，与煤样第 4—5 分钟的实际瓦斯解吸量相比较，误差较大，相对误差最大为 28.45%。钻屑瓦斯解吸指标 Δh_2 不能较好地反映煤样的真实解吸情况，而且整体上随着吸附平衡压力的增大相对误差呈增加趋势。这说明 K_1 敏感性高于 Δh_2 敏感性。

(3) 通过对卧龙湖煤矿正常区 10 煤层现场实测钻屑瓦斯解吸指标分析发现，K_1 与 Δh_2 具有较好的敏感性和相关性，相关性指数 R^2 为 0.804 4。K_1 敏感性高于 Δh_2 敏感性，钻屑量 S 不具有敏感性。

(4) 当 10 煤层瓦斯含量为 9.50 m^3/t(区域敏感指标临界值)时，反算瓦斯压力为 0.73 MPa，代入幂指数关系方程 $\Delta h_2 = 204.43p^{0.5937}$ 和 $K_1 = 0.5609p^{0.4886}$，计算出 10 煤层钻屑瓦斯解吸指标 Δh_2、K_1 临界值分别为 170 Pa、0.48 $mL/(g\cdot min^{0.5})$。考虑一定的安全系数后，确定卧龙湖煤矿 10 煤层局部敏感指标 K_1 的临界值为 0.45 $mL/(g\cdot min^{0.5})$，Δh_2 临界值定为 165 Pa(参考值)。

10.4 岩浆侵入矿井分区治理技术及应用工程实践

10.4.1 试验区概况

卧龙湖煤矿南一采区位于矿井西南部，西至 F_2 断层，北至 5 勘探线，东以南翼回风大巷为界，南至各煤层露头及 F_{13}、F_4 断层，面积约 4.2 km^2。标高范围为 −250～−600 m。

南一采区各煤层均受燕山期岩浆侵蚀较为严重，煤层可采性大大降低，仅 10 煤层可视为较稳定煤层，其余均为不稳定煤层且不可采。南一采区单一主采煤层 10 煤层厚度为

0.24～3.30 m，平均 1.93 m。

研究开展时，南一采区 10 煤层正在回采 108 工作面，102 工作面、103 工作面、104 工作面、105 工作面已经回采结束，正在准备 109 工作面。

10.4.2 南一采区 10 煤层突出危险性评价与区域预测

10.4.2.1 动力现象

自建矿以来，卧龙湖煤矿南一采区 10 煤层共发生 2 起瓦斯突出事故，见表 10-15。

表 10-15 南一采区 10 煤层瓦斯动力现象统计

日期	地点	标高	突出情况
2006-01-06	101 风联巷 F5 点前 12.0 m	−555.3 m	突出煤量 37 t，突出瓦斯量 10 000 m^3
2008-08-12	105 机巷 J21 点前 27.7 m	−429.0 m	突出煤量 29.5 t，喷出距离 7.9 m，突出瓦斯量 3 361.2 m^3

10.4.2.2 10 煤层突出指标

通过现场和实验室对卧龙湖煤矿 10 煤层的瓦斯基础参数的测定分析，获得 10 煤层突出指标情况汇总，见表 10-16。

表 10-16 卧龙湖南一采区 10 煤层突出指标情况汇总

判定依据	指标	临界值	实测情况	对比分析
突出预兆和动力现象	突出预兆	—	顶钻、喷孔	有突出预兆
	瓦斯动力现象	—	发生了动力现象	有动力现象
单项指标	破坏类型	Ⅲ、Ⅳ、Ⅴ	Ⅳ～Ⅴ	达到临界值
	瓦斯放散初速度 Δp	10 mmHg	54 mmHg(最大值)	>临界值
	坚固性系数 f	0.50	0.94(最小值)	>临界值
	瓦斯压力 p	0.74 MPa(表压)	4.30 MPa(表压，最大值)	>临界值
敏感指标	瓦斯含量 W	9.50 m^3/t	26.30 m^3/t(最大值)	>临界值

从单项指标来看，煤层瓦斯压力、破坏类型和瓦斯放散初速度测定结果表明卧龙湖煤矿 10 煤层具备突出的可能，坚固性系数指标不满足突出的条件；瓦斯含量超过了突出敏感指标的临界值 9.50 m^3/t；发生过突出和打钻喷孔等瓦斯动力现象。综合分析认为：卧龙湖煤矿 10 煤层具有煤与瓦斯突出危险性。

10.4.2.3 南一采区 10 煤层区域划分结果

卧龙湖煤矿煤层受岩浆岩的侵蚀严重，其瓦斯赋存规律和一般煤层有所差异。对南一采区 10 煤层进行区域划分时，应充分考虑岩浆岩热演化作用提高了煤层吸附瓦斯能力，增强了 10 煤层的突出危险性。应本着从严的原则，选择突出危险性区域性划分依据。

《防突细则》规定的瓦斯压力临界值为 0.74 MPa，瓦斯含量临界值为 8.00 m^3/t。本着从严的原则，南一采区 10 煤层进行区域划分时，以实测瓦斯压力和瓦斯含量指标作为基准指标，敏感指标瓦斯含量的临界值定为 9.50 m^3/t，并考虑瓦斯风化带、岩浆岩对煤层的自然分带作用和岩浆岩热演化作用对瓦斯赋存的影响。当 10 煤层瓦斯含量和瓦斯压力同时满足要求（$W<9.50\ m^3/t$，$p<0.74$ MPa）时，才能划为无突出危险区；否则，划为突出危险区。瓦斯风化带划为无突出危险区。

通过对与岩浆岩不同距离连续煤样的多元物性参数测定与分析结果来看，岩浆岩对 10 煤层的热演化范围为 60 m 左右，岩浆岩热演化作用使该区域煤的微孔发育，煤的比表面积变大，煤对瓦斯的吸附位增加，煤吸附瓦斯的能力增强。该区域是煤与瓦斯突出和瓦斯异常涌出的高发区。卧龙湖煤矿 10 煤层两次煤与瓦斯突出的突出点分别距离岩床边界 8 m 和 38 m，属于岩浆岩热演化区。卧龙湖煤矿南一采区 10 煤层突出危险性预测指标统计结果见表 10-17。

表 10-17　南一采区 10 煤层突出危险性预测指标统计结果

区域划分地点	区域划分指标	评价范围	预测结果
南一采区 10 煤层	实测瓦斯压力	−348 m 以深（>0.74 MPa）	具有突出危险
南一采区 10 煤层	敏感指标瓦斯含量	−350 m 以深（>9.50 m^3/t）	具有突出危险
南一采区 10 煤层	瓦斯风化带	−337 m 以浅	不具有突出危险
南一采区 10 煤层	岩浆岩覆盖区	距离岩床 0～5 m	不具有突出危险
南一采区 10 煤层	岩浆岩热演化区	距离岩床 5～60 m	具有突出危险

根据南一采区 10 煤层实测瓦斯压力和瓦斯含量分布规律，结合表 10-17，得出标高 −348 m 对应的瓦斯压力为 0.74 MPa，标高 −350 m 对应的瓦斯含量为 9.50 m^3/t，瓦斯风化带下限为 −337 m。岩浆岩热演化区（距离岩床 5～60 m）的 10 煤层，煤吸附瓦斯能力增强，煤与瓦斯突出危险性增大；岩浆岩覆盖区和瓦斯风化带不具有突出危险性。综合考虑瓦斯压力、敏感指标瓦斯含量和岩浆岩对 10 煤层瓦斯赋存的影响，考虑一定安全距离，确定将 −340 m 和岩床边界以外 60 m 作为南一采区 10 煤层区域划分的基准标高和分界线，即标高 −340 m 以浅的区域为无突出危险区；标高 −340 m 及 −340 m 以深和岩浆侵入边界以外 60 m 范围内的区域为突出危险区。

根据以上南一采区 10 煤层突出危险区域划分结果，结合岩浆岩对煤层的自然分带作用，绘制卧龙湖煤矿南一采区 10 煤层突出危险区域划分示意图，如图 10-13 所示。

10.4.3　南一采区 10 煤层区域性瓦斯治理技术

通过对南一采区 10 煤层突出危险区域划分，确定标高 −340 m 以浅的区域为无突出危险区，标高 −340 m 及 −340 m 以深的区域为突出危险区，岩浆侵入边界以外 60 m 范围的区域为突出危险区。不同区域瓦斯含量不同，突出危险性也不同，所采用的瓦斯治理方法和工程量也不相同。为合理利用瓦斯治理资金，最大限度地解放生产力，应根据 10 煤层瓦斯赋存规律和突出危险区域划分结果，实行瓦斯分区治理，对不同区域采取不同的瓦斯治理技术，保证瓦斯治理工程合理和高效。区域预抽的瓦斯可用于发电，实现煤与瓦斯共采。

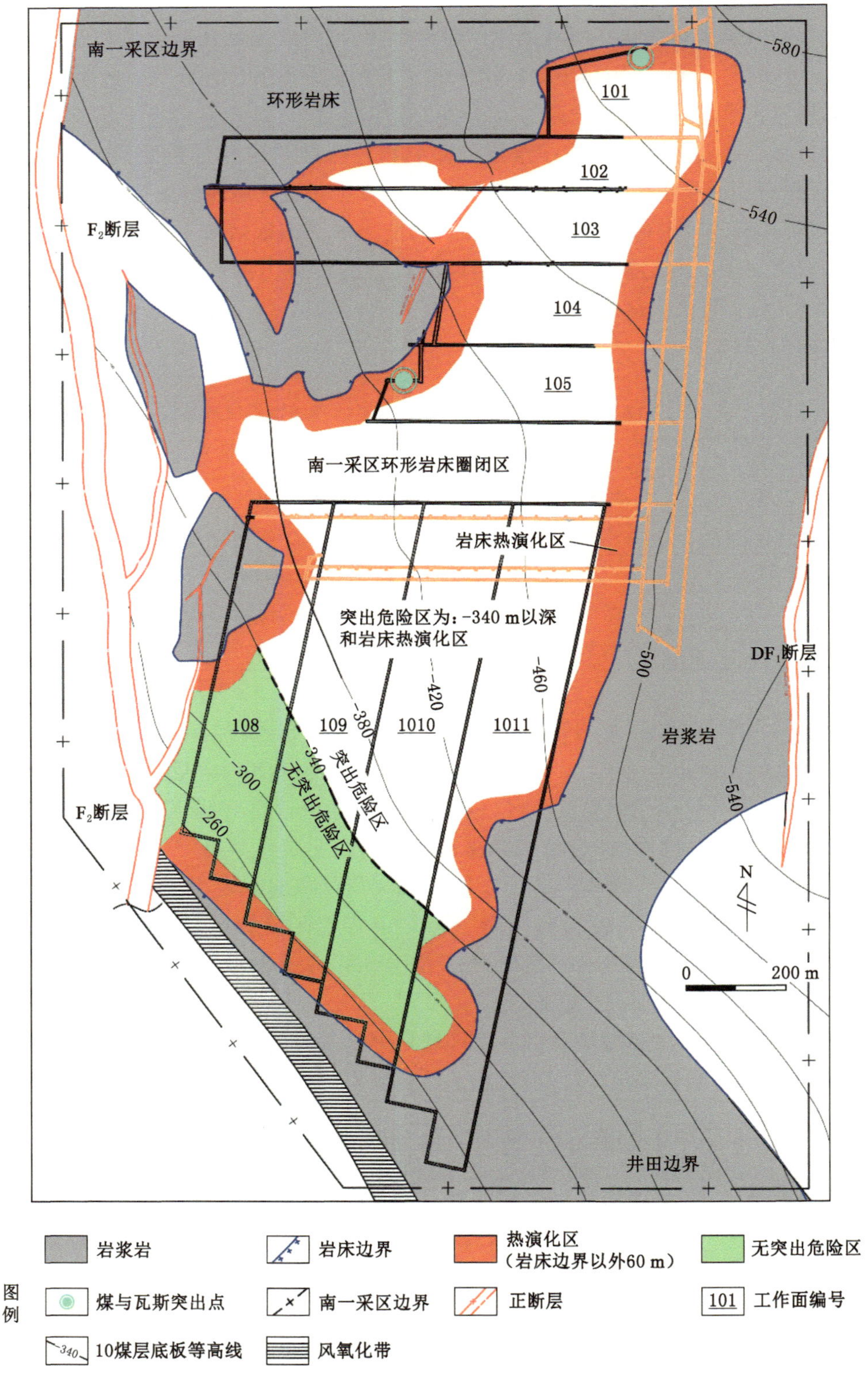

图 10-13　卧龙湖煤矿南一采区 10 煤层突出危险区域划分示意图

10.4.3.1　无突出危险区瓦斯治理

在卧龙湖煤矿 10 煤层无突出危险区(图 10-13)进行掘进和回采前,工作面进入该区域时,采用连续验证技术。一般正常通风可以解决掘进和回采期间瓦斯问题,但有可能由于通风不畅等原因造成局部区域瓦斯浓度过高,因此必须防止风速低、上隅角或风量不足地点的瓦斯积聚。如果出现瓦斯浓度超限情况,必须立即停止生产,加强通风,排除险情后方可恢复生产。

10.4.3.2　突出危险区瓦斯治理

在卧龙湖煤矿 10 煤层突出危险区(图 10-13)应坚持区域防突措施先行、局部防突措施补充的原则。采用底(顶)板岩巷穿层钻孔预抽机风巷条带瓦斯、掩护煤巷掘进和顺层钻孔预抽工作面煤层瓦斯的区域防突措施。在岩浆侵入区域要加强岩浆岩的勘探和热演化区范围的界定,并加密热演化区煤层的穿层或顺层钻孔布置,增加瓦斯抽采工程量。

(1) 底板岩巷穿层钻孔与顺层钻孔瓦斯抽采模式消突原理

底板岩巷穿层钻孔与顺层钻孔瓦斯抽采模式的消突原理是通过向突出煤层施工大量的密集钻孔使煤体区域性卸压,同时抽采瓦斯释放其潜能,然后再经过较长时间(满足相关规定)的预抽煤层瓦斯、降低该区域瓦斯压力与瓦斯含量,达到煤层的收缩变形、地应力下降、瓦斯压力梯度减小和煤的透气性系数增高等效果,从而消除煤与瓦斯突出危险性。

(2) 底板岩巷穿层钻孔与顺层钻孔瓦斯抽采模式实施方法和步骤

① 在突出煤层的底板距机巷和开切眼一定距离的岩层中施工抽采岩巷,与上区段的底板岩巷沟通形成全负压通风系统。

② 在底板岩巷内施工上向穿层钻孔并抽采机巷和开切眼位置及巷帮一定范围的煤层瓦斯,将该区域内的煤层瓦斯含量或压力降低到该煤层始突深度的煤层瓦斯含量或压力,若没有考察到该值,将 10 煤层瓦斯含量降到敏感指标瓦斯含量临界值 9.50 m^3/min 以下,消除穿层钻孔控制区域条带煤层的突出危险性,保证煤层巷道的安全掘进。

③ 在消除突出危险的煤体中掘进风(机)巷和开切眼,风巷留设合理的安全保护煤柱沿空掘进。

④ 待形成通风系统后,在机、风巷内向工作面煤层施工一定间距(实测瓦斯抽采半径的 2 倍)的顺层钻孔抽采煤层瓦斯,保证足够的预抽时间。将工作面煤层瓦斯含量或压力降低到该煤层始突深度的瓦斯含量或压力,若没有考察到该值,将煤层瓦斯含量降到 9.50 m^3/t 以下,消除工作面的突出危险性。

10.4.4　108 工作面消除突出危险性工程实践

根据穿层钻孔与顺层钻孔瓦斯抽采模式实施步骤,卧龙湖煤矿南一采区 10 煤层主要瓦斯治理工程设计包括:底板岩巷的参数设计(根据卧龙湖煤矿生产实际情况,108 工作面还要施工一条顶板瓦斯抽采岩巷)、穿层钻孔参数设计和顺层钻孔参数设计等。

10.4.4.1　瓦斯抽采方案设计

(1) 底板岩巷掩护煤巷掘进的穿层钻孔方案

① 底板岩巷位置的确定

底板岩巷抽采瓦斯原理是利用穿层钻孔抽采上覆煤层瓦斯掩护煤巷掘进。底板岩巷位置距离煤层底板太远会造成穿层钻孔过长，增加打钻工程量。若距离煤层较近，岩柱太短抵抗力不足，存在突出安全隐患。图 10-14 为工作面巷道（煤巷）与底板岩巷的平面相对位置关系。

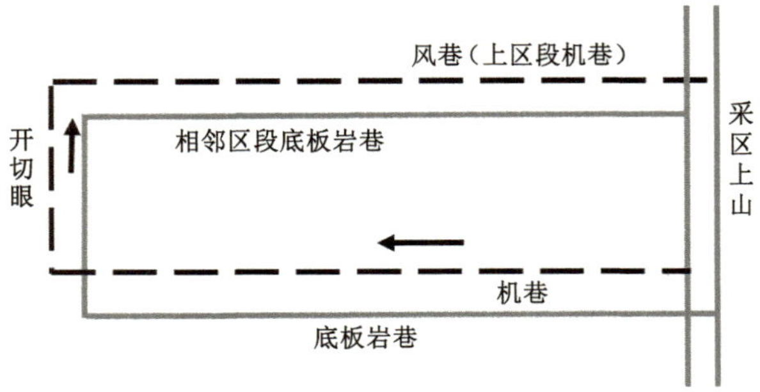

图 10-14　工作面巷道与底板岩巷的平面相对位置关系

底板岩巷一般布置在岩性较好、距煤层底板 20～30 m 的岩层中，底板巷道断面设计为 9 m^2（3 m×3 m）。底板岩巷与机巷的水平距离为 20～30 m。底板岩巷距工作面开切眼的水平距离为 20～30 m。

② 钻场、钻孔参数设计

图 10-15 为底板岩巷钻场和钻孔布置平、剖面示意图。

在底板岩巷内每隔 20～30 m，垂直于底板岩巷布置一钻场，断面为 7.8 m^2（2.6 m×3.0 m）。在钻孔内向煤层施工穿层抽采钻孔，钻孔直径 94～108 mm。卧龙湖煤矿 10 煤层透气性系数为 0.02 $m^2/(MPa^2 \cdot d)$，属于难以抽采。根据卸压效果测得 10 煤层瓦斯抽采有效半径为 2.5 m 左右，穿层钻孔终孔间距设计为 5 m，钻孔间距以煤层中厚面为准，钻孔终孔于 10 煤层顶板 0.5 m。机巷和开切眼设计 7 排钻孔，保护范围为 35 m，机巷和开切眼按照采煤巷道宽度 4～5 m 计算，布置在保护范围的中部，巷道两帮的保护范围大于或等于 15 m，满足相关规定，可以保证巷道的安全掘进，图 10-15(a) 中虚线框内为钻孔卸压保护范围。

在开切眼附近，要缩小钻场间距、加密钻孔，加大开切眼附近煤体的钻孔控制范围。将该区域内的煤层瓦斯含量降至 9.50 m^3/t 以下方可掘进煤层巷道。

底板岩巷掩护煤巷（机巷）掘进的穿层钻孔方案适用于卧龙湖煤矿 109、1010 和 1011 工作面，即每个工作面只需施工一条底板岩巷。而 108 工作面作为南一采区剩余块段的首采工作面，除了需要施工一条底板岩巷布置穿层钻孔掩护 108 机巷外，根据现场条件还需施工一条顶板岩巷施工下向穿层钻孔掩护 108 风巷掘进。考虑到顶板岩巷和底板岩巷穿层钻孔抽采模式的原理相同，在方案设计中不再叙述。

(2) 工作面顺层钻孔设计方案

南一采区 10 煤层剩余块段工作面长度设计为 170～176 m，从风巷和机巷分别向工作面煤层打钻。图 10-16 为工作面顺层钻孔布置示意图。10 煤层瓦斯抽采有效半径测定结果为 2.5 m，工作面顺层钻孔间距设计为 5 m，钻孔直径为 108 mm，钻孔长度根据工作面倾向长度（170～176 m）设计为 95 m 左右（包括压茬 10 m）。为缩短开切眼前方部分煤体的瓦斯抽采时间，在工作面里段靠近开切眼的区域补打一定数量的顺层钻孔，钻孔与巷道煤壁

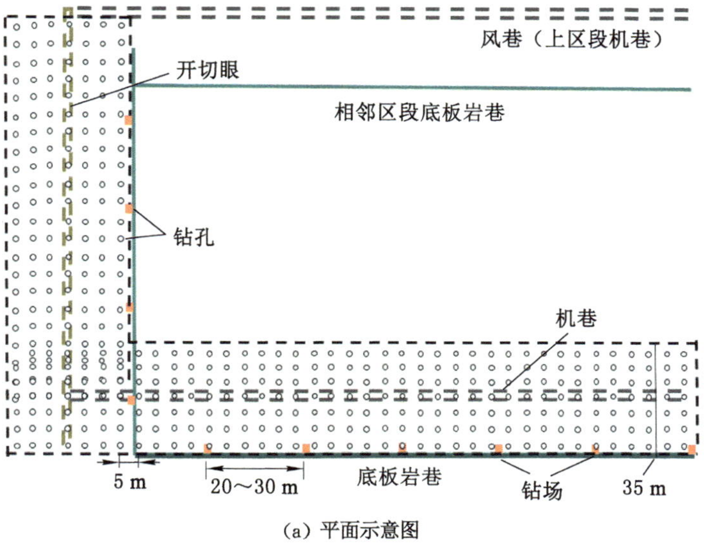

图 10-15 底板岩巷钻场和钻孔布置平、剖面示意图

呈约75°夹角，与原顺层钻孔交叉布置，以便提高钻孔抽采效果，在回采过程中实现边采边抽和卸压抽采。

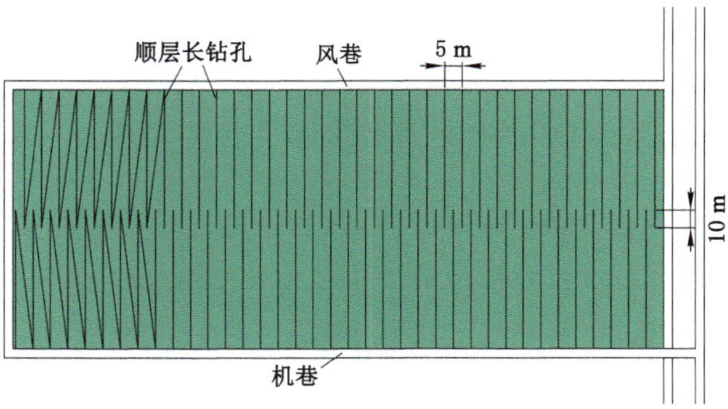

图 10-16 工作面顺层钻孔布置示意图

顺层钻孔施工：在煤巷掘进施工的同时施工顺层钻孔，孔深95 m，交叉钻孔孔深108 m，机巷施工顺层钻孔与风巷施工钻孔的压茬为10 m左右。通过抽采高压瓦斯，降低瓦斯压力和地应力，提高煤层透气性系数。从风巷、机巷分别打钻可以控制工作面区域煤层。将该区域内的煤层瓦斯含量降到9.50 m^3/t以下，方可进行回采。

(3) 地质异常带瓦斯治理办法

10煤层赋存不稳定，受岩浆侵蚀严重，特别是距离岩浆岩侵入边界5～60 m范围的热演化区为突出灾害发生的重点区域，并且工作面中部局部区域存在向斜、背斜构造和断层，在这些区域施工顺层钻孔很难到位，钻孔经常穿透煤层进入煤层顶板或底板，留下钻孔空白区，无法对该区域煤层瓦斯进行较好的抽采，为工作面回采留下安全隐患。

对以上异常地带首先要根据采区和工作面地质报告，掌握异常地带的地质构造和煤层赋存情况，并准确地标到工作面布置平、剖面图上。在工作面异常地带施工穿层和顺层钻孔时要缩小钻孔间距，增加抽采时间，达到抽采瓦斯、降低瓦斯压力、降低地应力和消除突出的目的。

在回采期间，在距该区域一定安全距离处施工卸压排放钻孔，并进行效果检验，待指标不超后方可进行回采。

(4) 预抽效果考察

为了考察以上瓦斯治理模式的预抽效果，需进行效果考察，考察指标主要包括：

① 原始煤层瓦斯压力及残余瓦斯压力；

② 原始煤层瓦斯含量及残余瓦斯含量，残余瓦斯含量需降到9.50 m^3/t以下；

③ 抽采量及抽采率。

预抽煤层瓦斯后，突出煤层的最大残余瓦斯压力应小于该煤层始突深度的原始瓦斯压力，消除突出危险后才可进行采掘活动。若没有考察到该压力值，则残余瓦斯含量需降到9.50 m^3/t以下方可掘进、开采。利用自动计量装置和旁路孔板考察瓦斯抽采量，计算瓦斯抽采率。

10.4.4.2 *瓦斯抽采钻孔的施工*

瓦斯抽采钻孔的施工将结合108工作面，108工作面为南一采区10煤层剩余块段的首采面。10煤层剩余块段包括108、109、1010和1011工作面。

根据瓦斯治理工程的需要和现场地质条件，在108工作面突出危险区布置一条高抽巷和一条底抽巷。在108风巷上方施工108风巷高抽巷，在108机巷下方施工一条机巷底抽巷，见图10-17。截至2011年3月，在岩石巷道中共施工钻场20个，共施工穿层抽采钻孔551个，其中下向穿层抽采钻孔214个，上向穿层抽采钻孔337个。根据突出危险区域划分结果，−340 m以深和岩床边界以外60 m的10煤层为突出危险区，考虑一定的安全距离，穿层抽采钻孔控制到−310 m水平以深的煤巷条带，如图10-17(a)所示。在区域性消除108工作面煤巷条带瓦斯突出危险性后，108机巷、风巷(煤巷)掘进速度(单进)达到200 m/月。截至2011年9月，在108工作面共施工顺层抽采钻孔78个。此外，在地质异常带施工加密钻孔28个。根据突出危险区域划分结果，顺层抽采钻孔控制到−340 m以浅15 m左右范围的10煤层，如图10-17(b)所示。

10.4.5 108工作面瓦斯治理效果评价

10.4.5.1 *区域敏感指标考察*

为了考察108工作面瓦斯治理效果，首先考察10煤层区域敏感指标瓦斯含量。根据前文研究结果，10煤层区域敏感指标瓦斯含量临界值为9.50 m^3/t。108工作面10煤层共布置9个效果检验钻孔用于区域验证。表10-18为108工作面10煤层直接法残余瓦斯含量测定结果。

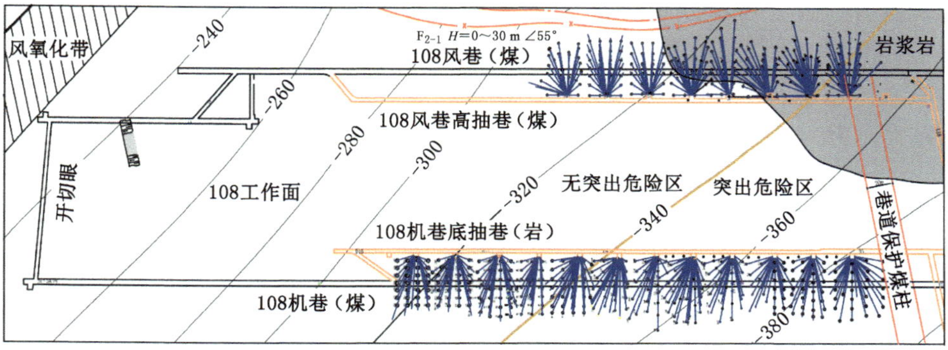

(a) 108工作面穿层抽采钻孔施工示意图

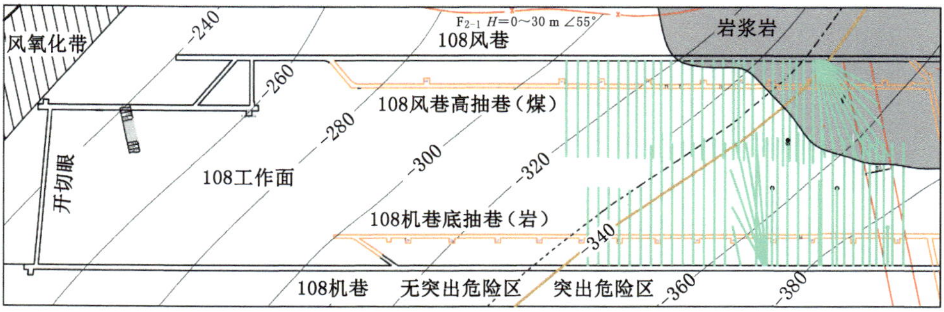

(b) 108工作面顺层抽采钻孔施工示意图

图 10-17　卧龙湖煤矿 108 工作面钻孔施工示意图

表 10-18　108 工作面 10 煤层直接法残余瓦斯含量测定结果

效果检验钻孔号	1#	2#	3#	4#	5#	6#	7#	8#	9#
残余瓦斯含量/($m^3\cdot t^{-1}$)	5.68	6.07	7.24	4.73	5.08	3.33	4.74	7.82	4.50

由表 10-18 可以看出，区域性预抽瓦斯后，108 工作面 10 煤层瓦斯含量大大降低。108 工作面直接法实测 10 煤层最大原始瓦斯含量为 22.66 m^3/t，采取区域性防突措施后，直接法实测 108 工作面 10 煤层残余瓦斯含量最大值为 7.82 m^3/t，最小值为 3.33 m^3/t。10 煤层实测残余瓦斯含量均小于敏感指标瓦斯含量临界值 9.50 m^3/t，消除了 108 工作面煤与瓦斯突出危险性。

10.4.5.2　局部敏感指标考察

在采用穿层钻孔直接法测瓦斯含量的同时，利用上述 9 个钻孔取样进行了卸压后 10 煤层钻屑瓦斯解吸指标考察，测定结果见表 10-19。

表 10-19　108 工作面 10 煤层钻屑瓦斯解吸指标效果检验结果

效果检验钻孔号	1#	2#	3#	4#	5#	6#	7#	8#	9#
K_1/[$mL\cdot(g\cdot min^{0.5})^{-1}$]	0.03	0.05	0.06	0.02	0.03	0.01	0.02	0.08	0.02
Δh_2/Pa	10	20	20	10	10	10	10	80	10

由表 10-19 可得，区域预抽瓦斯后，108 工作面 10 煤层钻屑瓦斯解吸指标明显降低。采取防突措施后，实测 108 工作面 10 煤层钻屑瓦斯解吸指标 K_1 最大值为 0.08 mL/(g·min$^{0.5}$)，小于局部敏感指标临界值 0.45 mL/(g·min$^{0.5}$)；实测钻屑瓦斯解吸指标 Δh_2 最小值为 10 Pa，最大值为 80 Pa，小于指标参考临界值 165 Pa。这表明消除了煤与瓦斯突出危险性。

10.4.5.3　108 工作面回采过程中瓦斯涌出量

南一采区正在回采 108 工作面（截至 2011 年 12 月），108 机巷、风巷掘进前，采用顶（底）板密集穿层钻孔预抽煤巷条带煤层瓦斯，确保巷道安全施工；工作面回采前，采用顺层钻孔预抽回采区域煤层瓦斯。区域消突后，工作面回采过程中，日产量最高 2 984 t，上隅角最大瓦斯浓度达到 0.22%。回风风流瓦斯浓度最大值为 0.14%，如图 10-18 所示。根据 108 工作面抽采瓦斯和风排瓦斯统计的绝对瓦斯涌出量，最大值仅为 6.19 m^3/min，如图 10-19 所示。

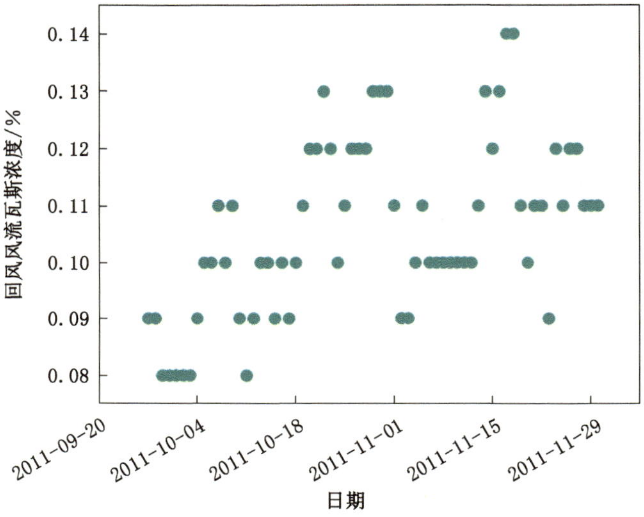

图 10-18　108 工作面回风风流瓦斯浓度与回采时间的关系

10.4.6　小结

通过对卧龙湖煤矿岩浆岩圈闭区 10 煤层采用瓦斯分区治理技术和 108 工作面消除突出危险性工程实践，得到以下结论：

（1）卧龙湖煤矿 10 煤层标高－340 m 以浅的区域为无突出危险区，标高－340 m 及－340 m 以深的区域为突出危险区，岩浆侵入边界以外 60 m 范围内的区域为突出危险区。

（2）在 10 煤层无突出危险区进行掘进和回采时，工作面进入该区域时，坚持连续验证；在 10 煤层突出危险区，采用底板岩巷穿层钻孔与顺层钻孔和岩浆岩热演化区煤层加密钻孔相结合的瓦斯抽采模式。

（3）区域预抽瓦斯后，108 工作面实测残余瓦斯含量最大值为 7.82 m^3/t，小于敏感指标瓦斯含量临界值 9.50 m^3/t。实测钻屑瓦斯解吸指标 K_1 最大值为 0.08 mL/(g·min$^{0.5}$)，小于局部敏感指标临界值 0.45 mL/(g·min$^{0.5}$)；实测 Δh_2 最大值为 80 Pa，小于指标参考临界值 165 Pa。消除了 108 工作面煤与瓦斯突出危险性，验证了防突措施和突出敏感指标临界

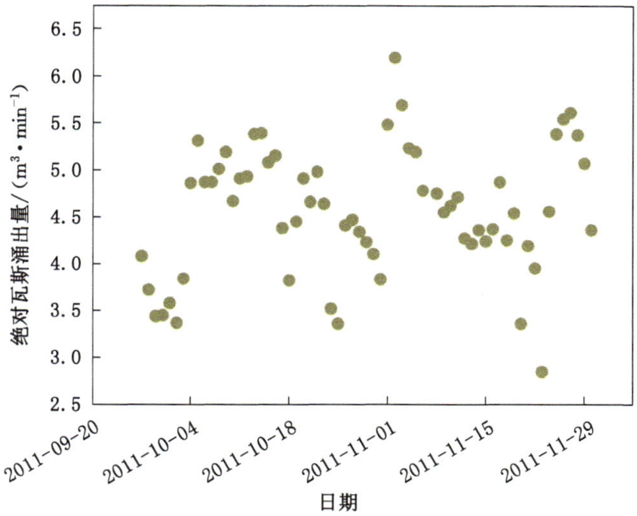

图 10-19　108 工作面绝对瓦斯涌出量与回采时间的关系

值确定的科学性。

(4) 区域消突后，108 工作面煤巷掘进速度(单进)达到 200 m/月，108 工作面回采过程中，日产量最高 2 984 t，上隅角最大瓦斯浓度达到 0.22%，回风风流瓦斯浓度最大值为 0.14%。108 工作面绝对瓦斯涌出量最大值为 6.19 m^3/t。以上证明了卧龙湖煤矿 10 煤层区域性瓦斯治理方法选择和瓦斯治理工程设计与施工的有效性。

参考文献

[1] 蒋静宇. 岩浆岩侵入对瓦斯赋存的控制作用及突出灾害防治技术：以淮北矿区为例[D]. 徐州：中国矿业大学，2012.

[2] 张晓磊. 巨厚岩浆岩下煤层瓦斯赋存特征及其动力灾害防治技术研究[D]. 徐州：中国矿业大学，2015.

[3] 王魁军，程五一，栾永祥. 预测敏感指标及临界值的确定[J]. 煤炭科学技术，1996，24(11)：44-47.

[4] 邵军. 关于钻屑瓦斯解吸指标的探讨[J]. 煤矿安全，1991(3)：34-39.

[5] 北票矿务局瓦斯组，辽宁省煤炭研究所第一研究室. 北票煤田煤层煤与瓦斯突出危险性若干问题的探讨[J]. 煤矿安全，1975(1)：10-15.

[6] 俞启香. 矿井瓦斯防治[M]. 徐州：中国矿业大学出版社，1992.

[7] 李培庆. 祁南煤矿 7 煤层突出预测敏感指标的研究与应用[D]. 徐州：中国矿业大学，2011.

[8] 王佑安，王魁军. 工作面突出危险性预测敏感指标确定方法探讨[J]. 煤矿安全，1991(10)：9-14.

[9] BARRER R M. Diffusion in and through solids[M]. Cambridge，Eng.：Cambridge at the University Press，1951.

[10] 王日存，王佑安. 钻孔钻屑量测定及其与突出危险性关系[J]. 煤矿安全，1983(9)：1-4，23.
[11] 刘国泉. 关于应用钻屑量与钻屑瓦斯解吸指标判定突出危险性若干问题的讨论[J]. 煤矿安全，1993(2)：35-40.
[12] 文光才，王先义. 突出预测钻屑量指标的探讨[J]. 煤炭工程师，1998(3)：32-34.
[13] 孟贤正，王君得. 钻屑量指标预测综采面煤突出危险性研究[J]. 陕西煤炭，2003，22(4)：20-23.
[14] 邱贤德，姜永东，舒生云，等. 芙蓉煤矿煤与瓦斯突出指标临界值分析[J]. 煤炭科学技术，2004，32(1)：58-62.
[15] 尹光志，李晓泉，赵洪宝，等. 钻屑量与矿山压力及瓦斯压力关系现场实验研究[J]. 北京科技大学学报，2010，32(1)：1-7.
[16] 桂祥友，徐佑林，孟絮屹，等. 钻屑量与钻屑瓦斯解吸指标在防突预测的应用[J]. 北京科技大学学报，2009，31(3)：285-289.
[17] WOLF K A A，VAN BERGEN F，EPHRAIM R，et al. Determination of the cleat angle distribution of the RECOPOL coal seams，using CT-scans and image analysis on drilling cuttings and coal blocks[J]. International journal of coal geology，2008，73(3/4)：259-272.